KB001387

HTML/CSS 입문 예제 중심

황재호 지음

HTML/CSS 입문 - 예제 중심

초판 | 2020년 11월 25일
2쇄 | 2021년 4월 1일

지은이 황재호
펴낸곳 인포앤북(주) | 전화 031-307-3141 | 팩스 070-7966-0703
주소 경기도 용인시 수지구 풍덕천로 89 상가 가동 103호
등록 제2019-000042호 | 979-11-964409-3-0
가격 25,000원 | 페이지 480쪽 | 책 규격 188 x 257mm

이 책에 대한 오탈자나 의견은 인포앤북(주) 홈페이지나 이메일로 알려주세요.
잘못된 책은 구입하신 서점에서 교환해 드립니다.

인포앤북(주) 홈페이지 http://infonbook.com | 이메일 book@infonbook.com

Published by Infonbook Inc. Printed in Korea

IT 또는 디자인에 관련된 분야에서 펴내고 싶은 아이디어나 원고가 있으시면
인포앤북(주) 홈페이지의 문의 게시판이나 이메일로 문의해 주세요.

HTML/CSS 기초에서 반응형 웹까지

HTML CSS 입문

예제 중심

황재호 지음

예제 중심의 HTML/CSS 입문서!
실전 웹 페이지 제작과 반응형 웹 마스터!

이 책은 2016년 11월 출간한『HTML & CSS for Beginner』의 후속 버전으로 집필되었습니다. HTML/CSS의 기초와 반응형 웹을 예제 중심으로 재미있게 공부할 수 있는 독학 및 강의 교재입니다.

최근들어 HTML/CSS 관련 서적들이 많이 출간되었지만 초보자가 다양한 예제를 풀어보면서 재미있게 공부할 수 있는 책은 많지 않습니다. 필자는 대학에서 웹에 관련된 강의를 하면서 이러한 책의 필요성을 절감하여 이 서적을 집필하게 되었습니다.

이 책은 HTML/CSS와 반응형 웹에 관련된 다음의 내용을 다룹니다.

HTML 기초(1~3장)

실습 프로그램을 설치하고 HTML 문서의 기본 구조, 웹의 동작 원리, HTML의 기본 태그에 대해 공부합니다. 웹 페이지의 폼 양식을 만드는 방법과 열차 시간표, 기상청 일기예보 표 등을 만드는 방법 등을 배웁니다.

CSS 기초와 활용(4~7장)

CSS의 기본 구조와 글자의 폰트, 크기, 색상 등을 설정하는 방법을 익힌 다음 레이아웃의 박스 모델에 대해 배웁니다. CSS의 꾸밀 영역을 선택하는 선택자의 사용법과 배경 이미지를 삽입하고 설정하는 방법 등을 익힙니다.

레이아웃과 웹 페이지 제작(8~9장)

웹 페이지의 요소를 화면에 배치하는 레이아웃의 기초 지식을 습득하여 사이트 맵, 배너, 기업 연혁 등을 만드는 방법을 익힙니다. 실전 웹 페이지 제작에서는 베이킹 사이트의 헤더, 메인 이미지, 사이드바, 메인 섹션, 푸터 등을 만드는 방법을 배웁니다.

반응형 웹의 기초와 활용(10~12장)

웹 사이트에 접속하는 사용자의 기기(데스크톱, 테블릿, 스마트 폰 등)에 맞게 레이아웃이 자동으로 변경되는 반응형 웹의 기초를 배웁니다. 반응형 웹으로 작동하는 포토 스튜디오 사이트의 제작을 통해 반응형 웹의 활용법을 익힙니다.

집필 원고의 오탈자를 체크하고 실습 예제를 하나하나 실행해 보면서 책을 리뷰해준 백연수 학생에게 고마움을 전합니다. 그리고 부족한 저를 잘 이해해주는 사랑하는 아내와 가족들에게도 사랑의 마음을 전합니다. 이 글을 읽는 모든 독자 분들도 건강하고 행복하길 기원합니다.

아무쪼록 독자 분들이 이 책으로 HTML과 CSS를 재미있게 공부하여 웹 분야의 실력자가 되는 데 이 책이 조금이나마 도움이 되길 바랍니다. 감사합니다.

황재호 드림

누구를 위한 책인가?

- HTML/CSS 기초와 반응형 웹을 독학하려는 분
- 웹 프로그래머, 웹 디자이너, 웹 퍼블리셔 지망생
- 웹과 HTML/CSS에 관심있는 모든 분

예제 소스 및 연습문제 정답

이 책의 실습 예제 소스와 연습문제 정답은 저자가 운영하는 코딩스쿨 또는 인포앤북 출판사의 자료실에서 다운로드 받을 수 있습니다.

http://codingschool.info
http://infonbook.com

강의 PPT 초안

강의에 활용할 PPT 원본 요청 및 문의사항은 인포앤북 출판사의 홈페이지 게시판을 이용해 주시기 바랍니다.

http://infonbook.com

이 책의 구성

목차

PART 1 HTML 편

PART 4 반응형 웹 편

PART 1
HTML 편

PART 1 HTML 편

CHAPTER 01

HTML 소개

HTML은 웹 프로그래머와 웹 디자이너가 반드시 알아야 할 가장 기본이 되는 지식이다. 1장에서는 먼저 웹의 동작 원리에 대해 알아보고 책의 예제 실습을 위해 텍스트 에디터와 크롬 브라우저를 설치한다. 그리고 나서 HTML 문서의 뼈대를 구성하는 〈html〉, 〈head〉, 〈body〉, 〈title〉, 〈meta〉 등의 태그에 대해 알아보고 HTML 프로그램 내에서 설명 글을 추가하는 주석문에 대해 학습한다.

1.1 웹의 개요

1.1.1 웹이란?

웹은 'World Wide Web'의 약어로서 간단하게 WWW로 표현한다. 웹이란 인터넷에 연결된 컴퓨터를 통해 전 세계 사람들이 정보를 제공하고 공유할 수 있는 사이버 공간을 의미한다. 사용자는 웹 브라우저를 통해 웹 사이트에 구축된 콘텐츠를 이용하게 된다. 전 세계적으로 많이 사용되는 웹 브라우저 프로그램에는 인터넷 익스플로러(Internet Explorer), 크롬(Chrome), 파이어폭스(Firefox), 사파리(Safari) 등이 있다.

웹에서 웹 브라우저는 상당히 중요한 역할을 수행한다. 웹이란 명칭이 붙어있는 모든 서비스는 이 브라우저를 통해 일어난다. 웹 메일에서는 메일을 보내거나 받는 작업에 웹 브라우저를 이용한다. 또한 웹 게임도 브라우저 상에서 게임을 플레이 하는 것이기 때문에 웹 게임이란 명칭이 사용되는 것이다. 이외에 웹 디스크, 웹 프린트, 웹 사이트, 웹 페이지, 웹 호스팅, 웹 디자인, 웹 프로그래밍 등의 용어들도 다 웹 브라우저와 직접적인 관련이 있다.

알아두기

인터넷이란?

1960년대 미국 국방부의 고등 연구국(Advanced Research Projects Agency, ARPA)에서 시작된 인터넷은 전세계 컴퓨터가 TCP/IP(Transmission Control Protocol/Internet Protocol) 통신 규약을 통해 데이터를 주고 받는 컴퓨터 네트워크를 말한다.

웹은 1989년 3월 영국의 컴퓨터 과학자인 팀 버너스리(Tim Berners-Lee)의 제안에 의해 연구와 개발이 시작되었다. 처음에는 세계의 여러 대학과 연구 기관의 물리학자들이 서로 신속하게 정보를 교환하고 공동 연구를 진행하기 위한 목적으로 웹이 설계되었다.

웹에서는 콘텐츠를 하이퍼텍스트(Hypertext)로 만든다. 하이퍼텍스트에서는 웹 페이지 내에 있는 텍스트나 이미지를 클릭하면 새로운 페이지가 열린다. 또한 하이퍼텍스트는 하나의 웹 사이트에 국한되지 않고 인터넷 상의 어떠한 웹 서버들의 웹 페이지들에도 접근 가능하게 해준다.

사용자들은 웹 브라우저의 주소 창에 URL 주소를 입력하여 웹 페이지에 접속한다. 그리고 웹 페이지에 연결된 하이퍼텍스트를 따라 이동하면서 웹 사이트에서 정보를 검색하고 서로 소통하게 된다. 이러한 하이퍼텍스트로 구성된 웹 페이지를 만드는 데 사용되는 컴퓨터 언어가 바로 HTML이다.

다음의 표는 많이 사용되는 웹 관련 용어를 간단하게 정리한 것이다.

표 1-1 웹 관련 용어 설명

용어	설명
웹 브라우저	웹 사이트에 구축된 웹 페이지, 즉 HTML 문서를 볼 수 있는 응용 프로그램을 의미한다. 마이크로소프트의 인터넷 익스플로러, 구글의 크롬, 모질라 재단의 파이어폭스, 애플의 사파리 등의 프로그램이 여기에 속한다.
웹 서버	인터넷을 통해 사용자에게 웹 서비스를 제공하는 컴퓨터의 하드웨어 또는 소프트웨어를 의미한다.
클라이언트	인터넷에 연결된 컴퓨터나 모바일 기기 등을 이용하여 웹 서비스를 이용하는 컴퓨터 또는 컴퓨터 사용자를 의미한다.
웹 프로그래밍	웹 사이트의 기능을 구현하기 위하여 HTML/CSS와 웹 프로그래밍 언어(자바스크립트, PHP, JSP 등)를 이용하여 프로그램을 작성하는 것을 의미한다.
웹 호스팅	인터넷 전문 업체에서 자신이 보유한 웹 서버와 네트워크를 이용하여 개인 또는 기관에게 홈페이지를 구축할 수 있도록 서버 상에 사용자 계정과 디스크 공간을 임대해주는 서비스를 의미한다.
웹 페이지	웹 브라우저 화면에서 보이는 각각의 화면을 의미하는데, 웹 페이지는 HTML, CSS, PHP, 자바스크립트 등의 프로그램 소스 파일과 데이터 파일로 구성된다.
웹 사이트	도메인 네임(Domain Name)에 구축된 인터넷 홈페이지, 웹 페이지 묶음을 의미한다.

1.1.2 웹의 동작 원리

HTML에 대해 구체적으로 알아보기 전에 먼저 웹의 동작 원리와 웹에서 HTML의 역할에 대한 이해가 중요하다. 이를 위해 코딩스쿨(http://codingschool.info)에 존재하는 HTML 문서(cat.html)와 이미지 파일(cat.jpg)이 사용자의 웹 브라우저에 어떤 방식으로 전달되는지 알아보자.

1 사용자 컴퓨터의 웹 브라우저 화면

인터넷 익스플로러(또는 크롬)를 열고 다음과 같이 입력하고 엔터 키를 쳐보자.

```
http://codingschool.info/cat.html
```

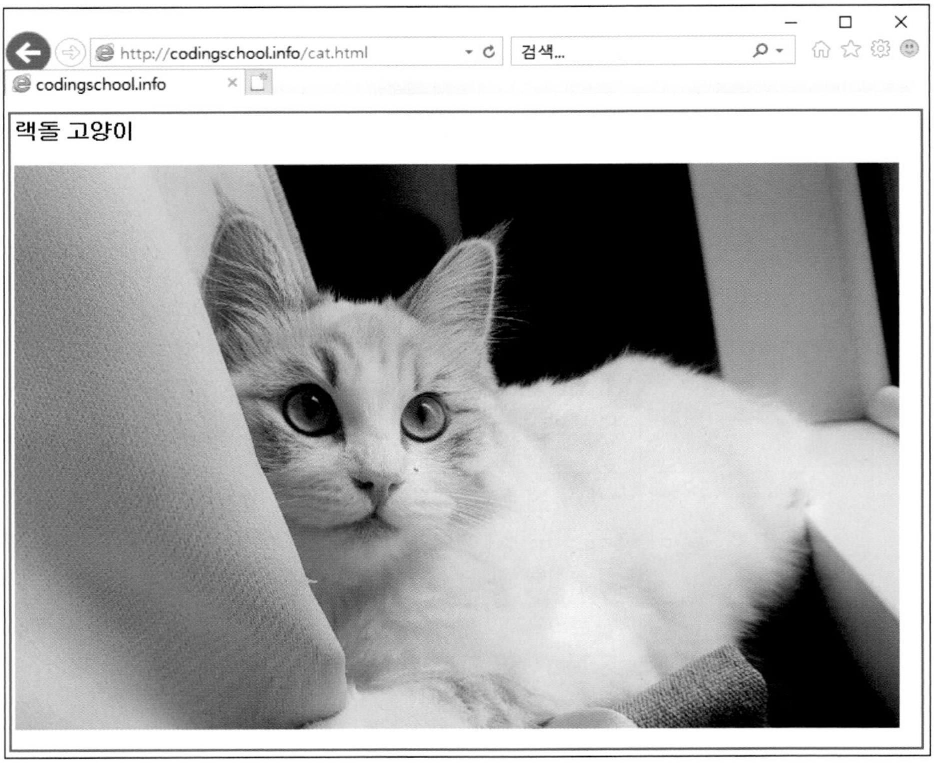

그림 1-1 cat.html의 브라우저 실행 결과

그림 1-1은 사용자가 웹 브라우저 주소 창에 입력한 URL 주소를 통하여 코딩스쿨 서버에서 보내 온 cat.html이 브라우저 화면에 나타난 결과이다.

2 서버가 보유한 HTML 문서와 이미지 파일

코딩스쿨 서버가 보유하고 있는 cat.html 파일을 메모장으로 열어서 살펴보자.

※ 코딩스쿨 서버 컴퓨터에 있는 cat.html 파일과 동일한 파일이 책의 예제 소스 '01' 폴더에 있으니 이 파일을 메모장으로 열어보면 된다.

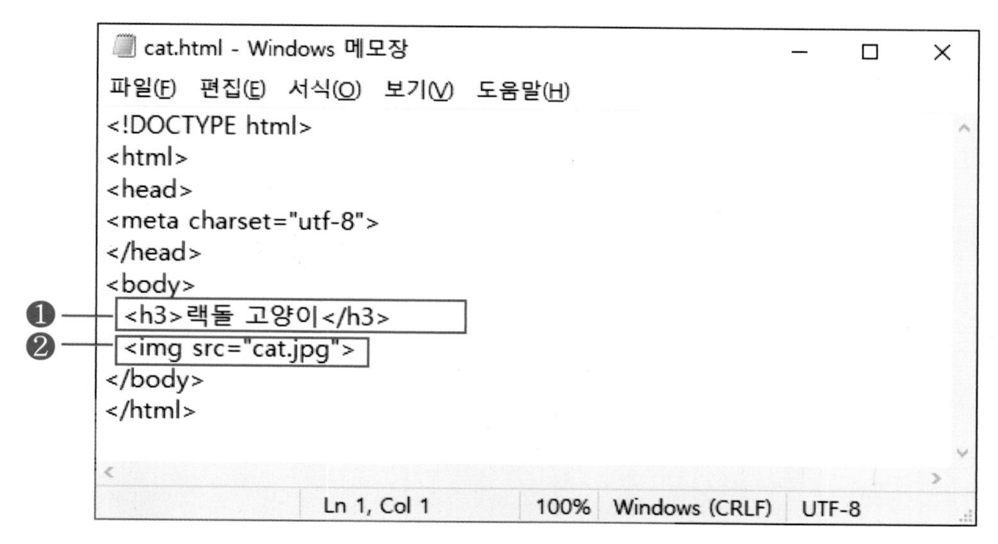

그림 1-2 메모장에서 열어본 cat.html 파일

그림 1-2에 나타난 것과 같이 HTML 문서는 텍스트로 구성되어 있음을 알 수 있다. 모든 HTML 문서는 단순한 텍스트로 구성되어 있기 때문에 메모장과 같은 텍스트 에디터로 파일 내용을 편집할 수 있다.

❶ 〈h3〉랙돌 고양이〈/h3〉

〈h3〉와 〈/h3〉를 HTML 태그라고 부르고 HTML 태그들은 대부분 이와 같이 쌍으로 이루어져 있다.

<h3> 태그는 웹 페이지에서 글 제목을 만드는 데 사용된다. <h3>는 글 제목의 시작, </h3>는 글 제목의 끝을 의미한다. 이것의 실행 결과가 그림 1-1의 글 제목 '랙돌 고양이'이다.

※ <body>, <h2>, <img> 등을 우리는 HTML 태그라고 부르는데 HTML 태그에 대해서는 1장의 31쪽과 2장에서 자세히 배울 것이다.

❷
```
<img src = "cat.jpg">
```

그림 1-1에서와 같이 이미지 파일을 웹 페이지에 삽입하기 위해 HTML에서는 <img> 태그를 사용하고 속성 src에 이미지 파일 이름을 설정하게 된다.

그림 1-3 cat.jpg 이미지 파일

원격의 코딩스쿨 서버는 그림 1-2(cat.html)와 그림 1-3(cat.jpg)의 두 개의 파일을 보유하고 있다가 클라이언트 측의 사용자가 브라우저 창을 통하여 cat.html 파일을 요청하면 cat.html과 cat.jpg 파일을 클라이언트 컴퓨터에 보내게 된다.

그러면 웹 브라우저는 cat.html을 분석하고 <img> 태그에 의해 연결된 이미지 파일(cat.jpg)을 이용하여 그림 1-1에서와 같은 결과를 화면에 보여준다.

3 웹 서버와 클라이언트

서버 측의 HTML 문서와 이미지 파일이 인터넷을 통해 클라이언트에 전달되는 과정을 도식화해보면 다음과 같다.

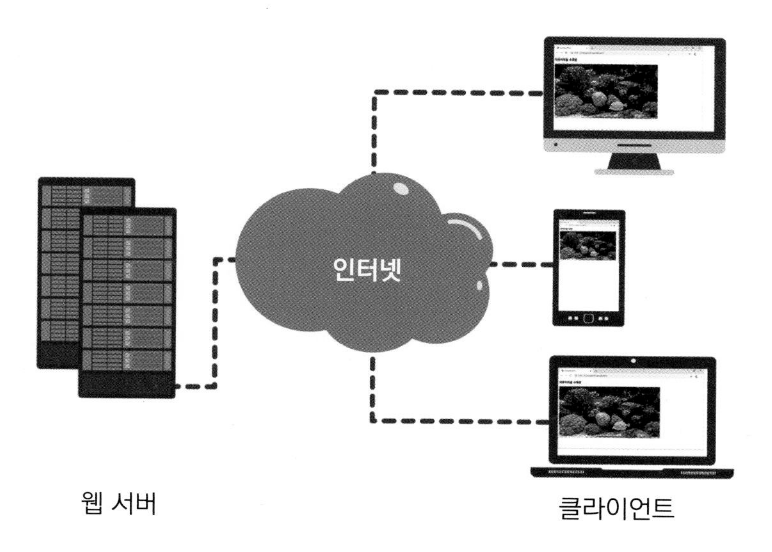

그림 1-4 웹 서버와 클라이언트 구성도

그림 1-4의 클라이언트에서는 웹 브라우저 주소 창에 URL 주소를 입력하여 서버에 있는 HTML 문서를 요청하면 서버는 요청받은 HTML 문서와 이미지, 동영상 등의 관련 파일들을 전송해 준다. 클라이언트의 웹 브라우저는 전달받은 HTML 문서와 관련 파일을 해석하여 웹 브라우저 화면에 보여준다.

웹상에서 쇼핑몰, 게임, 홈페이지 등의 다양한 웹 콘텐츠를 개발하는 데에는 위에서 설명한 HTML 외에도 CSS, 자바스크립트, PHP, JSP, ASP.NET 등의 프로그래밍 언어에 대한 지식이 필요하다.

이 중에서도 HTML은 다른 웹 기술에 비해 어렵지는 않지만 웹 디자이너와 웹 프로그래머가 갖추어야 할 필수 지식이기 때문에 잘 이해하여야 한다.

1.2 실습 환경 구축

이 책의 실습을 진행하기 위해서는 다음의 두 가지 프로그램이 필요하다.

① 텍스트 에디터(Text Editor) : HTML 문서를 편집하고 파일로 저장

② 웹 브라우저(Web Browser) : 저장된 HTML 문서 파일을 실행하여 결과를 확인

1.2.1 텍스트 에디터 설치

HTML 문서를 편집하고 저장하기 위해서는 아주 간단한 텍스트 에디터 중 하나인 메모장을 사용해도 된다. 그러나 이 책에서는 HTML 문서를 작성하는 데 많은 편리한 기능을 많이 제공하면서도 무료인 서브라임 텍스트(Sublime Text) 프로그램을 설치하여 실습에 사용한다.

※ 서브라임 텍스트 외에 에디트플러스(Editplus)나 비주얼 스튜디오(Visual Studio) 등 본인에게 익숙한 텍스트 에디터가 있는 독자는 그것을 그대로 사용하면 된다.

웹 브라우저를 열고 주소 창에 다음의 URL 주소를 입력하여 서브라임 텍스트 홈페이지에 접속한다.

```
http://sublimetext.com
```

다음 그림 1-5의 서브라임 텍스트 메인 화면에서 빨간색 박스로 표시된 'DOWNLOAD FOR WINDOWS'를 클릭하여 설치 프로그램을 다운로드 받아 서브라임 텍스트를 설치한다. 설치 과정이 매우 간단하고 쉽기 때문에 설치에 대한 설명은 생략한다.

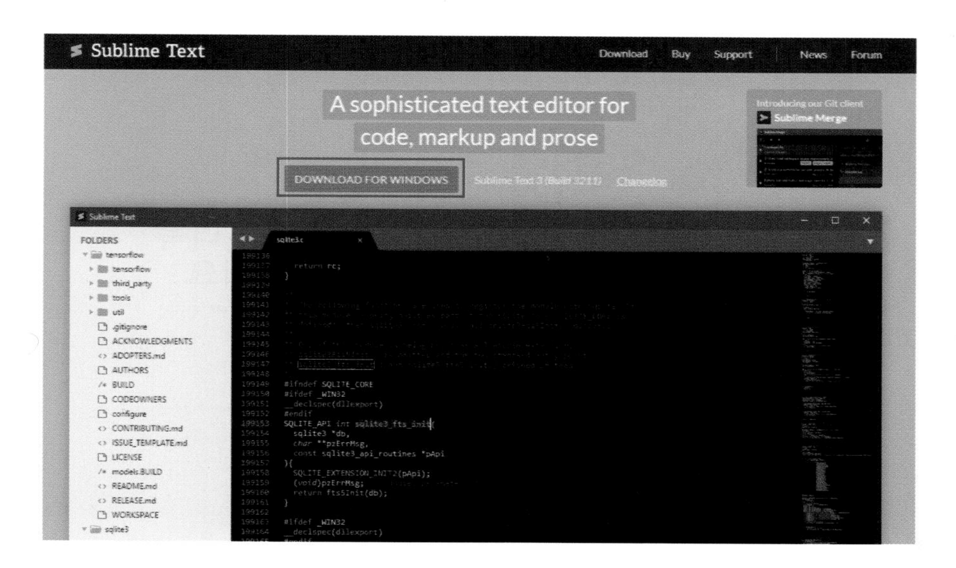

그림 1-5 서브라임 텍스트 홈페이지 메인 화면

1.2.2 크롬 브라우저 설치

텍스트 에디터로 작성한 HTML 문서 파일을 실행하는데는 구글의 크롬 브라우저를 사용한다.

크롬 브라우저가 컴퓨터에 설치되어 있지 않은 독자는 현재 사용 중인 웹 브라우저의 주소 창에 다음의 URL 주소를 입력하여 크롬 사이트에 접속한다.

```
http://www.google.com/chrome
```

다음 그림 1-6의 크롬 브라우저 설치 화면에서 빨간색 박스로 표시된 'Chrome 다운로드' 버튼을 클릭하여 크롬 브라우저를 설치한다.

크롬 브라우저를 설치하는 과정은 아주 간단하기 때문에 설치 방법에 대한 설명은 생략한다.

그림 1-6 크롬 브라우저 다운로드 화면

1.3 HTML의 개요

HTML은 'HyperText Markup Language'의 약어로, 웹 사이트를 구축하는 데 가장 기본이 되는 컴퓨터 언어이다. HTML은 버전에 따라 문법이 약간씩 다른데 2014년 10월 제정된 HTML5가 현재의 최신 버전이다.

HTML 문서는 기본적으로 HTML 태그(Tag)를 뼈대로 하여 구성된다. 이 책의 1부(1장~4장)를 통하여 〈html〉, 〈body〉, 〈head〉, 〈p〉, 〈h3〉, 〈img〉, 〈audio〉, 〈video〉, 〈table〉, 〈ul〉, 〈li〉, 〈div〉, 〈span〉, 〈a〉 태그 등 기본적인 HTML 태그의 사용법에 대해서 차근차근 공부할 것이다.

1.3.1 HTML 문서의 구조

다음 예제를 통하여 HTML 문서의 구조를 살펴보자.

예제 1-1. HTML 문서의 구조 ex1-1.html

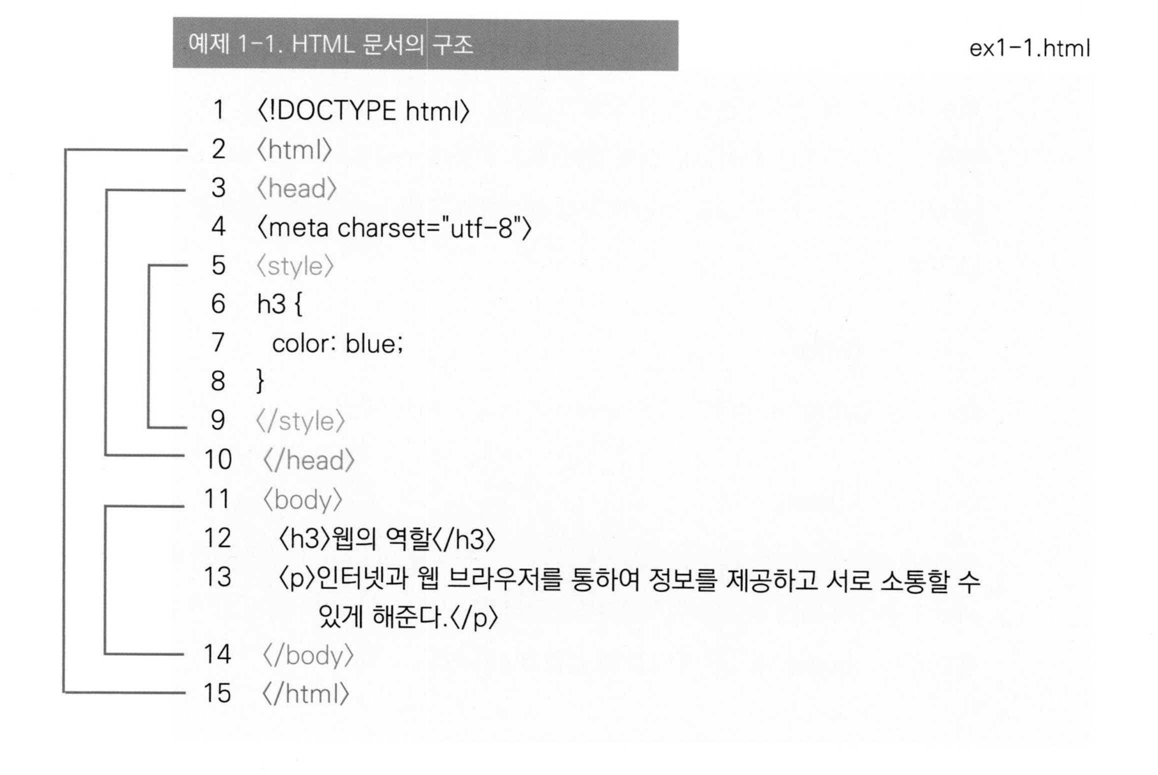

```
1  <!DOCTYPE html>
2  <html>
3  <head>
4  <meta charset="utf-8">
5  <style>
6  h3 {
7    color: blue;
8  }
9  </style>
10 </head>
11 <body>
12   <h3>웹의 역할</h3>
13   <p>인터넷과 웹 브라우저를 통하여 정보를 제공하고 서로 소통할 수
         있게 해준다.</p>
14 </body>
15 </html>
```

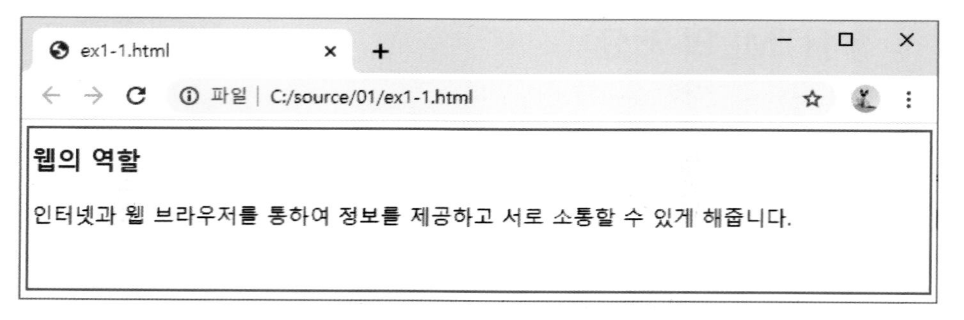

그림 1-7 ex1-1.html의 실행 결과

※ 위 예제 1-1의 행 제일 앞에 있는 일련 번호는 책에서 프로그램 설명을 위한 붙인 행 번호이다.

위의 예제 1-1에서와 같이 HTML 태그는 대부분 쌍으로 구성되어 있다. 예를 들어 11행의 〈body〉는 〈body〉 영역의 시작을 의미하고, 14행의 〈/body〉는 〈body〉 영역의 끝을 나타낸다. 따라서 11행~14행이 〈body〉 태그의 영역이 된다.

1행 〈!DOCTYPE html〉

HTML은 버전 별로 지원하는 태그가 조금씩 다르기 때문에 웹 브라우저에게 해석하고자 하는 HTML 문서의 버전을 알릴 필요가 있다. 1행에서 사용된 '〈!DOCTYPE html〉'은 현재의 HTML 문서가 HTML5임을 나타낸다. 따라서 브라우저는 2행부터 나머지의 모든 HTML 태그들을 HTML5의 문법에 따라 해석하여 그림 1-7과 같은 결과를 브라우저 화면에 표시한다.

2~15행 〈html〉

〈html〉과 〈/html〉은 각각 HTML 문서의 시작과 끝을 나타낸다.

11~14행 〈body〉

〈body〉 태그는 〈body〉와 〈/body〉에 들어가 있는 내용이 그림 1-7의 빨간색 박스에 표시된 브라우저 메인 창에 보여지게 한다. 달리 말하면 브라우저의 메인 창에 들어갈 내용은 모두 이 〈body〉 태그의 영역 내에 삽입되어야 한다.

12행 <h3>

<h3> 태그는 HTML 문서에서 글 제목을 표현하는 데 사용된다. 그림 1-7에 나타난 것과 같이 글 제목 '웹의 역할'이 볼드체로 표시되게 한다. HTML에서는 글 제목을 위해 <h1> ~ <h6>, 즉 6개의 태그가 준비되어 있다.

※ 글 제목을 의미하는 <h1> ~ <h6> 태그에 대해서는 2장의 40쪽에서 자세히 설명한다.

13행 <p>

<p> 태그는 HTML 문서에서 단락을 표현하는 데 사용된다. 그림 1-7에 나타난 것과 같이 단락 '인터넷과 .... 있게 해준다'가 화면에 표시된다.

※ 단락을 의미하는 <p> 태그에 대해서는 2장의 43쪽에서 자세히 설명한다.

3~10행 <head>

<head> 태그는 HTML 문서에서 브라우저 메인 창에는 보여지지 않지만 HTML 문서에 CSS, 자바스크립트, jQuery 등의 프로그램 코드 또는 파일을 연결하거나, 한글 문자셋이나 웹 브라우저의 제목 등을 설정하는 데 사용된다.

4행 <meta>

<meta> 태그는 데이터를 표현하는 메타 데이터를 설정할 때 사용되는데 문자 세트를 설정하는 것이 주요한 역할 중의 하나이다. charset="utf-8"은 문자 세트를 HTML5의 표준 문자 세트인 UTF-8로 설정한다. 이와 같이 HTML 문서가 UTF-8로 설정되면 HTML 문서 파일을 텍스트 에디터로 저장할 때 반드시 UTF-8 방식으로 저장하여야 한다. 일부 텍스트 에디터는 기본 설정이 UTF-8로 되어 있지 않아 다른 문자 세트로 저장되는 경우가 종종 있다. 이렇게 되면 브라우저 화면에 나타나는 한글이 깨질 수 있다는 점을 유의하기 바란다.

5~9행 <style>

<style> 태그 내에는 HTML 문서를 꾸미는 CSS 코드가 삽입된다. 그리고 <style> 태그는 <head> 태그 내에 삽입되어야 한다. 6행의 h3에 의해 12행의 <h3> 태그의 영역 , 즉 글 제목 '웹의 역할'을 선택한 다음, 7행의 'color: blue;'에 의해 그림 1-7에 나타난 것과 같이 글자색을 파란색으로 설정한다.

※ <style> 태그 내에서 HTML 문서를 꾸미는 데 사용되는 CSS에 대해서는 2부(4장~7장)에서 자세히 설명할 것이다.

1.3.2 웹 페이지의 제목

다음 예제를 통하여 브라우저 상단의 탭 버튼에 나타나는 웹 페이지의 제목을 설정하는 방법을 익혀보자.

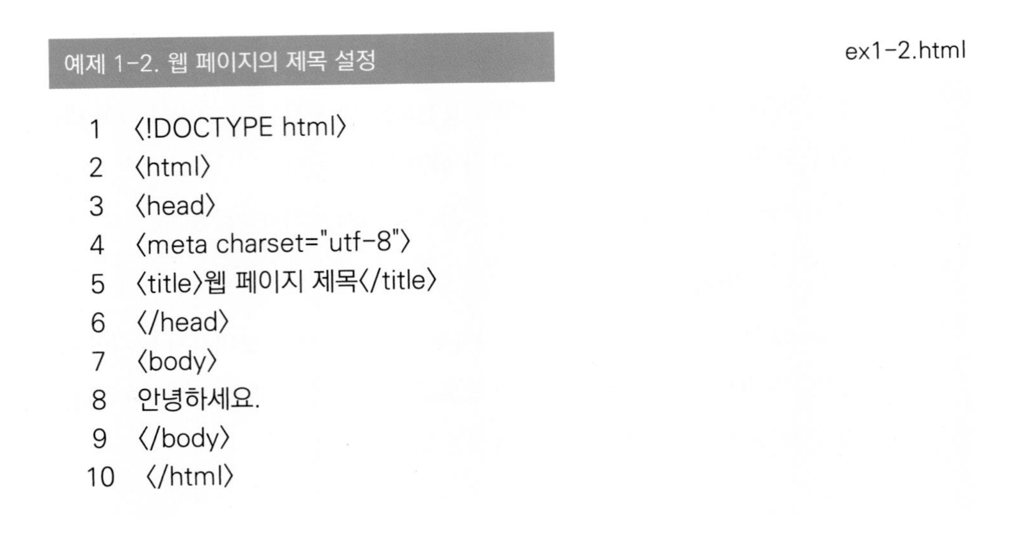

예제 1-2. 웹 페이지의 제목 설정 ex1-2.html

```
1  <!DOCTYPE html>
2  <html>
3  <head>
4  <meta charset="utf-8">
5  <title>웹 페이지 제목</title>
6  </head>
7  <body>
8  안녕하세요.
9  </body>
10  </html>
```

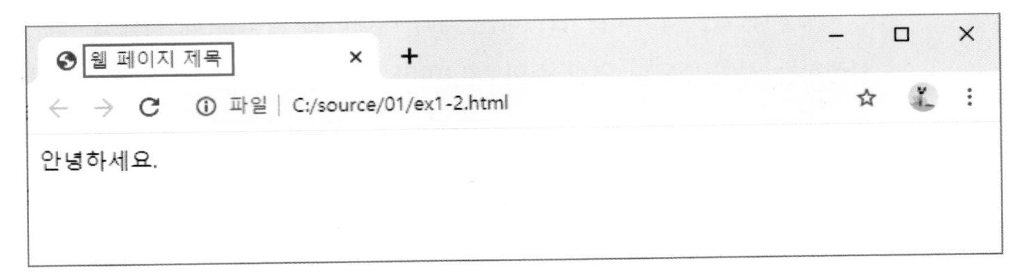

그림 1-8 ex1-2.html의 실행 결과

5행 <title>

<title> 태그는 그림 1-8의 빨간색 박스로 표시된 것과 같이 웹 페이지의 제목을 설정하는 데 사용된다. <title> 태그는 <head> 태그 내에서 사용되어야 한다.

1.4 HTML의 주석문

HTML 문서에서 프로그램 설명을 위해 추가되는 문장을 주석문이라 하는데 다음 예제를 통해 HTML의 주석문에 대해 알아보자.

예제 1-3. HTML의 주석문 ex1-3.html

```
1  <!--
2      작성일 : 2020년 10월 1일
3      작성자 : 홍길동
4      파일명 : ex1-3.html
5  -->
6
7  <!DOCTYPE html>
8  <html>
9  <head>
10 <meta charset="utf-8">    <!-- 문자 세트를 UTF-8로 설정 -->
11 <title>HTML의 주석문</title>  <!-- <title> : 웹 페이지 제목 설정 -->
12 </head>
13 <body>              <!-- <body> : 브라우의 메인 창에 표시되는 내용 -->
14     주석문은 프로그램의 작성일, 작성자, 파일명 등을 기술하거나 프로그램을
설명하는 데 사용되는 것으로서 주석처리된 내용은 브라우저 화면에 나타나지 않는
다.
15 </body>
16 </html>
```

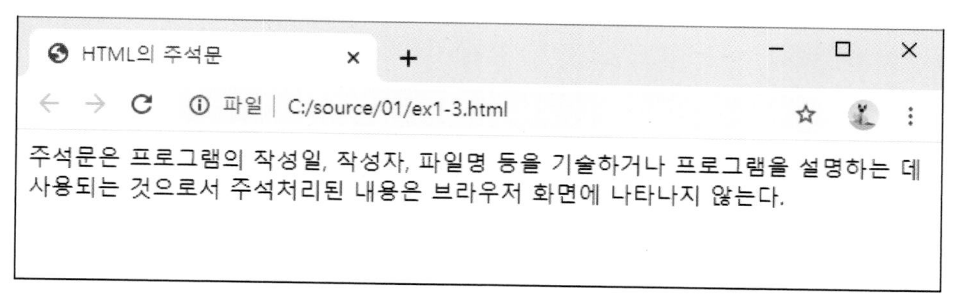

그림 1-9 ex1-3.html의 실행 결과

1~5행 **〈!-- --〉**

〈!-- 는 주석문의 시작을 나타내고, --〉는 주석문의 끝을 나타낸다. 이와 같이 주석문은 프로그램 내에서 프로그램을 작성한 작성일자, 작성자, 파일명 등을 기술하는데 사용될 수 있다. 그림 1-9에 나타난 것과 같이 주석 처리된 내용은 브라우저 화면에 나타나지 않는다.

10,11,13행

여기서 주석문은 행 단위의 프로그램 코드를 설명하는 데 사용된다. 이와 같이 주석문은 프로그램의 주요한 행에 대해 설명 글을 달아 놓음으로써 프로그래머 자신이 나중에 프로그램 수정 시 참고할 수 있고, 자신이 작성한 프로그램을 다른 사람에게 이해시키는 데에도 도움이 되게 해준다.

연습문제 1장. HTML 소개

1. 팀 버너스리의 제안에 의해 HTML의 연구와 개발이 시작된 해는?

가. 1979년 나. 1989년 다. 1999년 라. 2009년

2. 웹 페이지 구성의 근간이 되며 웹 페이지를 서로 연결하여 웹 서핑이 가능하게 하는 것은 무엇인가?

가. 인터넷 나. 웹 호스팅 다. 하이퍼텍스트 라. 클라이언트

3. 웹 서버와 네트워크를 이용하여 개인 또는 기관에 홈페이지 구축 공간을 임대해주는 서비스는?

가. 웹 호스팅 나. 웹 프로그래밍 다. 클라이언트 라. 웹 브라우저

4. 웹 브라우저의 메인 창에 들어가는 모든 내용을 담고 있는 HTML 태그는?

가. 〈html〉 나. 〈body〉 다. 〈p〉 라. 〈head〉

5. 웹 브라우저 상단의 탭 버튼에 웹 페이지의 제목을 표시하는 데 사용되는 태그는?

가. 〈meta〉 나. 〈body〉 다. 〈style〉 라. 〈title〉

6. 2020년 현재 HTML의 최신 버전은 무엇인가?

가. HTML4 나. HTML5 다. XHTML 1.0 라. HTML3

7. HTML의 주석문에 사용되는 기호는?

가. 〈!--, --〉 나. /*, */ 다. // 라. #

CHAPTER 02

HTML의 기본 태그

웹 페이지를 구성하는 HTML 문서는 HTML 태그를 뼈대로 하여 만들어진다. 2장에서는 〈h1〉~〈h6〉, 〈p〉, 〈br〉, 〈img〉, 〈audio〉, 〈video〉, 〈ul〉, 〈li〉, 〈ol〉, 〈li〉, 〈a〉 태그 등 HTML 문서에서 가장 기본이 되는 태그들의 사용법을 익힌다. 또한 웹 서버 내에 존재하는 HTML 파일과 자원 파일(이미지, 오디오, 비디오 파일 등)의 위치를 지정하는 URL 주소와 경로의 사용법에 대해서도 공부한다.

2.1 텍스트

이번 절에서는 텍스트(Text) 관련 태그에 대해 배운다. 텍스트는 UTF-8 문자 세트와 같은 컴퓨터 코드로 정의되는 글자를 의미한다. <h1> ~ <h6>, <p>,
 태그 등 텍스트에 관련된 태그와 HTML의 특수 문자에 대해 알아본다.

2.1.1 글 제목 – <h1> ~ <h6>

다음 예제를 통하여 웹 페이지에서 글 제목을 만드는 방법을 익혀보자.

예제 2-1. 글 제목 만들기 ex2-1.html

```
1  <!DOCTYPE html>
2  <html>
3  <head>
4  <meta charset="utf-8">
5  </head>
6  <body>
7     <h1>HTML이란?</h1>
8     <h2>HTML이란?</h2>
9     <h3>HTML이란?</h3>
10    <h4>HTML이란?</h4>
11    <h5>HTML이란?</h5>
12    <h6>HTML이란?</h6>
13 </body>
14 </html>
```

7~12행 <h1> ~ <h6>

HTML 문서에서는 글 제목을 표현하기 위해 <h1>, <h2>, <h3>, <h4>, <h5>, <h6>의 6개 태그가 준비되어 있다. 그림 2-1에 나타난 것과 같이 <h1> 태그의 글 제목 크기가 가장 크고, <h6> 태그의 글 제목 크기가 가장 작다.

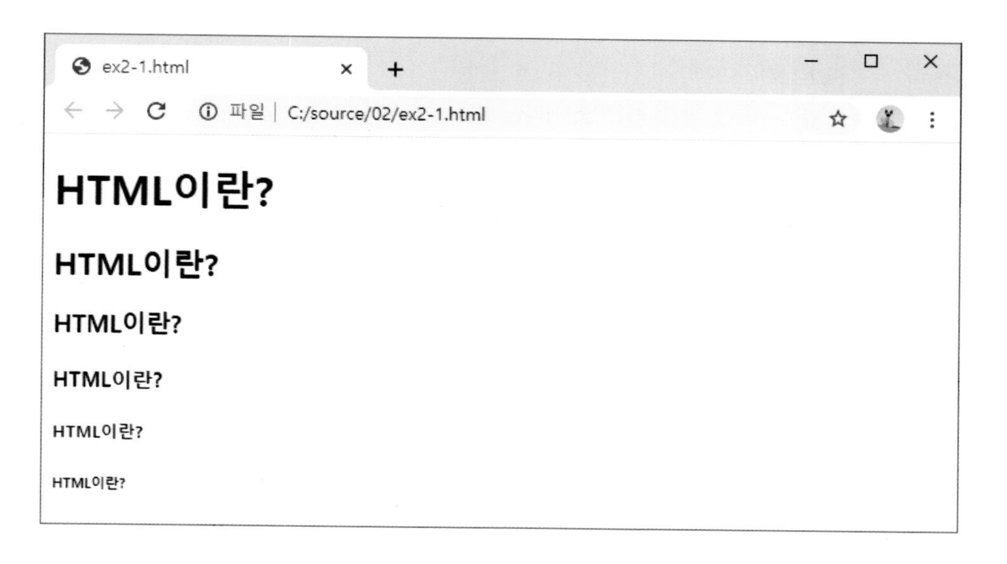

그림 2-1 ex2-1.html의 실행 결과

위의 그림 2-1에 나타난 글자 크기 외의 다른 글자 크기나 글자 색상을 변경하고자 할 때에는 다음 예제에서와 같이 CSS를 이용하면 된다.

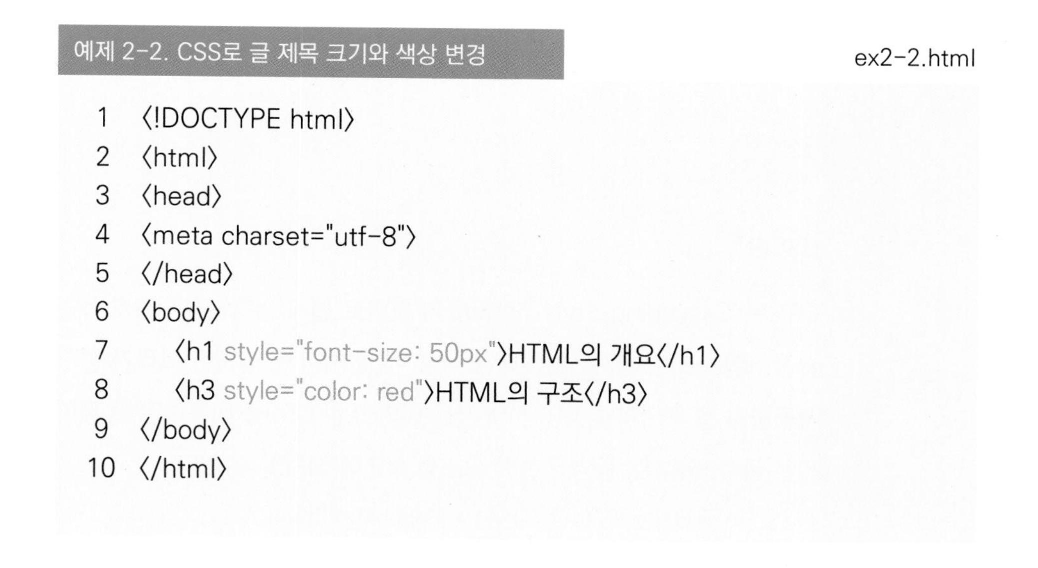

예제 2-2. CSS로 글 제목 크기와 색상 변경 ex2-2.html

```
1  <!DOCTYPE html>
2  <html>
3  <head>
4  <meta charset="utf-8">
5  </head>
6  <body>
7      <h1 style="font-size: 50px">HTML의 개요</h1>
8      <h3 style="color: red">HTML의 구조</h3>
9  </body>
10 </html>
```

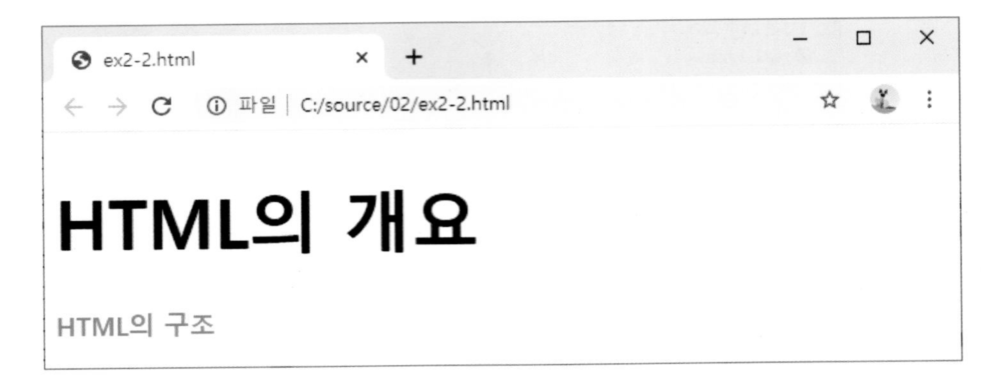

그림 2-2 ex2-2.html의 실행 결과

7행 style="font-size: 50px"

<h1> 태그에서 사용된 style 속성은 CSS를 정의할 때 사용된다. font-size는 글자 크기를 의미한다. 'font-size:50px'은 글자 크기를 50픽셀로 정의한다.

8행 style="color: red"

CSS의 color는 글자 색상을 변경하는 데 사용된다. 'color: red'는 글자 색상을 빨간색으로 변경한다.

알아두기

CSS란?

CSS는 'Cascading Style Sheets'의 약어로 웹 페이지에서 HTML을 보조하여 글꼴, 글자 크기, 글자 색상, 배경 색상, 배경 이미지, 경계선 그리기 등의 기능을 제공하여 웹 페이지를 꾸미는 데 사용된다. 또한 CSS를 이용하면 웹 페이지 내에 있는 글자, 이미지, 동영상 등의 요소를 화면에 배치할 수 있다.

※ CSS에 대해서는 2부(4장~8장)에서 자세히 배울 것이다.

2.1.2 단락 - <p>

다음 예제를 통하여 웹 페이지에서 단락을 만드는 방법에 대해 알아보자.

예제 2-3. 단락 만들기 ex2-3.html

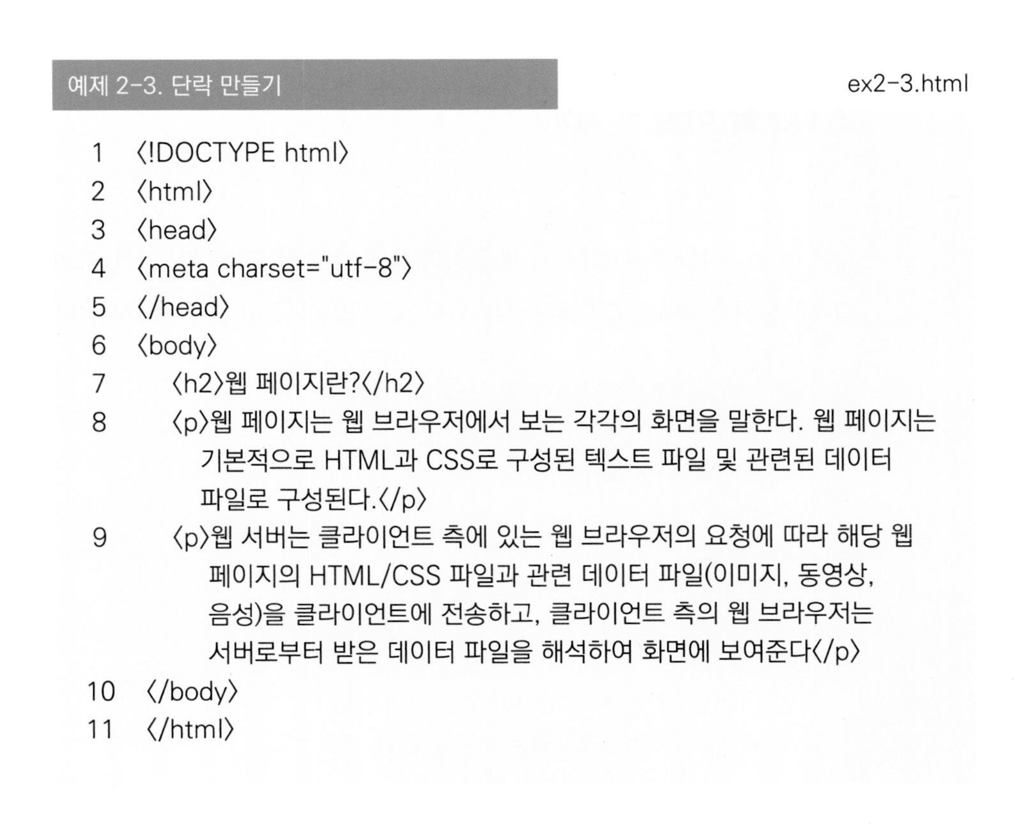

```
1  <!DOCTYPE html>
2  <html>
3  <head>
4  <meta charset="utf-8">
5  </head>
6  <body>
7      <h2>웹 페이지란?</h2>
8      <p>웹 페이지는 웹 브라우저에서 보는 각각의 화면을 말한다. 웹 페이지는
         기본적으로 HTML과 CSS로 구성된 텍스트 파일 및 관련된 데이터
         파일로 구성된다.</p>
9      <p>웹 서버는 클라이언트 측에 있는 웹 브라우저의 요청에 따라 해당 웹
         페이지의 HTML/CSS 파일과 관련 데이터 파일(이미지, 동영상,
         음성)을 클라이언트에 전송하고, 클라이언트 측의 웹 브라우저는
         서버로부터 받은 데이터 파일을 해석하여 화면에 보여준다</p>
10 </body>
11 </html>
```

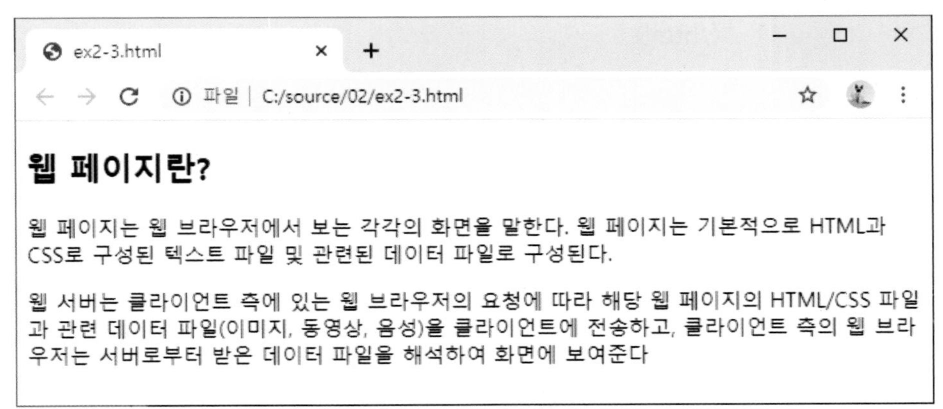

그림 2-3 ex2-3.html의 실행 결과

8,9행 <p>

<p> 태그는 웹 페이지에서 단락을 만드는 데 사용된다. 그림 2-3에 나타난 것과 같이 각 단락 다음에는 빈 줄이 자동으로 생성된다.

2.1.3 줄 바꿈 -

다음 예제 2-4의 7~9행에서는 세 문장이 세 줄에 걸쳐 표시된다. 그러나 브라우저 실행 결과인 그림 2-4에는 줄 바꿈이 적용되지 않고 모든 문장이 한 줄로 표시된다.

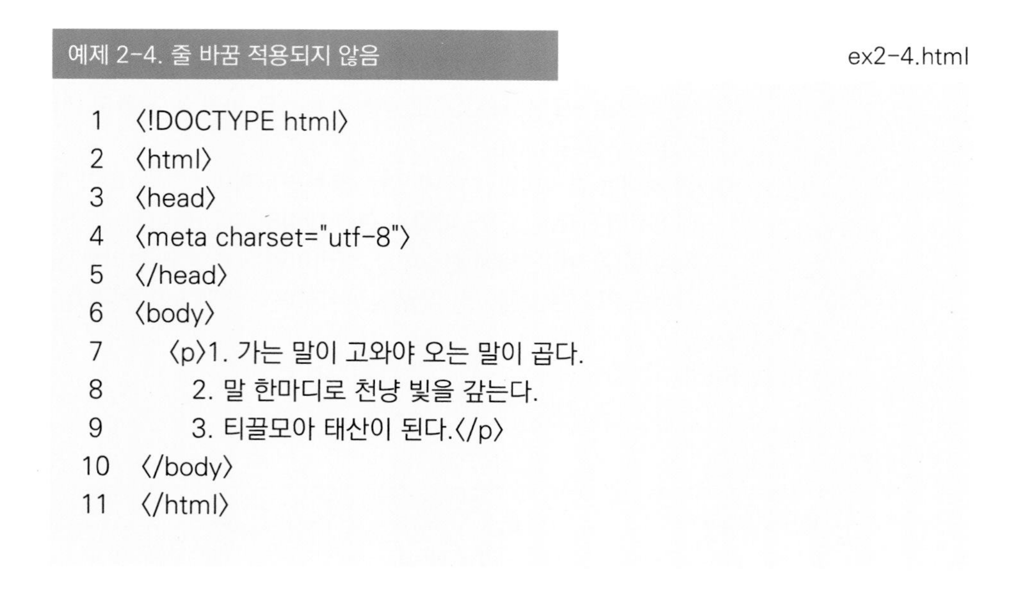

예제 2-4. 줄 바꿈 적용되지 않음 ex2-4.html

```
1   <!DOCTYPE html>
2   <html>
3   <head>
4   <meta charset="utf-8">
5   </head>
6   <body>
7       <p>1. 가는 말이 고와야 오는 말이 곱다.
8          2. 말 한마디로 천냥 빚을 갚는다.
9          3. 티끌모아 태산이 된다.</p>
10  </body>
11  </html>
```

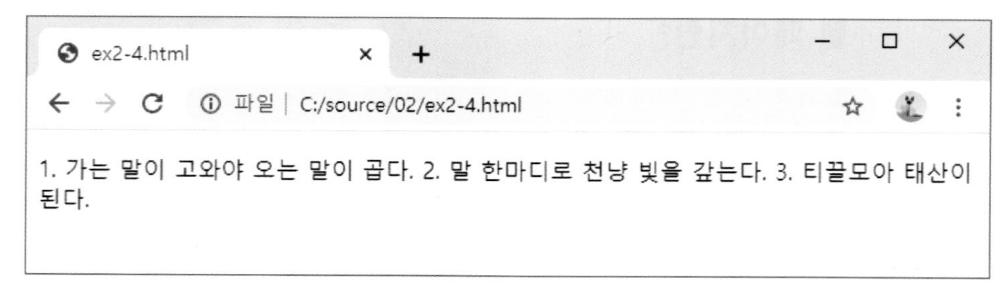

그림 2-4 ex2-4.html의 실행 결과

웹 페이지에서 줄 바꿈을 적용하기 위해서는 다음 예제에서와 같이 〈br〉 태그를 사용하여야 한다.

예제 2-5. 〈br〉 태그로 줄 바꿈 ex2-5.html

```
1  <!DOCTYPE html>
2  <html>
3  <head>
4  <meta charset="utf-8">
5  </head>
6  <body>
7      <p>1. 가는 말이 고와야 오는 말이 곱다.<br>
8         2. 말 한마디로 천냥 빚을 갚는다.<br><br><br>
9         3. 티끌모아 태산이 된다.</p>
10 </body>
11 </html>
```

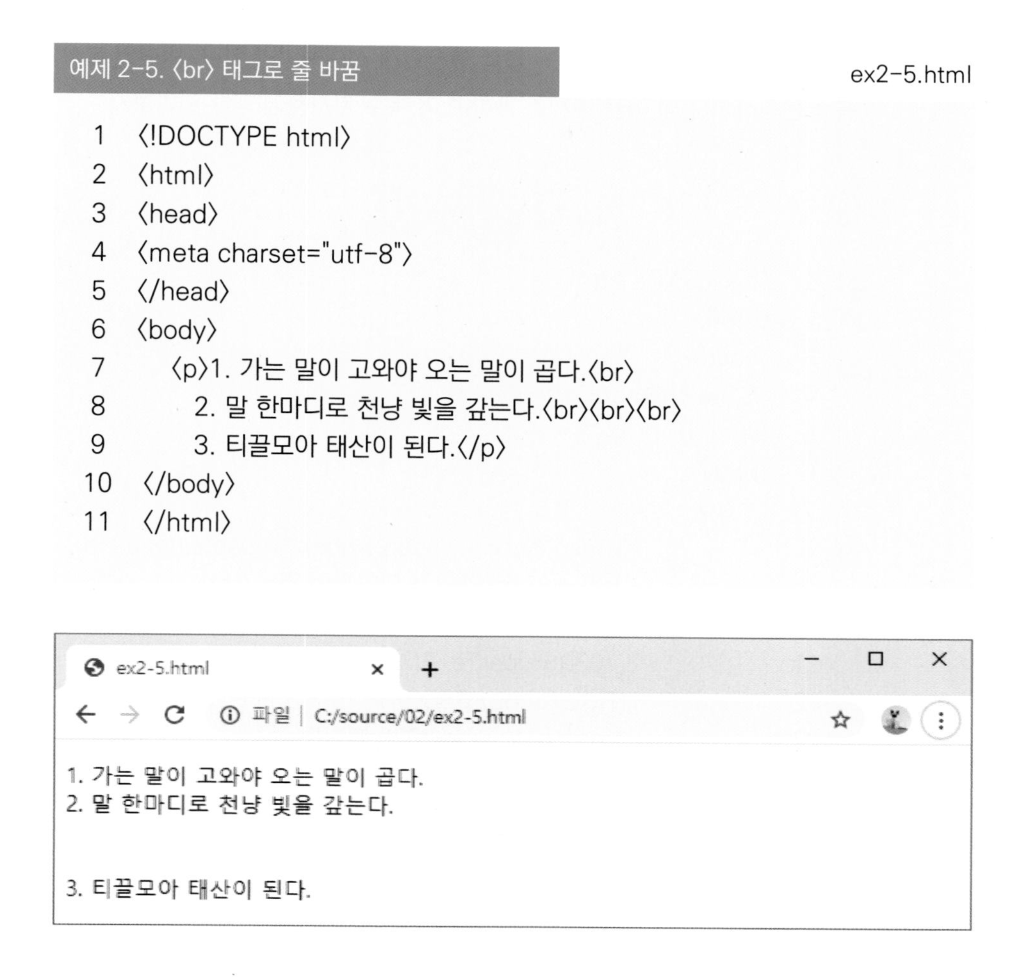

그림 2-5 ex2-5.html의 실행 결과

7,8행 〈br〉

7행의 끝에 적용된 〈br〉 태그는 그림 2-5 첫 번째 줄의 끝에서 줄 바꿈이 일어나게 한다. 그리고 8행의 〈br〉 태그 3개는 그림 2-5 두 번째 줄에서 줄 바꿈이 한번 일어나고 빈 줄 두 개가 삽입된다.

2.1.4 HTML 특수 문자

HTML 문서에서 공백, <, >, ", ' 등은 특수하게 처리되어야 한다. 이러한 문자들을 HTML 특수 문자라 하는데 다음 예제를 통하여 이 특수 문자들에 대해 알아보자.

예제 2-6. HTML 특수 문자 ex2-6.html

```
1  <!DOCTYPE html>
2  <html>
3  <head>
4  <meta charset="utf-8">
5  </head>
6  <body>
7     <p>
8               (      )<br>
9               &lt;body&gt; 태그가 의미하는 것은?<br>
10              &quot;기상청 동네예보&quot;<br>
11              &#039;HyperText Markup Language&#039;<br>
12              HTML &amp; CSS<br>
13              copyright&copy; 2020 홍길동
14    </p>
15 </body>
16 </html>
```

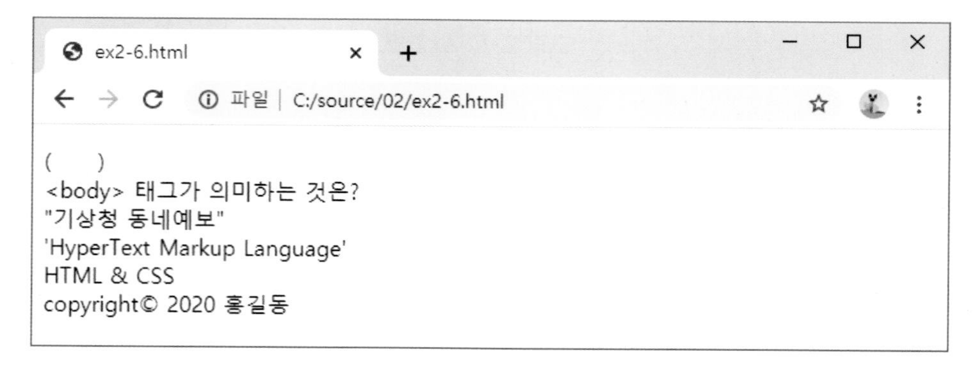

그림 2-6 ex2-6.html의 실행 결과

8행

HTML 문서에서 공백(" ")도 하나의 문자로 처리된다. 하나의 공백에 해당되는 HTML 표기는 이다. 8행에서 가 5번 사용되었기 때문에 그림 2-5의 첫 번째 줄에서 괄호 안에 5개의 공백이 삽입되어 있는 것이다.

9행 < 와 >

HTML 문서에서 꺽쇠 기호 '〈'과 '〉'는 〈p〉, 〈br〉, 〈h1〉 등에서와 같이 HTML 태그에서 사용되는 기호이다. 따라서 실행 결과의 두 번째 줄에서와 같이 웹 페이지의 내용 안에 '〈'과 '〉' 기호 자체를 삽입하기 위해서는 특수 문자가 필요하다. <는 '〈'를 나타내고, >는 '〉'를 의미한다.

10행 "

쌍따옴표(")도 HTML 문서에서 특수한 의미로 사용되기 때문에 실행 결과의 세 번째 줄에서와 같이 쌍따옴표 기호 자체를 화면에 표시하기 위해 "가 사용된다.

11~13행

HTML 문서에서 단따옴표('), 앰퍼샌드(&), 저작권 기호(ⓒ)에 해당되는 HTML 특수 문자는 각각 ', &, © 이다.

위에서 사용된 HTML 특수 문자를 표로 정리하면 다음과 같다.

표 2-1 HTML 특수 문자

HTML 표기	기호	설명
		공백
<	〈	'~ 보다 작다'. lt는 'less than' 약어
>	〉	'~ 보다 크다'. gt는 'greater than' 약어
&	&	앰퍼샌드(Ampersand)
"	"	쌍따옴표
'	'	단따옴표
©	ⓒ	저작권 기호

2.2 이미지

웹 페이지에 이미지를 삽입하는 데에는 <img> 태그가 사용된다. 이번 절을 통하여 <img> 태그와 그 속성에 대해 알아보고 이미지 파일의 경로를 설정하는 데 필요한 상대 경로와 절대 경로에 대해 공부해보자.

2.2.1 이미지 삽입 - <img>

다음 예제를 통하여 웹 페이지에 이미지를 삽입하는 <img> 태그와 이미지의 너비와 높이를 설정하는 width와 height 속성에 대해 알아보자.

예제 2-7. 이미지 삽입과 너비/높이 설정 ex2-7.html

```
1   <!DOCTYPE html>
2   <html>
3   <head>
4   <meta charset="utf-8">
5   </head>
6   <body>
7      <h3>동해안 자전거 길</h3>
8      <img src="bike_road.jpg"  title="데크 자전거 길" >
9      <img src="bike_road.jpg" width="300">
10     <img src="bike_road.jpg" width="200" height="200">
11  </body>
12  </html>
```

그림 2-7 ex2-7.html의 실행 결과

8행 <img src="bike_road.jpg" title="데크 자전거 길" >

title 속성을 '데크 자전거 길'로 설정하면 그림 2-7의 첫 번째 이미지 위에 마우스 커서를 올렸을 때 빨간색 박스와 같이 '데크 자전거 길'이 화면에 표시된다. 이와 같이 title 속성은 이미지 제목을 설정하는 데 사용된다.

웹 페이지에 이미지를 삽입하는데는 <img> 태그를 사용하고, 이미지의 파일명은 src 속성에 설정된다. 현재의 폴더 구조는 다음의 그림 2-8과 같다고 가정한다. 그림 2-8에서는 이미지 파일(bike_road.jpg)이 현재의 HTML 문서 파일(ex2-7.html)과 동일한 폴더 내에 존재하고 있다.

이러한 폴더 구조에서는 8행의 src="bike_road.jpg"에서와 같이 src 속성에 이미지 파일명만 사용하면 된다.

※ 만약 이미지 파일이 HTML 문서와는 다른 폴더에 존재한다면 그 경로를 파일명 앞에 적어 주어야 한다. 이미지 파일의 경로 설정법에 대해서는 2.2.2절의 53쪽에서 자세히 설명한다.

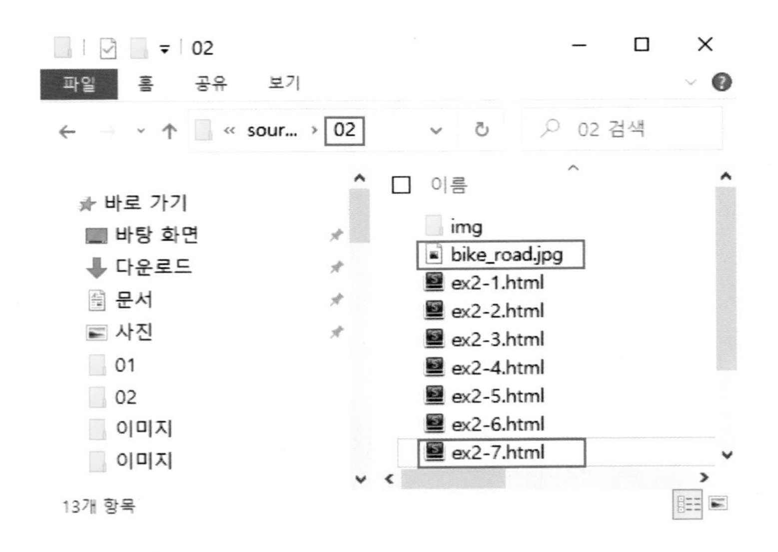

그림 2-8 HTML 파일과 이미지 파일의 위치

9행 <img src="bike_road.jpg" width="300" >

<img> 태그의 width 속성은 웹 페이지에 삽입되는 이미지의 너비를 설정하는데 사용된다. width="300"은 그림 2-7의 두 번째 이미지에서와 같이 화면에 표시되는 이미지 너비를 300픽셀로 설정한다.

여기에서와 같이 이미지의 높이를 의미하는 height 속성을 설정하지 않으면 원본 이미지의 가로 세로 비율과 동일하게 이미지의 높이가 자동 계산된다.

※ 만약 8행에서와 같이 width와 height 속성을 설정하지 않으면 그림 2-7의 첫 번째 이미지에서와 같이 원본 크기(500x667픽셀)로 이미지가 화면에 표시된다.

10행 <img src="bike_road.jpg" width="200" height="200">

width="200"과 height="200"은 화면에 표시되는 이미지의 너비와 높이를 각각 200픽셀과 200 픽셀로 설정한다. 이와 같이 이미지의 너비와 높이를 강제로 설정하게 되면 원본의 가로 세로 비율이 달라지게 되어 이미지가 찌그러져 보일 수 있는 점에 유의하기 바란다.

알아두기

웹의 이미지 파일 포맷

예제 2-7에서 사용된 이미지 파일(bike_road.jpg)은 .jpg의 확장자를 가진 JPG 파일 포맷이다. 웹에서는 JPG 파일 포맷 외에도 PNG, GIF, SVG의 포맷을 사용할 수 있다.

웹에서 사용 가능한 이미지 파일 포맷(JPG, PNG, GIF, SVG)을 표로 정리하면 다음과 같다.

표 2-2 웹의 이미지 파일 포맷

이미지 포맷	확장자	특징
JPG	.jpg	24 비트 트루 컬러 지원, 사진 이미지에 많이 사용되는 손실 압축, 고화질을 유지하면서 고압축 가능, 다른 압축 방식에 비해 파일 크기를 작게할 수 있음
PNG	.png	24 비트 트루 컬러 지원, 무손실 압축, JPG에 비해 압축 효율은 떨어지나 휴대폰 등에서 이미지 확대 시 고화질 유지, 최근 가장 많이 사용됨
GIF	.gif	8비트(256 컬러) 지원, 무손실 압축, 사용 가능한 컬러 수가 다른 포맷에 비해 제한적, 컴퓨터 그래픽 이미지에 많이 사용, 파일 크기가 작음, 이전에 많이 사용된 포맷으로 최근에는 잘 사용되지 않음
SVG	.svg	압축 포맷이 아닌 벡터 그래픽 포맷, 이미지 확대 시 화질의 손상이 전혀 없음, 웹 상에서 도형이나 그래프를 그리는 데 많이 사용됨

지금까지 배운 <img> 태그의 속성을 표로 정리하면 다음과 같다.

표 2-3 <img> 태그의 속성

속성	설명
src	삽입되는 이미지 파일명(경로 포함) 설정
width	이미지의 너비
height	이미지의 높이
title	마우스 커서를 갖다 대었을 때 표시되는 이미지 제목

2.2.2 URL 주소와 경로

웹에서 사용되는 URL(Uniform Resource Locator) 주소는 인터넷 상에서 존재하는 자원인 HTML, 이미지, 오디오, 동영상 파일 등의 위치를 의미한다. URL 주소를 설정하는 방법에는 상대 경로와 절대 경로를 이용하는 방법 두 가지가 있다.

1 상대 경로

상대 경로는 현재의 HTML 문서 파일의 위치를 기준으로 상대적인 위치에 있는 파일을 찾아가는 방식이다.

이미지 파일이 위치한 경로를 설정하는 다음 예제를 통하여 상대 경로의 사용법을 익혀보자.

예제 2-8. 이미지 파일의 상대 경로

ex2-8.html

```
1  <!DOCTYPE html>
2  <html>
3  <head>
4  <meta charset="utf-8">
5  </head>
6  <body>
7      <h2>이미지 파일의 상대 경로</h2>
8      <img src="fish1.jpg">
9      <img src="./img/fish2.jpg">
10     <img src="./img/test/fish3.jpg">
11     <img src="../fish4.jpg">
12 </body>
13 </html>
```

그림 2-9 ex2-8.html의 실행 결과

8행 〈img src="fish1.jpg"〉

실습 폴더의 구조는 그림 2-10과 같다고 가정한다. HTML 파일(ex2-8.html)이 위치하는 폴더를 현재 폴더라고 한다. 이 경우에는 '02' 폴더 내에 이미지 파일(fish1.jpg)이 존재한다. 이러한 경우에 src 속성을 설정할 때는 src="fish1.jpg"와 같이 이미지 파일의 경로는 명시하지 않고 이미지 파일명만 적으면 된다.

그림 2-10 fish1.jpg가 ex2-8.html과 동일한 폴더에 존재

이번에는 이미지 파일(fish2.jpg)이 그림 2-10의 'img' 폴더 내에 존재하는 다음 그림 2-11의 경우를 생각해 보자.

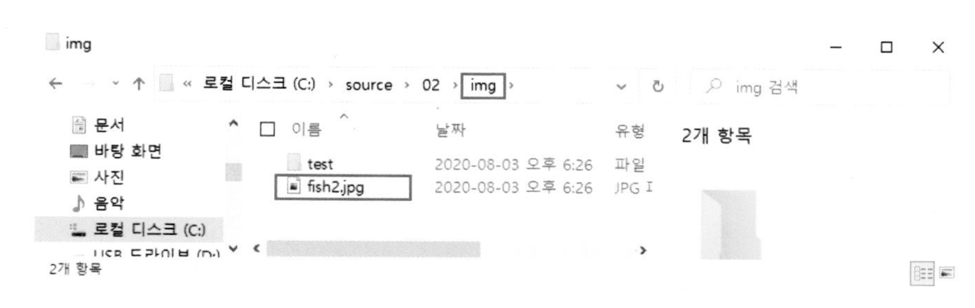

그림 2-11 fish2.jpg 파일은 'img' 폴더 내에 존재

9행 〈img src="./img/fish2.jpg"〉

그림 2-11에서와 같이 fish2.jpg 파일이 'img' 폴더 내에 존재하는 경우에 src 속성은 src="./img/fish2.jpg"로 설정한다. 여기서 './'는 현재 폴더(ex2-8.html이 존재하는 폴더, 즉 '02' 폴더)를 의미한다. 따라서 "./img/fish2.jpg"는 fish2.jpg 파일이 현재 폴더 안에 있는 'img' 폴더 내에 있다는 것을 의미한다.

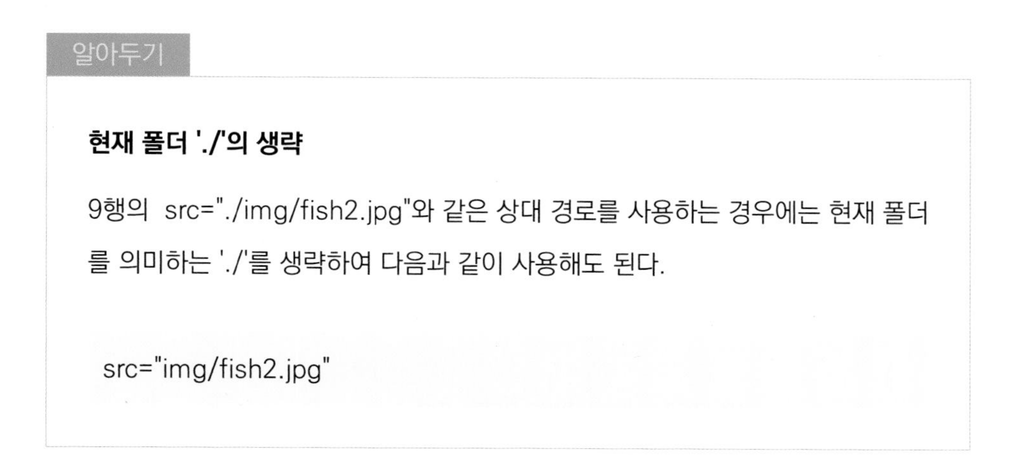
알아두기

현재 폴더 './'의 생략

9행의 src="./img/fish2.jpg"와 같은 상대 경로를 사용하는 경우에는 현재 폴더를 의미하는 './'를 생략하여 다음과 같이 사용해도 된다.

```
src="img/fish2.jpg"
```

8행과 9행에서는 이미지 파일의 위치를 현재 폴더(HTML 파일이 존재하는 위치)를 기준으로 하여 지정하였다. 이와 같이 현재 폴더를 기준으로 파일의 경로를 설정하는 것을 상대 경로라고 한다.

알아두기

상대 경로란?

URL 주소를 기술할 때 HTML 문서가 존재하는 위치, 즉 현재 폴더를 기준으로 경로를 설정하는 방식을 말한다. 이와 반대되는 개념이 절대 경로인데 절대 경로에서는 HTML 파일이 존재하는 위치와 상관없이 절대적인 URL 주소(예:http://codingschool.info/img/fish.jpg)를 사용하게 된다.

※ 절대 경로에 대해서는 잠시 후 58쪽에서 좀 더 자세히 설명한다.

상대 경로의 사용법에 대해 좀 더 공부해보자.

다음 그림 2-12에서는 fish3.jpg 파일이 그림 2-11의 'img' 폴더 내에 있는 'test' 폴더 내에 존재하고 있다.

그림 2-12 fish3.jpg 파일이 'test' 폴더 내에 존재

10행 <img src="./img/test/fish3.jpg">

그림 2-12에서 fish3.jpg 파일이 'img' 폴더 내의 'test' 폴더에 존재하기 때문에 이 경우에는 src 속성을 src="./img/test/fish3.jpg"로 설정한다.

이번에는 다음 그림 2-13에서와 같이 fish4.jpg 파일이 그림 2-10의 현재 폴더(ex2-8.html이 존재하는 폴더, 즉 '02' 폴더)의 이전 폴더인 'source' 내에 있다. 이러한 경우에 상대 경로를 설정하는 방법에 대해 알아보자.

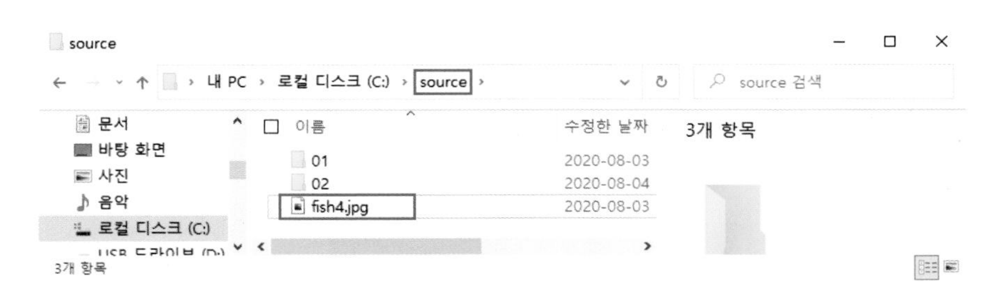

그림 2-13 fish4.jpg 파일이 'source' 폴더 내에 존재

11행 <img src="../fish4.jpg">

그림 2-13에서와 같이 현재 폴더의 이전 폴더인 'source' 폴더에 이미지 파일(fish4.jpg)이 존재하는 경우에는 src 속성을 src="../fish4.jpg"로 설정한다. 여기서 '../'는 이전 폴더를 의미한다. 정리하면 '../'는 HTML 파일이 존재하는 폴더, 즉 현재 폴더를 벗어난 이전 폴더를 의미한다.

2 절대 경로

절대 경로는 http://로 시작하는 도메인 네임이 포함된 인터넷 상의 유일무이하고 절대적인 URL 주소를 의미한다.

다음 예제를 통하여 절대 경로의 사용법을 익혀보자.

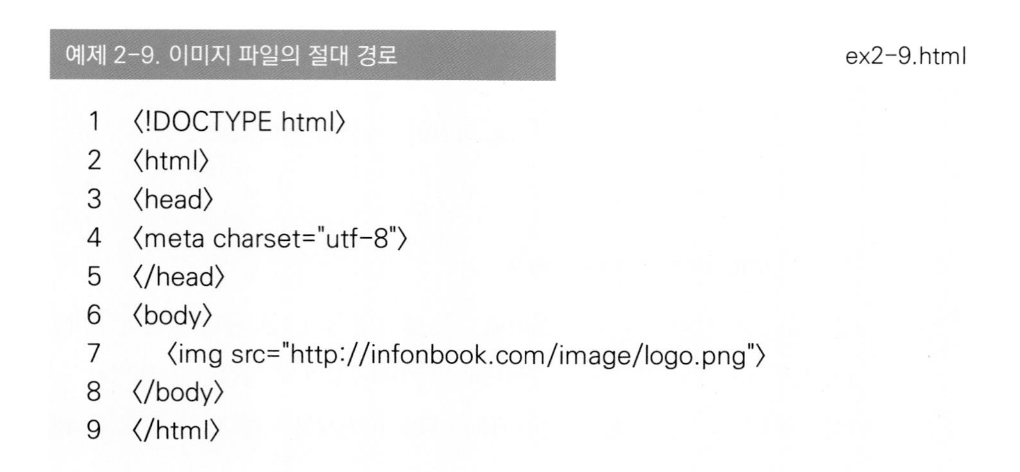

예제 2-9. 이미지 파일의 절대 경로 ex2-9.html

```
1  <!DOCTYPE html>
2  <html>
3  <head>
4  <meta charset="utf-8">
5  </head>
6  <body>
7      <img src="http://infonbook.com/image/logo.png">
8  </body>
9  </html>
```

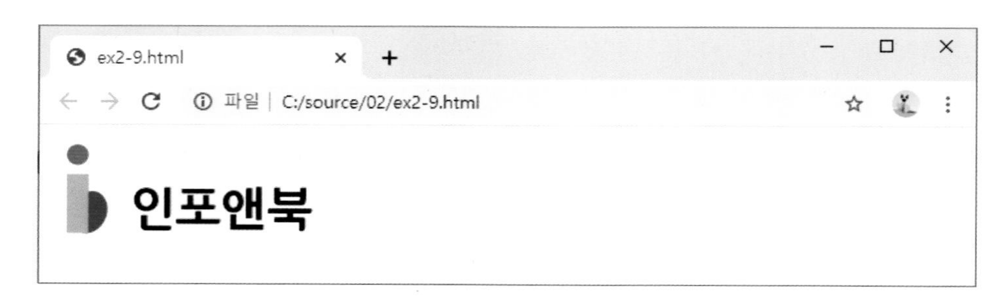

그림 2-14 ex2-9.html의 실행 결과

7행 src="http://infonbook.com/image/logo.png"

인포앤북 출판사 홈페이지의 서버가 저장한 로고 이미지를 가져오기 위해 절대 경로 주소인 'http://infonbook.com/image/logo.png'가 사용된다. 절대 경로의 URL 주소는 http://로 시작한다.

이 경우에 있어서 그림 2-14에 나타난 로고 이미지 파일(logo.png)은 인포앤북 서버의 image 폴더 내에 있다. 이와 같이 URL 주소에서 사용되는 절대 경로는 해당 파일이 존재하는 인터넷 상의 유일무이한 위치, 즉 절대적인 주소를 의미한다.

2.3 오디오와 비디오

웹 페이지에서 오디오와 비디오를 재생하는데에는 각각 <audio> 태그와 <video> 태그를 사용한다. 이번 절에서는 오디오와 비디오를 웹 페이지에서 재생하는 방법과 자동 재생, 무한반복, 플레이어를 설정하는 방법에 대해 알아본다.

2.3.1 오디오 - <audio>

다음 예제를 통하여 웹 페이지에 오디오를 삽입하는 방법을 익혀보자.

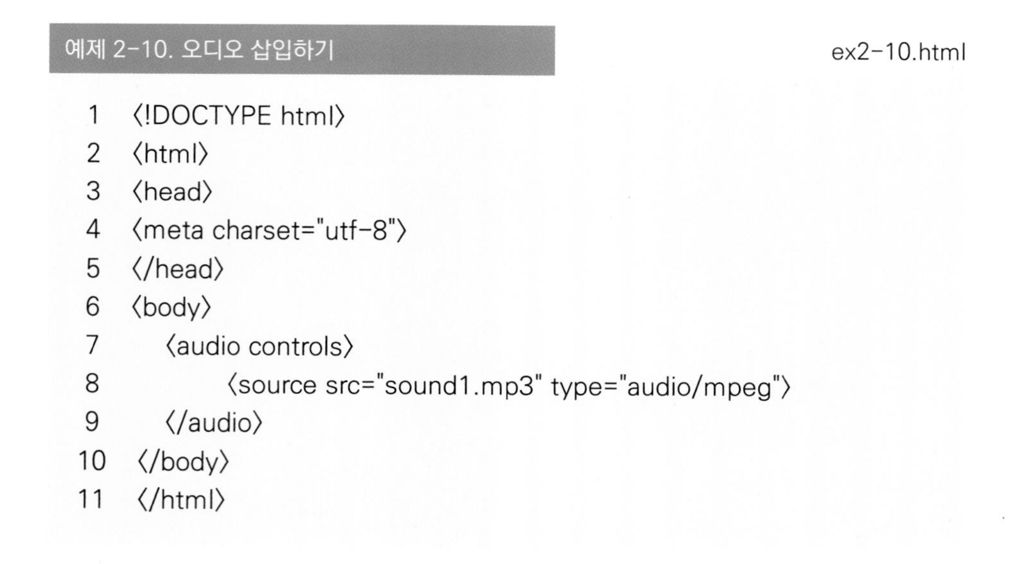

예제 2-10. 오디오 삽입하기 ex2-10.html

```
1  <!DOCTYPE html>
2  <html>
3  <head>
4  <meta charset="utf-8">
5  </head>
6  <body>
7     <audio controls>
8           <source src="sound1.mp3" type="audio/mpeg">
9     </audio>
10 </body>
11 </html>
```

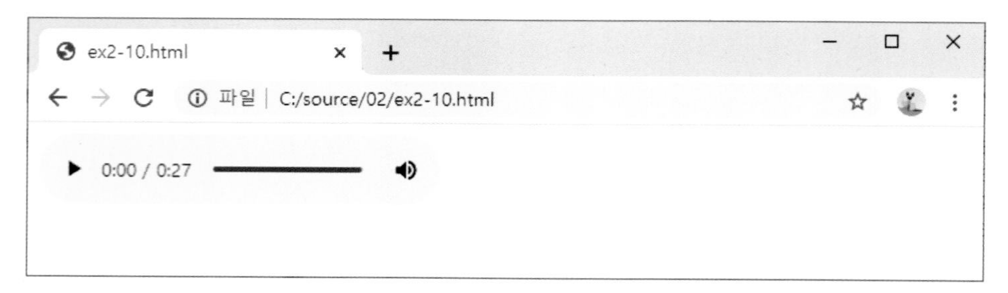

그림 2-15 ex2-10.html의 실행 결과

7~9행

<audio> 태그를 이용하여 그림 2-15에 나타난 것과 같은 오디오 플레이어를 화면에 보여주고, 오디오 플레이어의 재생 버튼을 클릭 시 src 속성에 설정된 오디오 파일(sound1.mp3)을 재생한다. controls 속성은 화면에 플레이어가 보여지게 한다. controls 속성을 사용하지 않으면 플레이어가 화면에 나타나지 않는다.

<audio> 태그의 속성을 표로 정리하면 다음과 같다.

표 2-4 <audio> 태그의 속성

속성	설명
src	오디오 파일명(경로 포함) 설정
controls	화면에 플레이어 표시하기
autoplay	자동 재생 ※ 크롬 브라우저에서는 정책적으로 오디오의 자동 재생을 허용하지 않음
loop	무한 반복

2.3.2 비디오 – <video>

다음 예제를 통하여 <video> 태그를 이용하여 웹 페이지에 비디오를 삽입하는 방법에 대해 알아보자

예제 2-11. 비디오 삽입하기 ex2-11.html

```
1   <!DOCTYPE html>
2   <html>
3   <head>
4   <meta charset="utf-8">
5   </head>
6   <body>
7       <video width="320" height="240" controls>
8           <source src="movie1.mp4" type="video/mp4">
9       </video>
10  </body>
11  </html>
```

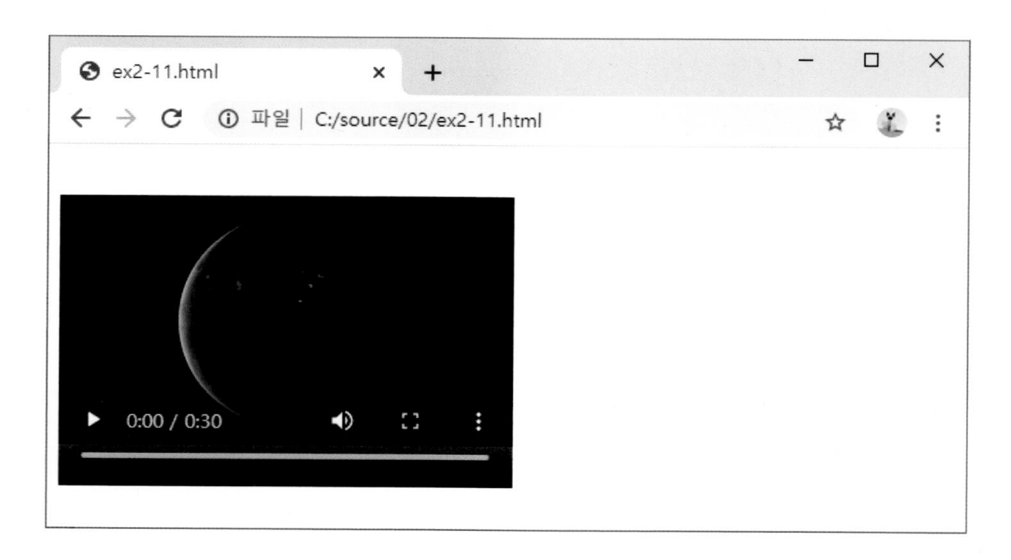

그림 2-16 ex2-11.html의 실행 결과

7~9행

〈video〉 태그의 사용법은 〈audio〉 태그의 경우와 유사하다. 〈video〉 태그는 그림 2-16에 나타난 것과 같이 플레이어를 화면에 보여주고, 재생 버튼을 클릭 시 src 속성에 설정되어 있는 'movie1.mp4' 비디오 파일을 재생하게 된다.

〈video〉 태그의 속성을 표로 정리하면 다음과 같다.

표 2-5 〈video〉 태그의 속성

속성	설명
src	비디오 파일명(경로 포함) 설정
width	비디오 영상의 너비
height	비디오 영상의 높이
controls	화면에 플레이어 표시하기
autoplay	자동 재생 ※ 크롬 브라우저에서는 정책적으로 비디오의 자동 재생을 허용하지 않음
loop	무한 반복

2.4 목록

웹 페이지의 목록(List)에는 순서없는 목록과 순서 목록 두 가지가 있다. 이번 절에서는 순서없는 목록의 〈ul〉과 〈li〉 태그와 순서 목록에서 사용되는 〈ol〉과 〈li〉 태그의 사용법에 대해 알아본다.

2.4.1 순서없는 목록 – 〈ul〉, 〈li〉

순서없는 목록(Unordered List)은 다음의 그림 2-17에서와 같이 목록 각 항목의 글 머리 기호가 점(·)으로 표현된다.

다음 예제를 통하여 웹 페이지에 순서없는 목록을 만드는 방법에 대해 알아보자.

예제 2-12. 순서없는 목록 ex2-12.html

```
1  <!DOCTYPE html>
2  <html>
3  <head>
4  <meta charset="utf-8">
5  </head>
6  <body>
7      <h2>웹이란?</h2>
8      <ul>
9      <li>웹은 거미줄을 의미하는데 WWW(World Wide Web)의 약어</li>
10     <li>인터넷과 웹 브라우저를 통하여 정보를 사용자에게 제공</li>
11     <li>웹 브라우저를 통하여 원격에 있는 사용자와 상호 간에 소통</li>
12     <li>웹 관련 직업 : 웹 디자이너, 웹 퍼블리셔, 웹 프로그래머</li>
13     </ul>
14 </body>
15 </html>
```

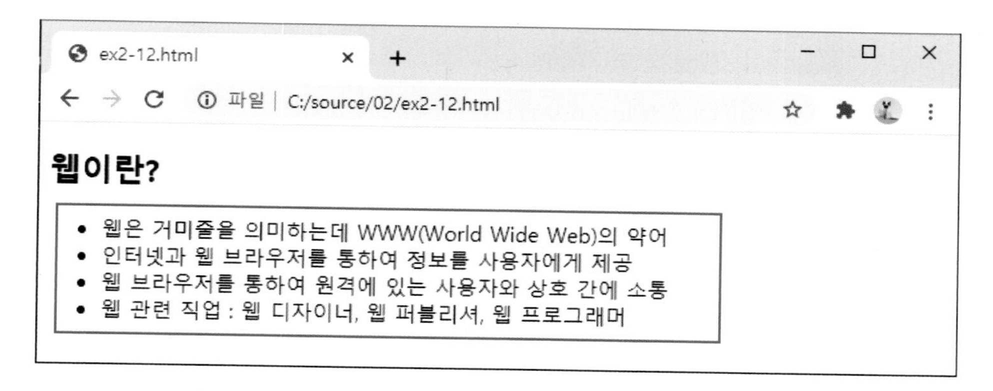

그림 2-17 ex2-11.html의 실행 결과

8,13행 〈ul〉

〈ul〉 태그는 위의 그림 2-17의 전체 목록(그림에서 빨간색 박스)을 감싼다. 8행의 〈ul〉은 목록의 시작을 의미하고, 13행의 〈/ul〉은 목록의 끝을 의미한다.

9~12행 〈li〉

〈li〉 태그는 목록의 각 항목에 사용된다. 각 항목의 시작에 〈li〉를 붙이고 끝나는 지점에 〈/li〉를 붙이게 된다. 그림 2-17에 나타난 것과 같이 순서없는 목록에서는 각 항목의 글 머리 기호로 점(·)이 기본적으로 붙는다.

※ 7장의 237쪽에서는 CSS를 이용하여 목록의 글 머리 기호를 변경하는 방법과 글 머리 기호 대신에 아이콘 이미지를 사용하는 방법에 대해 배울 것이다.

2.4.2 순서 목록 - 〈ol〉, 〈li〉

순서 목록(Ordered List)은 다음의 그림 2-18에서와 같이 목록의 각 항목 앞에 항목의 순서를 의미하는 일련번호가 붙게 된다.

다음 예제를 통하여 웹 페이지에서 순서 목록을 만드는 방법을 익혀보자.

예제 2-13. 순서 목록 ex2-13.html

```
1  <!DOCTYPE html>
2  <html>
3  <head>
4  <meta charset="utf-8">
5  </head>
6  <body>
7      <h2>라면 맛있게 끓이는 법</h2>
8      <ol>
9      <li>종이컵 3컵 분량의 물을 넣어 준다.</li>
10     <li>수프를 면보다 먼저 넣고, 물이 끓으면 면을 넣는다. </li>
11     <li>면을 젓가락으로 들어 올려주면서 끓인다.</li>
12     <li>처음부터 끝까지 센 불을 유지해야 한다.</li>
13     </ol>
14  </body>
15  </html>
```

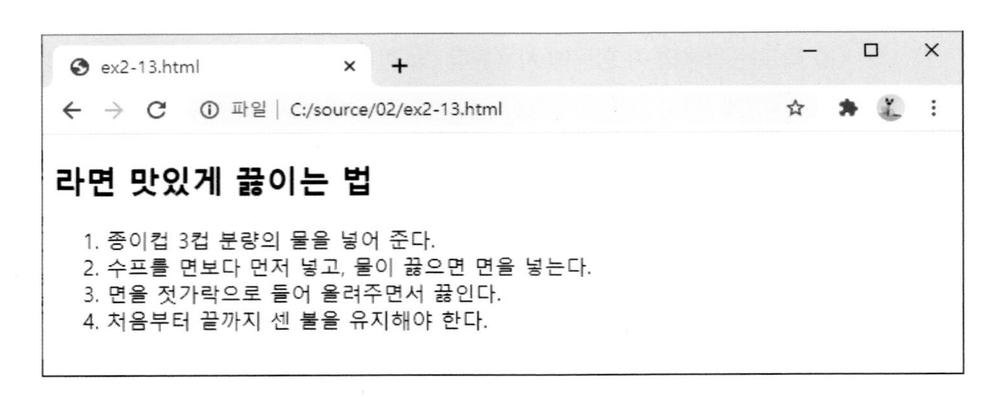

그림 2-18 ex2-11.html의 실행 결과

8~13행 <ol>, <li>

예제 2-13의 순서 목록은 예제 2-12의 순서없는 목록과 사용법이 거의 같다. 단 하나의 차이점은 <ul>과 </ul> 대신에 <ol>과 </ol>이 사용된다는 것이다. 순서 목록에서는 그림 2-18에 나타난 것과 같이 각 항목의 앞에 자동으로 일련 번호가 매겨지게 된다.

2.5 하이퍼링크

하이퍼링크(Hyperlink 또는 Link)는 <a> 태그를 이용하여 텍스트나 이미지와 같이 요소에 링크를 걸어두는 것을 말한다. 링크가 걸려있는 텍스트나 이미지를 클릭하면 다른 페이지로 이동하게 됨으로써 웹 서핑이 가능하게 된다.

다음 예제를 통하여 텍스트와 이미지에 링크를 거는 다양한 방법에 대해 알아보자.

예제 2-14. 링크걸기 index.html

```
1  <!DOCTYPE html>
2  <html>
3  <head>
4  <meta charset="utf-8">
5  <title>하이퍼링크</title>
6  </head>
7  <body>
8     <h3>텍스트에 링크걸기</h3>
9     <ul>
10    <li><a href="page1.html">인터넷이란?</a></li>
11    <li><a href="page2.html">웹이란?</a></li>
12    <li><a href="page3.html" target="_blank">HTML이란?</a></li>
13    <li><a href="http://infonbook.com">인포앤북 출판사</a></li>
14    </ul>
15
16    <h3>이미지에 링크걸기</h3>
17    <ul>
18    <li><a href="page4.html"><img src="./img/css.png"></a></li>
19    <li><a href="http://infonbook.com"><img src="./img/logo.png"></
a></li>
20    </ul>
21 </body>
22 </html>
```

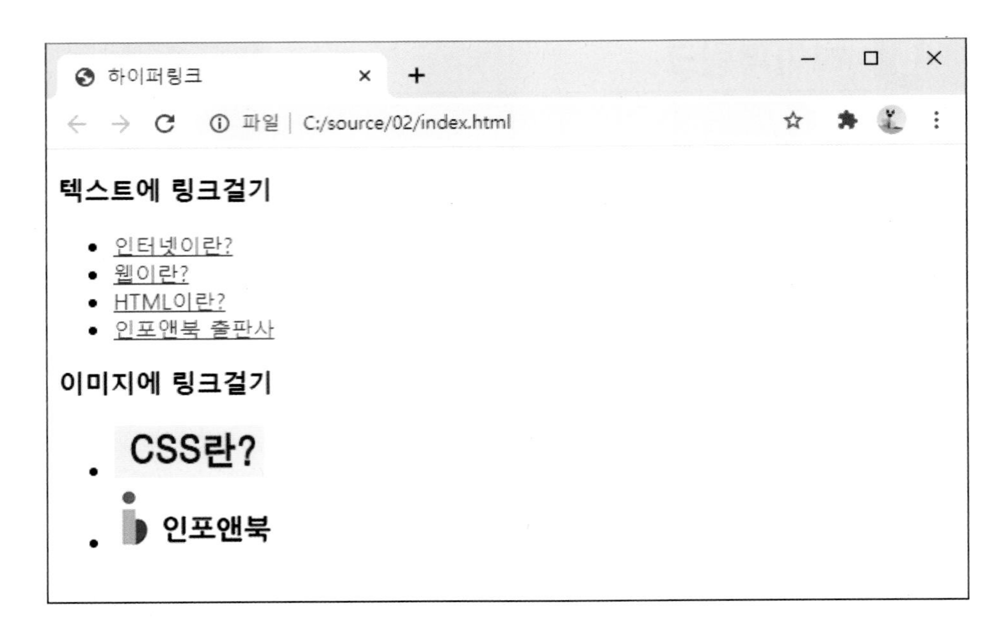

그림 2-19 index.html의 실행 결과

위의 그림 2-19에서 '인터넷이란?', '웹이란?', 'HTML이란', '인포앤북 출판사' 글자와 하단에 있는 두 개의 이미지를 각각 클릭해보자. 그러면 글자나 이미지에 링크되어 있는 페이지의 내용을 화면에 보여줄 것이다.

10행 <a href="page1.html">인터넷이란?</a>

'인터넷이란?'을 클릭하면 다음 그림 2-20의 page1.html 페이지로 이동한다. <a> 태그의 href 속성은 이동할 페이지의 URL 주소를 갖게 된다. 여기서는 'page1.html'로 설정되어 있기 때문에 page1.html의 내용이 브라우저 화면에 나타난다. 현재의 실습에서는 index.html(예제 2-14)과 page1.html(예제 2-15)이 동일한 폴더 내에 있는 것으로 간주하고 있기 때문에 href 속성에 상대 경로인 HTML 파일명(page1.html)만 설정하면 된다.

※ URL 주소와 상대 경로의 사용법에 대해서는 앞에서 배운 53쪽을 참고하기 바란다.

11행 〈a href="page2.html"〉웹이란?〈/a〉

10행과 같은 맥락에서 그림 2-19의 '웹이란?' 글자를 클릭하면 page2.html의 페이지로 이동한다.

12행 〈a href="page3.html" target="_blank"〉HTML이란?〈/a〉

〈a〉 태그의 target 속성을 '_blank'로 설정하면 새창에 웹 페이지의 내용을 표시한다. 그림 2-19의 'HTML이란' 글자를 클릭하면 'page3.html' 내용을 보여줄 때 새 창, 즉 브라우저의 새로운 탭에 페이지의 내용을 표시하게 된다.

13행 〈a href="http://infonbook.com"〉인포앤북 출판사〈/a〉

여기서는 href 속성에 절대 경로 주소인 'http://infonbook.com'이 사용된다. 따라서 '인포앤북 출판사' 글자를 클릭하면 인포앤북의 메인(http://infonbook.com) 페이지로 이동하게 된다.

※ 절대 경로에 대해서는 앞의 58쪽을 참고하기 바란다.

18,19행

18행과 19행에서는 〈a〉 태그를 이용하여 이미지에 링크를 걸고 있다. 그림 2-19의 각 이미지를 클릭하면 링크된 해당 페이지로 이동하게 된다. 이와 같이 이미지에 링크를 거는 방법은 10~13행에서의 텍스트에 링크를 거는 것과 동일하다.

위의 그림 2-19에서 '인터넷이란?' 글자를 클릭했을 때 이동하게 되는 page1.html의 브라우저 실행 결과와 프로그램 소스는 다음과 같다.

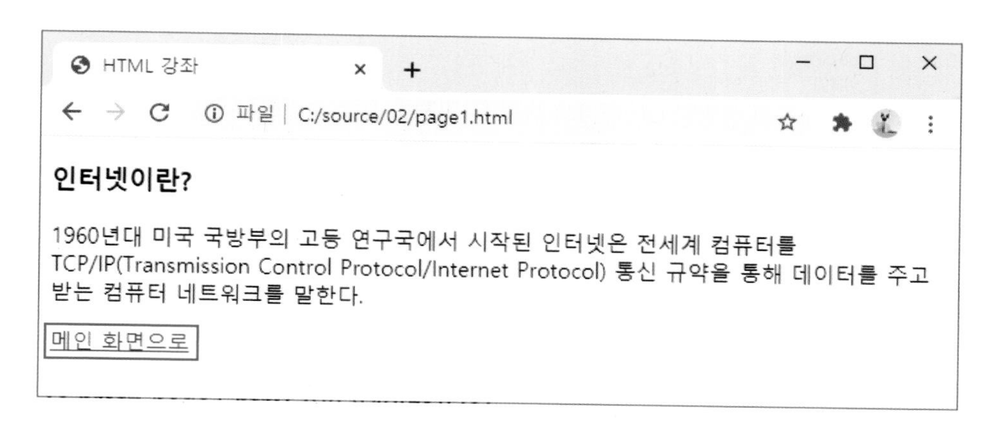

그림 2-20 page1.html의 실행 결과

예제 2-15. page1.html 파일 소스 page1.html

```
1  <!DOCTYPE html>
2  <html>
3  <head>
4  <meta charset="utf-8">
5  <title>HTML 강좌</title>
6  </head>
7  <body>
8      <h3>인터넷이란?</h3>
9      <p>1960년대 미국 국방부의 고등 연구국에서 시작된 인터넷은 전세계
10      컴퓨터를 TCP/IP(Transmission Control Protocol/
11      Internet Protocol) 통신 규약을 통해 데이터를 주고 받는
12      컴퓨터 네트워크를 말한다.</p>
13
14     <p><a href="index.html">메인 화면으로</a></p>
15  </body>
16  </html>
```

14행 <a href="index.html">메인 화면으로</a>

위의 그림 2-20에서 빨간색 박스 '메인 화면으로'를 클릭하면 메인 페이지인 그림 2-19의 index.html로 다시 이동한다. 이렇게 함으로써 메인 페이지(index.html)와 서브 페이지(page1.html) 간에 서로 이동을 할 수 있게 된다. 다른 서브 페이지인 page2.html과 page3.html에서도 같은 방식으로 해당 페이지 하단에 있는 '메인 화면으로'를 클릭하면 메인 페이지로 돌아갈 수 있다.

지금까지 설명한 <a> 태그의 속성 두 가지를 표로 정리하면 다음과 같다.

표 2-6 <a> 태그의 속성

속성	설명
href	이동할 페이지의 URL 주소 설정
target	target='_blank'는 새 창에 페이지를 표시

PROJ 2-1

프로젝트 | 데이터 센터 소개 페이지 만들기

다음은 HTML 태그를 이용하여 웹 페이지에 글 제목과 단락을 만드는 프로그램에 관한 것이다. 다음과 같은 브라우저 실행 결과를 가져오도록 시작 파일을 텍스트 에디터로 편집하여 프로그램을 완성하시오.

◎ 브라우저 실행 결과

proj2-1.html

파일 | C:/source/02/proj2-1.html

데이터 센터

거대 네트워크가 구축된 대형 빌딩에 거주하는 데이터센터는 자신이 보유한 서버와 네트워크를 기업이나 기관에 임대하는 서비스를 제공합니다.

서비스에는 웹 서버를 통째로 판매 또는 임대하는 서버 호스팅, 홈페이지를 구축할 수 있는 디스크 공간과 서버의 계정을 제공하는 웹 호스팅 등이 있습니다.

시작 파일 : proj2-1-start.html

```
〈!DOCTYPE html〉
〈html〉
〈head〉
〈meta ___________________〉
〈/head〉
〈body〉
        _______데이터 센터 _______
        _______거대 네트워크가 구축된 대형 빌딩에 거주하는 데이터센터는 자신이 보유한
서버와 네트워크를 기업이나 기관에 임대하는 서비스를 제공합니다._______

        _______서비스에는 웹 서버를 통째로 판매 또는 임대하는 서버 호스팅, 홈페이지를
구축할 수 있는 디스크 공간과 서버의 계정을 제공하는 웹 호스팅 등이 있습니다._______
_______
〈/html〉
```

PROJ 2-2

프로젝트 | 고양이 소개 페이지 만들기

다음은 랙돌 고양이 종의 이미지와 습성을 보여주는 HTML 문서이다. 다음과 같은 브라우저 실행 결과를 가져오도록 시작 파일을 텍스트 에디터로 편집하여 프로그램을 완성하시오.

◎ 브라우저 실행 결과

시작 파일 : proj2-2-start.html

```
<!DOCTYPE html>
<html>
<head>
<meta charset="utf-8">
</head>
<body>
    <h2>랙돌 고양이</h2>
    <img ________="./img/cat1.jpg" ________="300" ________="우리집 고양이">
    <p>매우 느긋한 성격으로 평소에 매우 느릿느릿한 걸음걸이로 움직이며 안아 올리면 몸에 힘을 빼고 축 늘어진다. 사회적이며 사람을 좋아하여 장난감을 가지고 놀거나 아이들과 노는 것을 좋아한다. 공격성향이 매우 낮아 집고양이로 적당하다. 다루기 쉽고 순하다.</p>
</body>
</html>
```

PROJ 2-3

프로젝트 | 에버랜드 이용 안내 페이지 만들기

다음은 에버랜드 놀이 공원의 이용 안내와 대중교통 정보를 알려주는 웹 페이지이다. 다음과 같은 실행 결과를 가져오도록 시작 파일을 텍스트 에디터로 편집하여 프로그램을 완성하시오.

◎ 브라우저 실행 결과

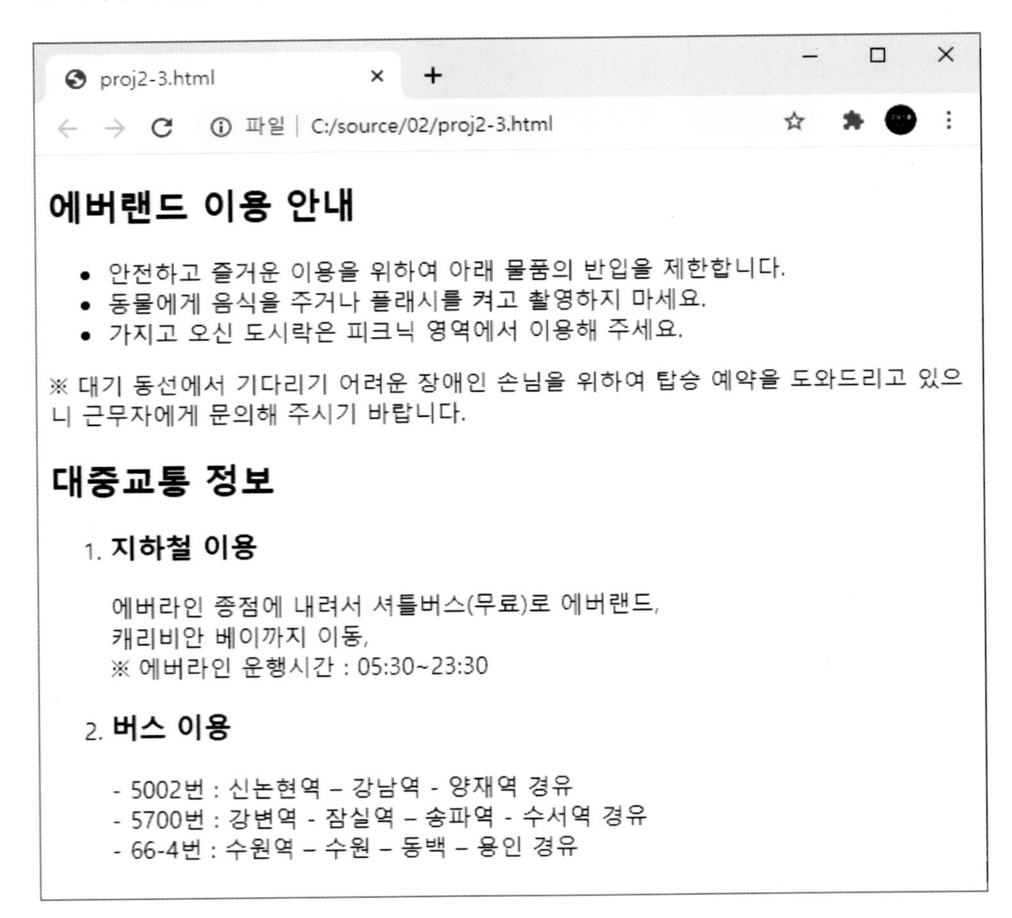

시작 파일 : proj2-3-start.html

```
<!DOCTYPE html>
<html>
<head>
<meta charset="utf-8">
</head>
<body>
        <h2>에버랜드 이용 안내</h2>
        <ul>
        <li>안전하고 즐거운 이용을 위하여 아래 물품의 반입을 제한합니다.</li>
        <li>동물에게 음식을 주거나 플래시를 켜고 촬영하지 마세요.________
        <li>가지고 오신 도시락은 피크닉 영역에서 이용해 주세요.</li>
        ________
        <p>※ 대기 동선에서 기다리기 어려운 장애인 손님을 위하여 탑승 예약을
           도와드리고 있으니 근무자에게 문의해 주시기 바랍니다.________

        <h2>대중교통 정보________
        <ol>
        <li><h3>지하철 이용</h3>
                ________에버라인 종점에 내려서 셔틀버스(무료)로 에버랜드,________
                  캐리비안 베이까지 이동,<br>
                  ※ 에버라인 운행시간 : 05:30~23:30</p>
        ________
        <li><h3>버스 이용</h3>
                <p>- 5002번 : 신논현역 □ 강남역 - 양재역 경유<br>
                  - 5700번 : 강변역 - 잠실역 □ 송파역 - 수서역 경유<br>
                  - 66-4번 : 수원역 □ 수원 □ 동백 □ 용인 경유</p>
        </li>
        ________
</body>
</html>
```

연습문제 2장. HTML의 기본 태그

1. 웹 페이지에 글 제목을 삽입하는 데 사용되는 HTML 태그가 아닌 것은?

가. 〈h1〉　　나. 〈h3〉　　다. 〈h5〉　　라. 〈h7〉

2. 웹 페이지에서 줄 바꿈을 하는 데 사용되는 태그는?

가. 〈p〉　　나. 〈h4〉　　다. 〈ul〉　　라. 〈br〉

3. HTML 문서에서 쌍따옴표(")에 해당되는 HTML의 표기는 무엇인가?

가. 　　나. "　　다. <　　라. >

4. HTML에서 공백을 표현하는 데 사용되는 태그 또는 기호는?

가. 〈p〉　　나. 〈br〉　　다. 　　라. &

5. 〈img〉 태그에서 이미지의 너비인 width 속성만 설정하게 되면 높이는 어떻게 되는가?

6. 〈img〉 태그에서 삽입되는 이미지 파일명을 설정하는 데 사용되는 속성은?

가. src　　나. source　　다. title　　라. controls

7. 웹에서 사용되는 이미지 파일 포맷이 아닌 것은?

가. PNG　　나. BMP　　다. JPG　　라. GIF

8. 〈audio〉 태그에서 재생되는 오디오를 무한 반복시키는 데 사용되는 속성은?

가. controls　　나. autoplay　　다. src　　라. loop

9. 〈video〉 태그에서 재생되는 비디오 파일명을 설정하는 데 사용되는 속성은?

가. autoplay　　나. src　　다. controls　　라. loop

10. 절대 경로와 상대 경로에 대해 아는대로 설명하시오.

11. 순서없는 목록에서 사용되는 두 가지 태그는?

12. 순서없는 목록과 순서 목록의 차이점을 설명하시오.

13. 〈a〉 태그의 속성 중 이동할 페이지의 URL 주소를 설정하는 것은?

가. src　　나. href　　다. target　　라. title

14. 웹 페이지의 새로운 창에 링크된 페이지를 보여주는 데 사용되는 〈a〉 태그의 속성과 그 값은?

가. href, "_parent"　　나. href, "_blank"　　다. target, "_new"　　라. target, "_blank"

CHAPTER 03

폼 양식과 테이블

회원 가입, 로그인, 게시판 글쓰기 등에서 사용되는 폼 양식에는 텍스트 입력 창, 비밀번호 입력 창, 라디오 버튼, 체크 박스, 파일, 버튼, 선택 박스, 다중 입력 창 등이 있다. 3장에서는 이러한 폼을 웹 페이지에 삽입하고 설정하는 방법을 익힌다. 또한 HTML 문서에서 테이블을 만드는 데 사용되는 〈table〉, 〈tr〉, 〈th〉, 〈td〉 태그의 사용법과 이를 활용하는 방법도 배운다.

3.1 폼 양식이란?

다음 그림 3-1에서와 같이 웹 페이지에서 사용자가 키보드로 데이터를 입력하거나 마우스로 선택할 수 있는 서식을 폼(Form) 양식이라고 한다.

회원 가입

아이디 [아이디] [중복확인]

비밀번호 [비밀번호(8자 이상)] 8자이상

비밀번호 확인 [비밀번호 재입력]

이름(또는 별명) [이름]

※ 이메일 인증하기 : 이메일 수신된 6자리 코드를 '인증코드' 칸에 입력해주세요!

이메일 [이메일주소] [인증코드 받기]

인증코드 [6자리인증코드]

[저장하기] [취소하기]

그림 3-1 회원가입 폼 양식의 예

사용자가 입력한 데이터를 처리하기 위해서는 자바스크립트, PHP, JSP 등과 같은 웹 프로그래밍 언어를 사용하여야 한다.

※ 자바스크립트, PHP, JSP 등의 웹 프로그래밍 언어에 대해서는 관련 서적을 참고하기 바란다.

HTML 문서에서 많이 사용되는 폼 양식의 HTML 태그와 속성을 표로 정리하면 다음과 같다.

표 3-1 폼 양식에 대한 HTML 태그와 속성

폼	HTML 태그와 속성
텍스트 입력 창	〈input type="text"〉
비밀번호 입력 창	〈input type="password"〉
라디오 버튼	〈input type="radio"〉
체크 박스	〈input type="checkbox"〉
파일	〈input type="file"〉
버튼	〈input type="submit"〉 〈input type="button"〉 〈input type="reset"〉 〈button〉
선택 박스	〈select〉 〈option〉
다중 입력 창	〈textarea〉

다음 절부터 이러한 폼 양식에서 사용되는 HTML 태그와 속성의 사용법에 대해 차근차근 배울 것이다.

3.2 입력 요소 – 〈input〉

〈input〉 태그가 사용되는 입력 요소(Input Element)에는 텍스트 입력 창, 비밀번호 입력 창, 라디오 버튼, 체크 박스, 파일, 버튼 등이 있다.

3.2.1 텍스트 입력 창

텍스트 입력 창은 다음 그림 3-2에서와 같이 텍스트, 즉 글자를 입력할 수 있는 창이다. 다음 예제를 통하여 텍스트 입력 창의 사용법을 익혀보자.

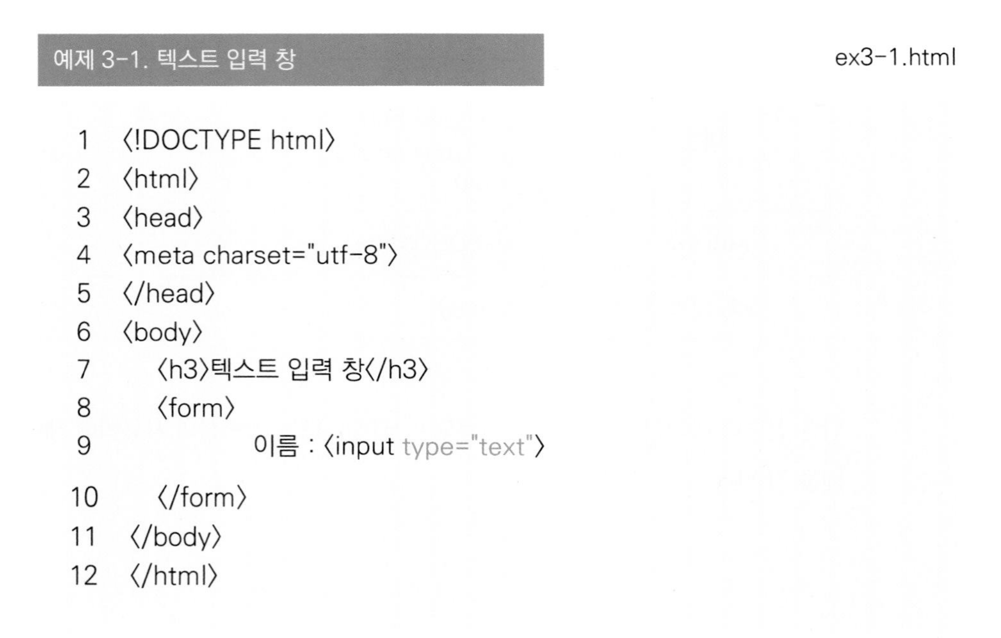

예제 3-1. 텍스트 입력 창　　ex3-1.html

```
1   〈!DOCTYPE html〉
2   〈html〉
3   〈head〉
4   〈meta charset="utf-8"〉
5   〈/head〉
6   〈body〉
7       〈h3〉텍스트 입력 창〈/h3〉
8       〈form〉
9               이름 : 〈input type="text"〉
10      〈/form〉
11  〈/body〉
12  〈/html〉
```

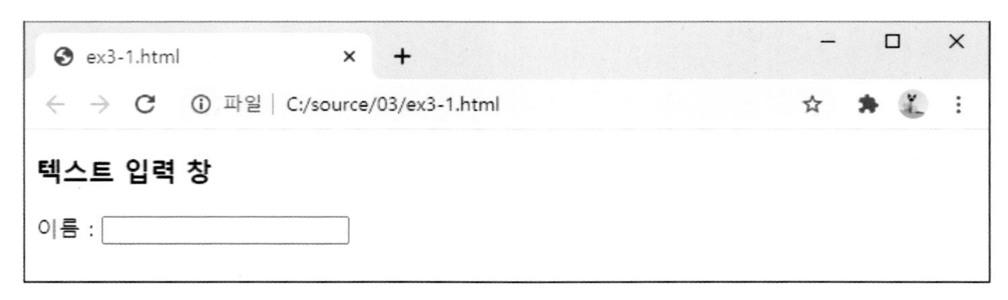

그림 3-2 ex3-1.html의 실행 결과

8,10행 〈form〉

HTML 문서에서 사용되는 모든 폼 양식은 8행과 10행에서와 같이 〈form〉과 〈/form〉으로 감싸야 한다.

9행 〈input type="text"〉

텍스트 입력 창에는 〈input〉 태그를 사용하고 type 속성 값을 'text'로 설정한다. 이렇게 하면 그림 3-2에서와 같은 텍스트 입력 창이 화면에 나타나게 되어 키보드로 데이터를 입력할 수 있다.

※ 텍스트 입력 창의 너비와 높이를 설정하고 경계선의 색상과 두께를 변경하는 것은 2부(4장~7장)에서 배우게 되는 CSS를 이용하면 된다.

3.2.2 비밀번호 입력 창

다음 그림 3-3에서와 같이 사용자가 비밀번호를 입력하는 비밀번호 입력 창에 대해 알아보자.

예제 3-2. 비밀번호 입력 창 ex3-2.html

```
7     <h3>비밀번호 입력 창</h3>
8     <form>
9             비밀번호 : <input type="password">
10    </form>
```

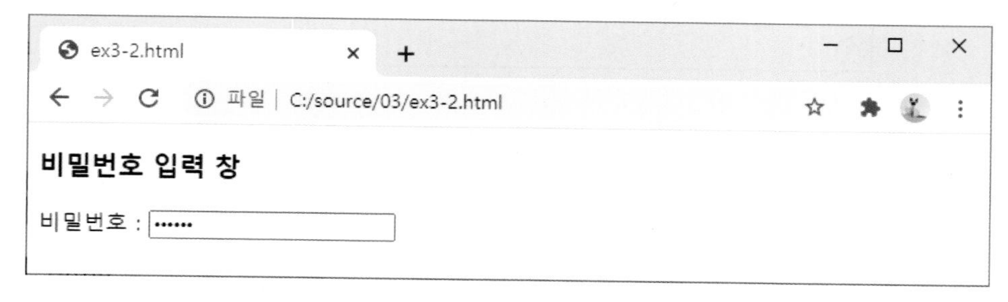

그림 3-3 ex3-2.html의 실행 결과

※ 위의 예제 3-2에서 7~10행을 제외한 나머지 부분의 코드는 예제 3-1과 동일하기 때문에 생략한다.

9행 <input type="password">

비밀번호 입력 창에서는 텍스트 입력 창에서와 같이 <input> 태그를 사용하고 type 속성 값을 'password'로 설정한다. 비밀번호 입력 창에서는 그림 3-3에 나타난 것과 같이 창에 입력되는 데이터가 감추어진다.

3.2.3 라디오 버튼

라디오 버튼은 다음의 그림 3-4에서와 같이 항목들 중의 하나를 선택할 수 있게 한다. 다음 예제를 통하여 이 라디오 버튼에 대해 알아보자.

예제 3-3. 라디오 버튼 ex3-3.html

```
7    <h3>라디오 버튼</h3>
8    <form>
9        이메일 수신 : <input type="radio" name="email" checked> 예
10               <input type="radio" name="email"> 아니오
11   </form>
```

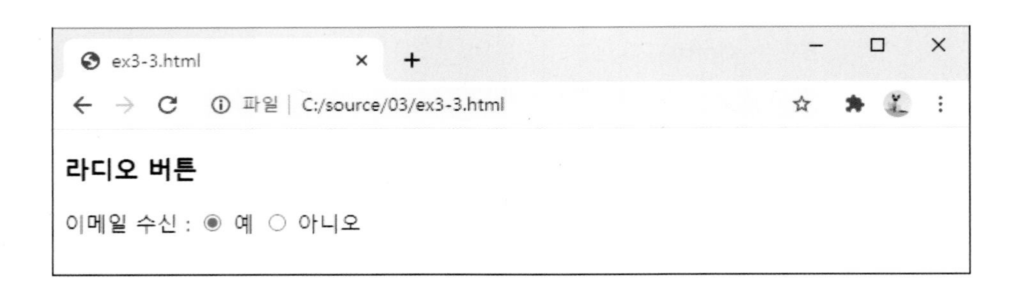

그림 3-4 ex3-3.html의 실행 결과

9행 <input type="radio" name="email" checked>

위의 그림 3-4에서와 같이 라디오 버튼에서는 항목들 중 하나가 선택된다. 라디오 버튼에서는 <input> 태그가 사용되고, type 속성 값은 'radio'가 된다.

여기서 사용된 두 개의 라디오 버튼은 name 속성 값이 둘 다 'email'로 설정되어 있다. 이와 같이 하나의 라디오 버튼 그룹에서는 같은 name 속성 값을 설정하여야 한다.

9행에서 checked 속성이 적용된 항목은 웹 페이지의 초기 화면에서 해당 항목이 선택된 상태로 표시된다.

3.2.4 체크 박스

다음 그림 3-5에서와 같이 체크 박스는 라디오 버튼과는 달리 항목의 중복 선택이 가능하다. 다음 예제를 통하여 체크 박스의 사용법을 익혀보자.

예제 3-4. 체크 박스 ex3-4.html

```
7      <h3>체크 박스</h3>
8      <form>
9              <p>TV에서 즐겨보는 분야는?</p>
10             <input type="checkbox" name="item1" checked>뉴스
11             <input type="checkbox" name="item2">드라마
12             <input type="checkbox" name="item3">스포츠
13             <input type="checkbox" name="item4">엔터테인먼트
14             <input type="checkbox" name="item5">기타
15     </form>
```

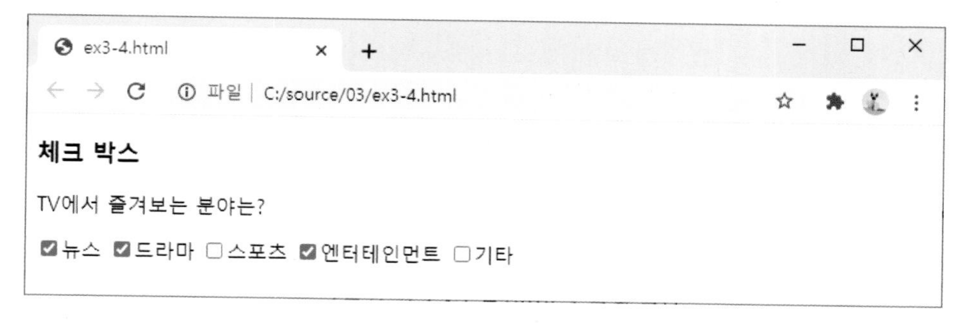

그림 3-5 ex3-4.html의 실행 결과

10행 <input type="checkbox" name="item1" checked>

체크 박스는 그림 3-5에서와 같이 중복 선택이 가능하다. 체크 박스에는 <input> 태그와 type 속성 값으로 'checkbox'가 사용된다. 10~15행에서와 같이 체크 박스의 name 속성의 값은 라디오 버튼과는 달리 전부 다르게 설정해야 한다.

체크 박스에서도 라디오 버튼과 마찬가지로 checked 속성이 적용된 항목은 초기 화면에서 해당 항목이 선택된 상태로 나타난다.

3.2.5 파일

다음 예제를 통하여 웹 페이지에서 첨부 파일을 업로드할 때 사용되는 파일 폼에 대해 알아보자.

예제 3-5. 파일 폼　　　　　ex3-5.html

```
7     <h3>파일 업로드</h3>
8     <form>
9         <input type="file">
10    </form>
```

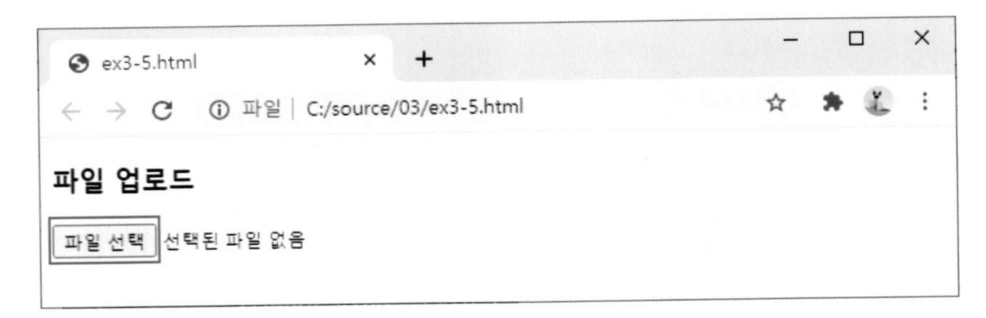

그림 3-6 ex3-5.html의 실행 결과

9행 〈input type="file"〉

파일 폼은 〈input〉 태그와 type 속성 값으로 'file'을 사용한다. 그림 3-6에서 '파일 선택' 버튼을 클릭하면 다음의 그림 3-7과 같이 탐색기 창이 열려 파일을 선택할 수 있게 된다.

※ 선택된 파일을 웹 서버에 업로드하는 기능은 PHP와 같은 웹 프로그래밍 언어를 사용하면 된다. PHP에 관해서는 관련 서적을 참고하기 바란다.

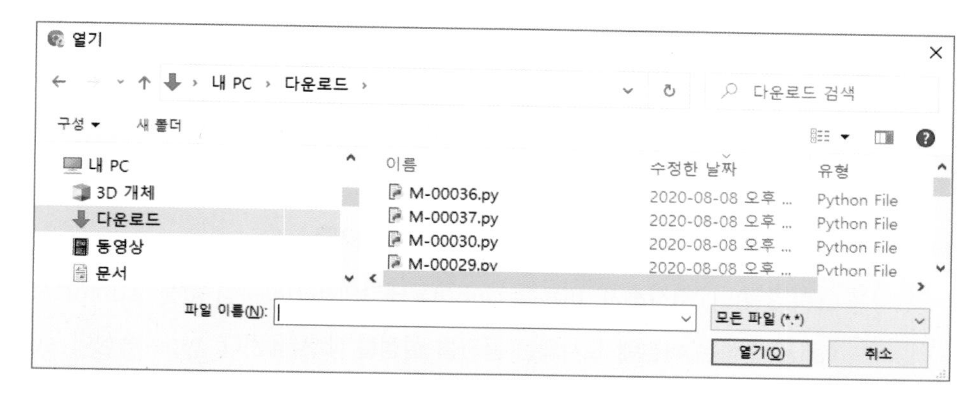

그림 3-7 윈도우 탐색기 파일 열기 창

3.2.6 버튼

다음은 사용자가 입력한 이름과 전화번호를 처리하기 위해 사용된 버튼 폼 양식의 예이다. 이 예제에서 사용된 버튼의 사용법에 대해 알아보자.

예제 3-6. 버튼의 사용 예 ex3-6.html

```
 7    <h3>전화번호 입력</h3>
 8    <form action="insert.php">
 9            이름 : <input type="text"><br>
10            전화번호 : <input type="text"><br><br>
11            <input type="submit" value="저장하기">
12            <input type="button" value="중복확인">
13            <input type="reset" value="다시쓰기">
14    </form>
```

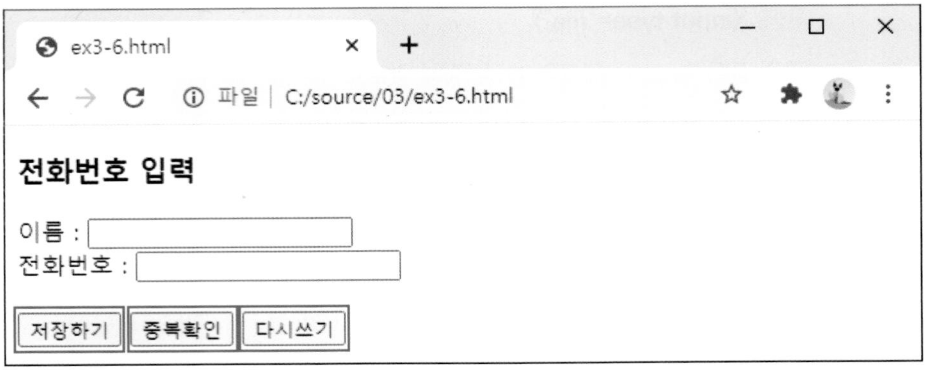

ex3-6.html
파일 | C:/source/03/ex3-6.html

전화번호 입력

이름 :
전화번호 :

저장하기 중복확인 다시쓰기

그림 3-8 ex3-6.html의 실행 결과

11행 〈input type="submit" value="저장하기"〉

그림 3-8의 '저장하기' 버튼은 〈input〉 태그의 type 속성 값을 'submit'로 설정한다. value 속성은 버튼에 표시되는 글자를 설정할 때 사용된다. type 속성이 'submit'로 설정된 버튼을 클릭하면 8행의 〈form〉 태그의 action 속성에 명시된 'insert.php'로 페이지가 이동하게 된다. insert.php는 PHP 파일인데 이 파일을 이용하여 사용자가 입력한 이름과 전화번호를 데이터베이스에 저장하게 된다.

※ 현재는 PHP 프로그램을 사용할 수 있는 환경이 설정되어 있지 않아 '저장하기' 버튼은 동작하지 않는다. 폼 양식에 입력한 데이터를 처리하는 방법은 PHP 웹 프로그래밍 관련 서적을 참고하기 바란다.

12행 〈input type="button" value="중복확인"〉

그림 3-8의 '중복확인' 버튼은 사용자가 입력한 이름을 체크하여 중복되는 지를 확인하는 데 사용된다. 이러한 경우에는 type 속성 값을 'button'으로 설정한다. type 속성의 'button' 값은 '중복확인' 버튼과 같은 일반 버튼에 사용한다.

※ 실제로 '중복확인' 버튼의 기능을 구현하려면 PHP와 같은 웹 프로그래밍 언어를 사용하여야 한다.

13행 〈input type="reset" value="다시쓰기"〉

그림 3-8의 '다시쓰기' 버튼은 type 속성 값이 'reset'으로 설정된다. 'reset'으로 설정된 버튼을 클릭하면 사용자가 입력한 내용이 모두 삭제되어 초기화된다.

알아두기

<button> 태그

예제 3-6(11~13행)에서는 <input> 태그를 이용하여 버튼을 생성하였는데 이 대신에 다음과 같이 <button> 태그를 이용해도 무방하다. 둘 간에 미세한 차이는 있지만 사용 상에 차이는 별로 없다.

```
<button type="submit">저장하기</button>
<button type="button">중복확인</button>
<button type="reset">다시쓰기</button>
```

3.2.7 <input> 태그의 속성

다음 예제를 통하여 앞 절에서 배운 <input> 태그에서 사용 가능한 주요 속성들에 대해 알아보자.

예제 3-7. <input> 태그의 속성 ex3-7.html

```
7     <h3>&lt;input&gt; 태그의 속성</h3>
8     <form>
9         이름 : <input type="text" value="홍길동"><br>
10        별명 : <input type="text" autofocus><br>
11        아이디 : <input type="text" value="hong" readonly><br>
12        회원레벨 : <input type="text" value="9" disabled><br>
13        전화번호 : <input type="text" placeholder="010-123-1234">
14    </form>
```

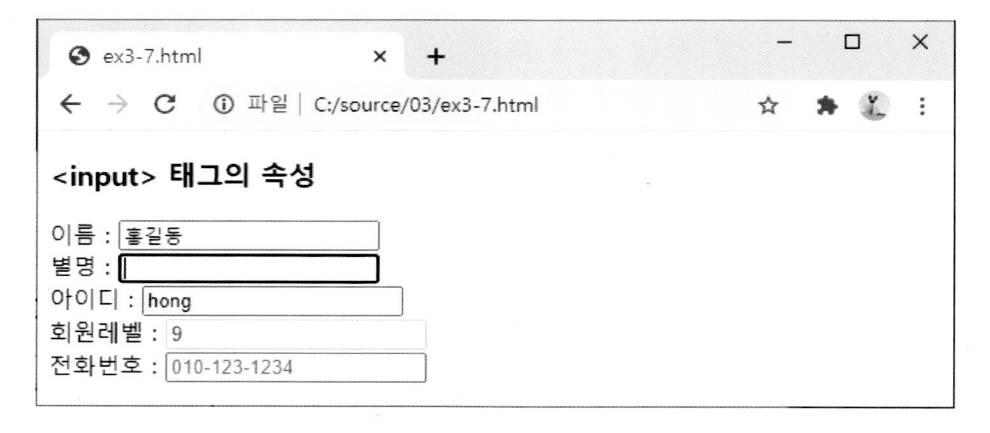

그림 3-9 ex3-7.html의 실행 결과

9행 value 속성

<input> 태그의 value 속성은 입력 요소의 필드에 초깃값을 설정하는 데 사용된다. value= '홍길동'은 그림 3-9 이름 필드의 초깃값으로 '홍길동'을 설정한다.

10행 autofocus 속성

〈input〉 태그의 autofocus 속성은 그림 3-9의 별명 항목에서와 같이 입력 요소의 필드에 값을 입력할 수 있도록 마우스 커서를 깜빡이게 한다.

11행 readonly 속성

〈input〉 태그의 readonly 속성은 그림 3-9의 아이디 항목에서와 같이 입력 값 수정이 불가능한 읽기 모드이다.

12행 disabled 속성

〈input〉 태그의 disabled 속성은 그림 3-9의 회원레벨 항목에서와 같이 입력 창에 음영 처리를 하고 데이터 입력 자체를 방지한다.

13행 placeholder 속성

〈input〉 태그의 placeholder 속성은 그림 3-9의 전화번호 항목에서와 같이 입력 창에 입력할 데이터의 예시를 보여주어 값 입력에 대한 힌트를 부여한다.

위에서 배운 〈input〉 태그의 주요 속성을 다음과 같은 표로 정리할 수 있다.

표 3-2 〈input〉 태그의 주요 속성

속성	설명
value	입력 요소의 필드에 초깃값 설정
autofocus	입력 요소의 필드에 마우스 커서가 깜빡이게 함
readonly	입력 요소의 필드를 읽기 모드로 설정
disabled	입력 요소의 필드를 비활성화
placeholder	값 입력의 힌트를 부여

3.3 선택 박스 – <select> <option>

<select> <option> 태그가 사용되는 선택 박스는 마우스를 이용하여 목록 중에서 하나의 항목을 선택할 수 있게 해준다.

다음 예제를 통하여 선택 박스의 사용법을 익혀보자.

예제 3-8. 선택 박스 ex3-8.html

```
7       <h3>선택 박스</h3>
8       <form>
9               이메일 : <input type="text" value="홍길동"> @
10              <select>
11              <option>직접 입력</option>
12              <option>naver.com</option>
13              <option>hanmail.net</option>
14              <option>gmail.com</option>
15              <option>nate.com</option>
16              </select>
17      </form>
```

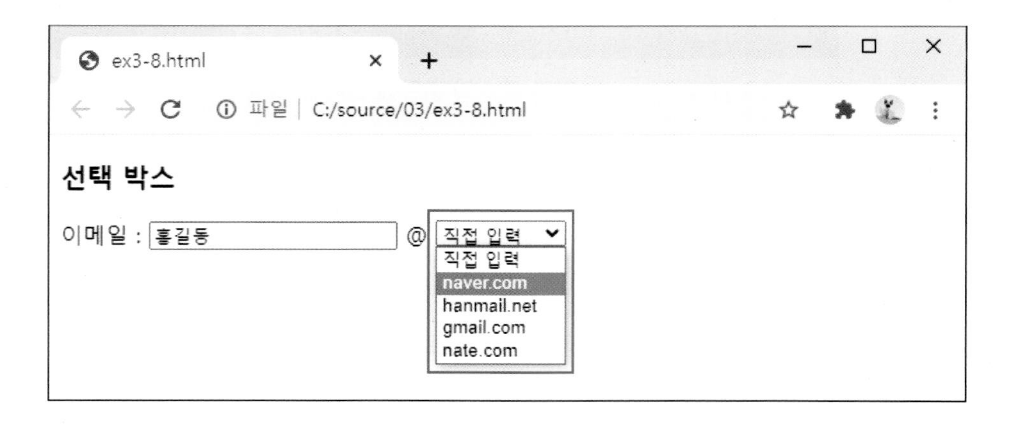

그림 3-10 ex3-8.html의 실행 결과

10~16행 〈select〉 〈option〉

그림 3-10에는 이메일의 도메인을 선택할 수 있는 박스가 나타나 있는데 이것을 선택 박스라고 부른다. 선택 박스를 생성하는 데는 〈select〉 〈option〉 태그가 사용된다.

〈select〉 태그는 전체 선택 항목들을 감싸고 〈option〉 태그는 각 항목을 감싼다.

3.4 다중 입력 창 – 〈textarea〉

다중 입력 창은 다음의 그림 3-11에 나타난 사각형 박스 형태의 폼이다. 이 다중 입력 창은 사용자가 여러 줄의 데이터를 입력할 수 있게 해준다. 다음 예제를 통하여 다중 입력 창의 사용법을 익혀보자.

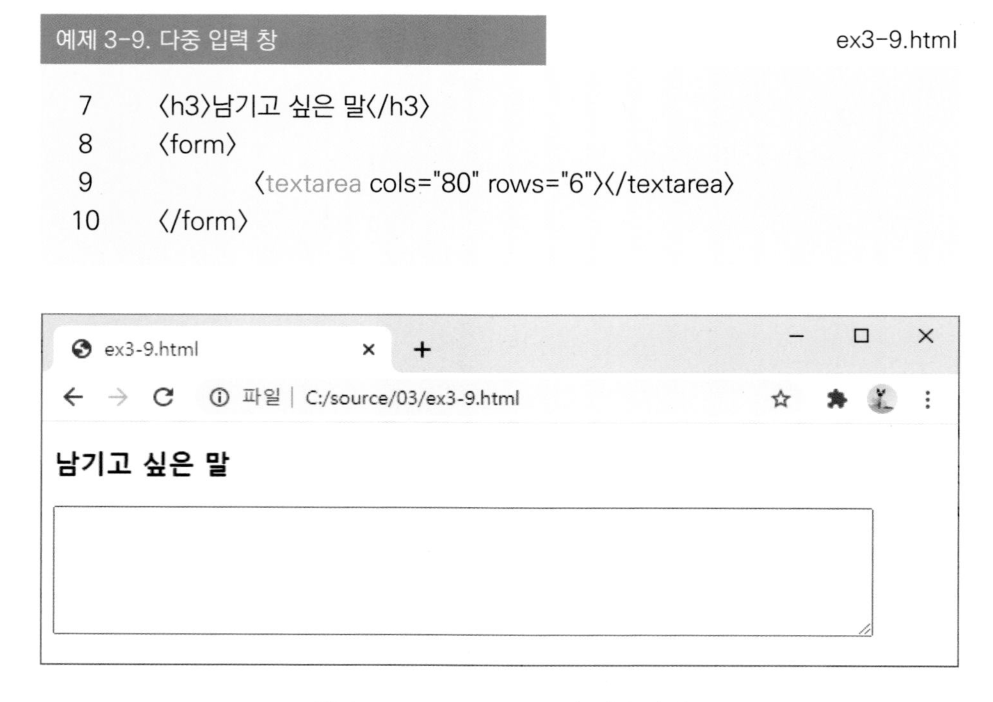

예제 3-9. 다중 입력 창 ex3-9.html

```
7	〈h3〉남기고 싶은 말〈/h3〉
8	〈form〉
9		〈textarea cols="80" rows="6"〉〈/textarea〉
10	〈/form〉
```


그림 3-11 ex3-9.html의 실행 결과

9행 〈textarea cols="80" rows="6"〉

그림 3-11의 다중 입력 창에는 〈textarea〉 태그를 이용한다. cols 속성은 한 줄에 입력 가능한 글자 수를 나타낸다. cols="80"은 영문(또는 숫자) 80 자를 입력할 수 있게 창의 너비를 설정한다. 한글은 40자를 입력할 수 있다. 그리고 rows 속성은 입력 가능한 줄의 수를 의미한다. 즉, cols 속성과 rows의 속성은 각각 다중 입력 창의 너비와 높이를 의미한다.

3.5 테이블

웹 페이지에 테이블을 삽입하는 데에는 <table> <tr> <th> <td> 태그가 사용된다. 이번 절을 통하여 테이블을 만들고 행과 열을 병합하는 방법에 대해 알아보자.

3.5.1 테이블 삽입 - <table> <tr> <th> <td>

다음 예제를 통하여 웹 페이지에 테이블을 삽입하는 방법을 익혀보자.

예제 3-10. 테이블 삽입 ex3-10.html

```
7    <h3>오늘의 날씨</h3>
8    <table border="1">
9        <tr>
10           <th>지역</th> <th>최저기온</th> <th>최고기온</th>
11       </tr>
12       <tr>
13           <td>서울</td> <td>20</td> <td>30</td>
14       </tr>
15       <tr>
16           <td>대구</td> <td>20</td> <td>30</td>
17       </tr>
18       <tr>
19           <td>광주</td> <td>20</td> <td>30</td>
20       </tr>
21       <tr>
22           <td>부산</td> <td>20</td> <td>30</td>
23       </tr>
24   </table>
```

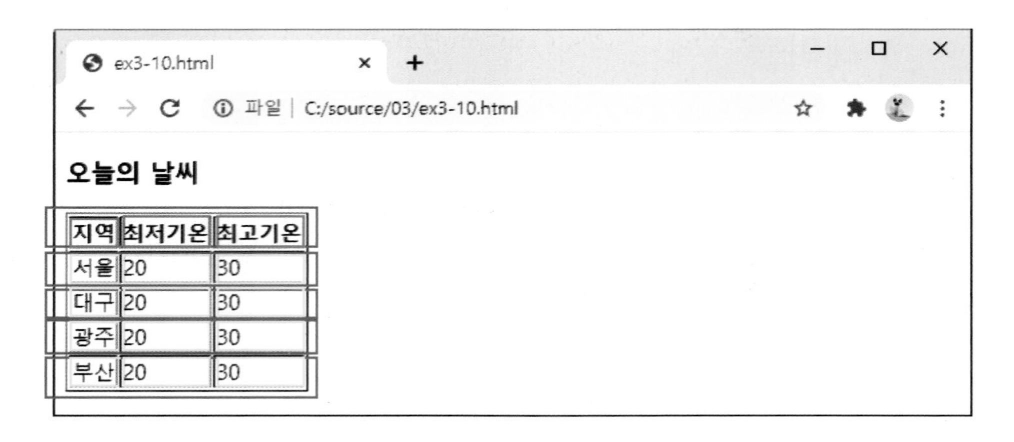

그림 3-12 ex3-10.html의 실행 결과

8행 <table>

<table> 태그는 9~23행의 전체 테이블을 깜싼다. border="1"은 테이블의 경계선 두께를 1 픽셀로 설정한다.

※ 테이블 경계선, 셀의 크기, 글자 정렬 등 테이블의 세부 설정에는 CSS를 이용한다. CSS에 대해서는 2부 CSS편(4~7장)에서 자세히 설명한다.

9,12,15,18,21행 <tr>

<tr> 태그는 그림 3-12의 빨간색 박스로 표시된 각각의 행을 나타낸다. 이와 같이 <tr> 태그는 웹 페이지에서 테이블의 행을 만드는 데 사용된다.

10행 <th>

<th> 태그는 그림 3-12의 초록색 박스로 표시된 부분이다. <th> 태그는 테이블의 첫 번째 행에서 사용되며 각 열의 제목을 만드는 데 사용된다.

13,16,19,22행 <td>

<td> 태그는 그림 3-12의 노란색 박스로 표시된 부분이다. <td> 태그는 테이블의 행 내에 있는 각각의 셀을 표현하는 데 사용된다.

3.5.2 열과 행의 병합

HTML 문서에서 테이블의 열과 행을 병합하기 위해서는 각각 colspan 속성과 rowspan 속성을 사용한다.

1 열의 병합

다음 예제를 통하여 테이블에서 열을 병합하는 방법에 대해 알아보자.

예제 3-11. 열의 병합 ex3-11.html

```
 7  <h3>오늘의 날씨</h3>
 8  <table border="1">
 9      <tr>
10          <th>지역</th> <th colspan="2">최저/최고기온</th>
            <th>습도</th>
11      </tr>
12      <tr>
13          <td>서울</td> <td>20</td> <td>30</td> <td>60</td>
14      </tr>
15      <tr>
16          <td>대구</td> <td>20</td> <td>30</td> <td>60</td>
17      </tr>
18      <tr>
19          <td>광주</td> <td>20</td> <td>30</td> <td>60</td>
20      </tr>
21      <tr>
22          <td>부산</td> <td>20</td> <td>30</td> <td>60</td>
23      </tr>
24  </table>
```

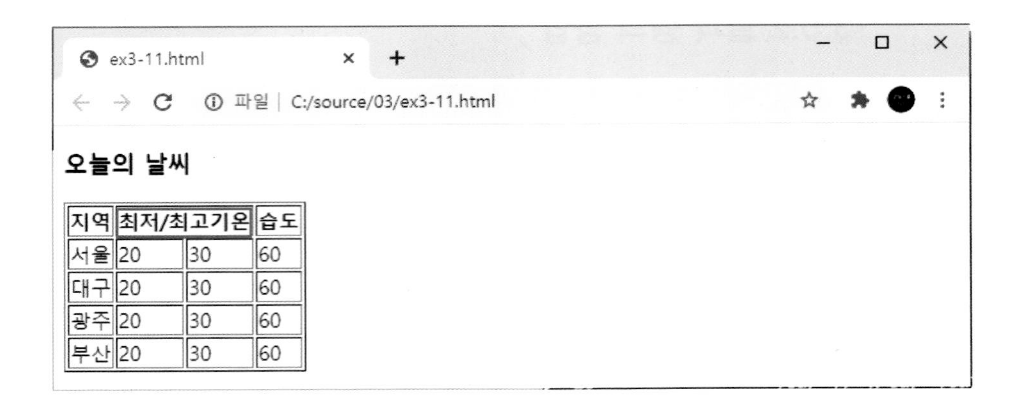

그림 3-13 ex3-11.html의 실행 결과

10행 colspan="2"

<th> 태그(또는 <td> 태그)에서 사용되는 colspan 속성은 테이블에서 열을 병합하는 데 사용된다. colspan="2"는 그림 3-13의 빨간 박스로 표시된 것과 같이 두 개의 열을 하나로 합치게 된다. 참고로 colspan에서 col은 'column'(열)의 약어이고, span은 '확장하다, 걸쳐있다'란 의미이다.

2 행의 병합

다음 예제를 통하여 테이블에서 행을 병합하는 방법을 익혀보자.

예제 3-12. 행의 병합

ex3-12.html

```
7   <h3>오늘의 날씨</h3>
8   <table border="1">
9       <tr>
10          <th>도</th> <th>시</th><th colspan="2">최저/죄저기온</th>
11      </tr>
12      <tr>
13          <td rowspan="2">경기도</td> <td>수원</td> <td>20</td>
            <td>30</td>
14      </tr>
15      <tr>
16          <td>인천</td> <td>20</td> <td>30</td>
17      </tr>
18      <tr>
19          <td rowspan="2">강원도</td> <td>강릉</td> <td>20</td>
            <td>30</td>
20      </tr>
21      <tr>
22          <td>원주</td> <td>20</td> <td>30</td>
23      </tr>
24      <tr>
25          <td rowspan="2">전라도</td> <td>광주</td> <td>20</td>
            <td>30</td>
26      </tr>
27      <tr>
28          <td>전주</td> <td>20</td> <td>30</td>
29      </tr>
30  </table>
```

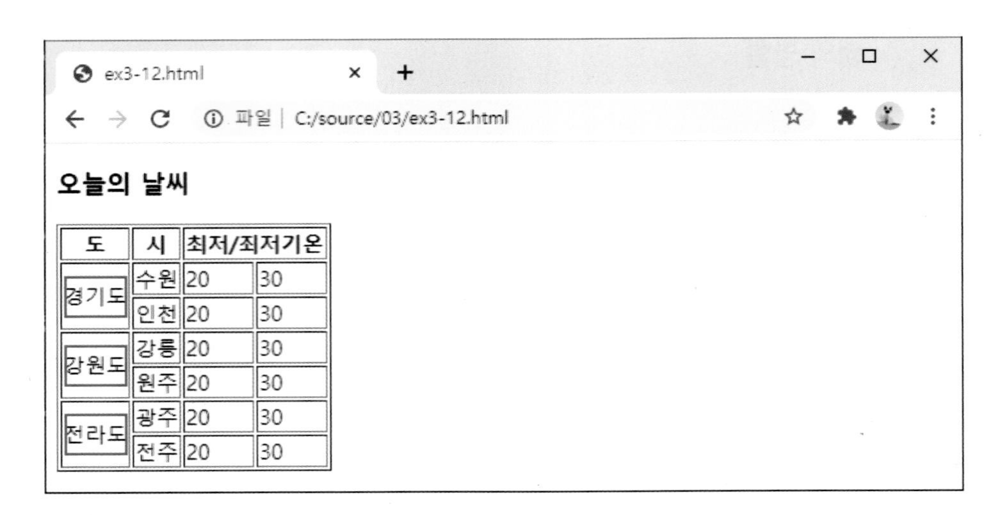

그림 3-14 ex3-12.html의 실행 결과

13,19,25행 **rowspan="2"**

〈th〉 태그(또는 〈td〉 태그)에서 사용되는 rowspan 속성은 행을 병합하는 데 사용된다. rowspan="2"는 그림 3-14에 나타난 것과 같이 두 개의 행을 하나로 병합한다. rowspan에서 'row'는 행을 의미한다.

PROJ 3-1 프로젝트 | 열차 시간표 만들기

다음은 〈table〉 태그를 이용하여 KTX 열차 시간표를 만드는 프로그램이다. 다음과 같은 실행 결과를 가져오도록 시작 파일을 텍스트 에디터로 편집하여 프로그램을 완성하시오.

◎ 브라우저 실행 결과

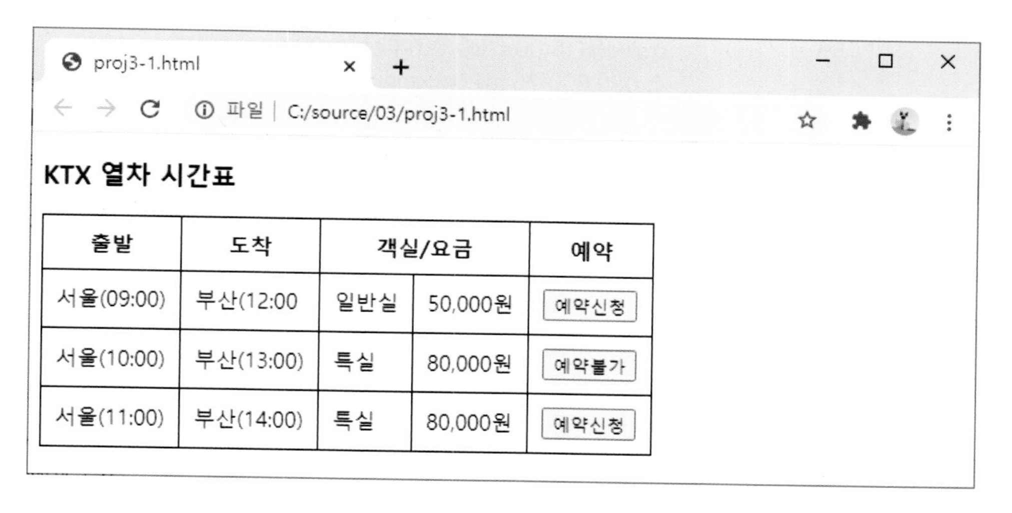

시작 파일 : proj3-1-start.html

```
<!DOCTYPE html>
<html>
<head>
<meta charset="utf-8">
<style>
table, tr, th, td {
		border: solid 1px black;
		border-collapse: collapse;
		padding: 10px;
}
</style>
</head>
```

```
<body>
        <h3>KTX 열차 시간표</h3>
        <table>
            <tr>
                <th>출발</th> <th>도착</th> <th ______________>객실/요금</th>
                <th>예약</th>
            </tr>
            <tr>
                <td>서울(09:00)</td> <td>부산(12:00</td> <td>일반실_________
                <td>50,000원</td> <td><input type="button" value="예약신청"></td>
            ______________
            <tr>
                <td>서울(10:00)</td> <td>부산(13:00)</td> <td>특실__________
                <td>80,000원</td> <td><input type="button" value="예약불가"></td>
            </tr>
            <tr>
                <td>서울(11:00)</td> <td>부산(14:00)</td> <td>특실_________
                <td>80,000원</td> <td><input type="button" value="예약신청"></td>
             </tr>
        ______________
</body>
</html>
```

※ 위의 프로그램 소스에서 빨간색 박스로 표시한 부분은 CSS를 이용하여 테이블을 보기 좋게 꾸민 것이다. 이 부분은 그냥 훑어보고 참고만 하기 바란다, CSS에 관한 내용은 2부(4장~7장)에서 자세히 배울 것이다.

PROJ 3-2

프로젝트 | 기상청 일기예보 표 만들기

다음은 <table> 태그를 이용하여 기상청의 일기예보 표를 만드는 프로그램이다. 다음과 같은 실행 결과를 가져오도록 시작 파일을 텍스트 에디터로 편집하여 프로그램을 완성하시오.

◎ 브라우저 실행 결과

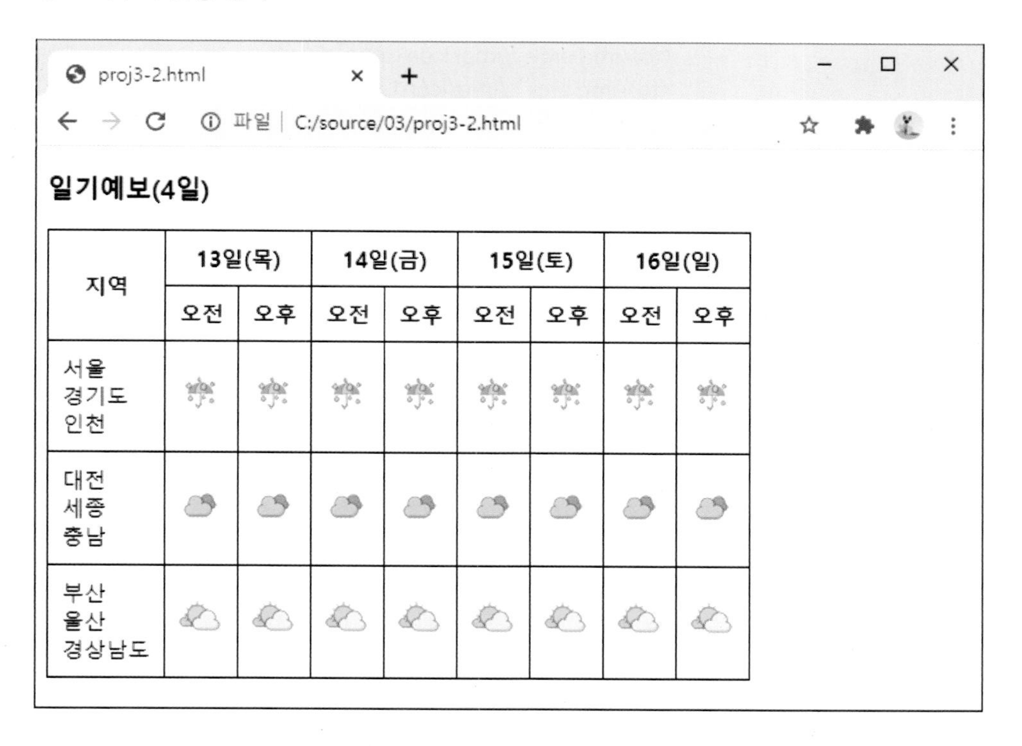

시작 파일 : proj3-2-start.html

```
<!-- 생략 -->
<body>
        <h3>일기예보(4일)</h3>
        <table>
            <tr>
                <th ______________>지역</th> <th _______________>13일(목)</th>
                <th ______________>14일(금)</th> <th _______________>15일(토)</th>
                <th ______________>16일(일)</th>
            </tr>
```

```
        <tr>
            _____오전_____ _____오후_____ _____오전_____ _____오후_____
            _____오전_____ _____오후_____ _____오전_____ _____오후_____
        </tr>
        <tr>
            <td>서울<br>경기도<br>인천</td>
            <td><img src="./img/icon1.png"></td>
            <td><img src="./img/icon1.png"></td>
            <td><img src="./img/icon1.png"></td>
            <td><img src="./img/icon1.png"></td>
            <td><img src="./img/icon1.png"></td>
            <td><img src="./img/icon1.png"></td>
            <td><img src="./img/icon1.png"></td>
            <td><img src="./img/icon1.png"></td>
        __________
        __________
            <td>대전<br>세종<br>충남</td>
            <td><img src="./img/icon2.png"></td>
            <td><img src="./img/icon2.png"></td>
            <td><img src="./img/icon2.png"></td>
            <td><img src="./img/icon2.png"></td>
            <td><img src="./img/icon2.png"></td>
            <td><img src="./img/icon2.png"></td>
            <td><img src="./img/icon2.png"></td>
            <td><img src="./img/icon2.png"></td>
        </tr>
<!-- 생략 -->
    </table>
</body>
</html>
```

PROJ 3-3 프로젝트 | 회원가입 폼 만들기

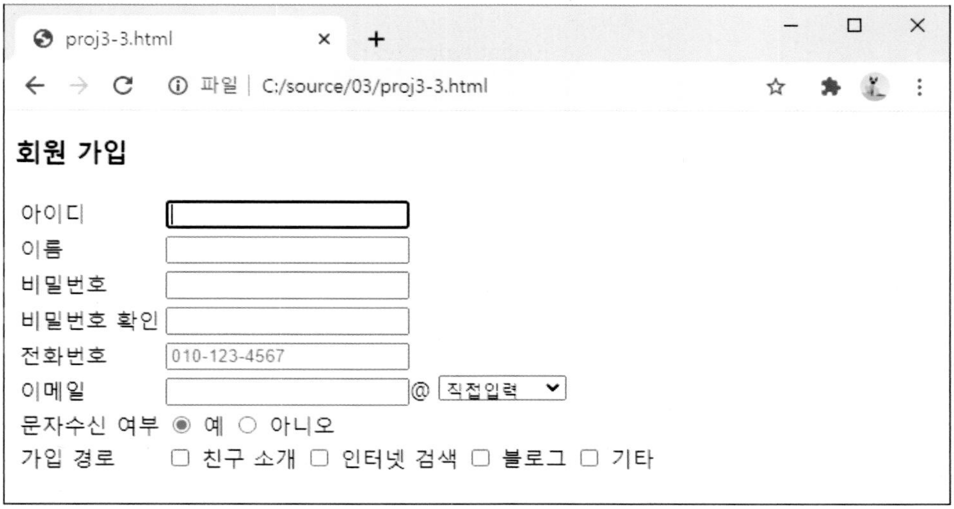

다음은 <table> 태그와 폼 양식을 이용하여 회원가입 폼을 만드는 프로그램이다. 다음과 같은 실행 결과를 가져오도록 시작 파일을 텍스트 에디터로 편집하여 프로그램을 완성하시오.

◎ 브라우저 실행 결과

proj3-3.html
파일 | C:/source/03/proj3-3.html

회원 가입

아이디
이름
비밀번호
비밀번호 확인
전화번호 010-123-4567
이메일 @ 직접입력
문자수신 여부 ◉ 예 ○ 아니오
가입 경로 ☐ 친구 소개 ☐ 인터넷 검색 ☐ 블로그 ☐ 기타

시작 파일 : proj3-3-start.html

```
<!DOCTYPE html>
<html>
<head>
<meta charset="utf-8">
</head>
<body>
        <h3>회원 가입</h3>
        <table>
            <tr>
                <td>아이디</td> <td><input type="text" ___________________></td>
            </tr>
            <tr>
                <td>이름</td> <td><input type="text"></td>
            </tr>
```

```
            <tr>
                <td>비밀번호</td> <td><input type=____________></td>
            </tr>
            <tr>
                <td>비밀번호 확인</td> <td><input type=____________></td>
            </tr>
            <tr>
                <td>전화번호</td>
                <td><input type="text" _________________="010-123-4567"></td>
            </tr>
            <tr>
                <td>이메일</td>
                <td>
                        <input type="text">@
                        ___________
                                <option>직접입력</option>
                                <option>naver.com</option>
                                <option>gmail.com</option>
                                <option>hanmail.net</option>
                        ___________
                </td>
            </tr>
            <tr>
                <td>문자수신 여부</td>
                <td>
                        <input type=_________ name="message" __________> 예
                        <input type=_________ name="message"> 아니오
                </td>
            </tr>
            <tr>
                <td>가입 경로</td>
                <td>
                        <input type=___________ name="item1"> 친구 소개
                        <input type=___________ name="item2"> 인터넷 검색
                        <input type=___________ name="item3"> 블로그
                        <input type=___________ name="item4"> 기타
                </td>
            </tr>
        </table>
</body>
</html>
```

PROJ 3-4 프로젝트 | 답변 글쓰기 폼 만들기

다음은 <table> 태그와 폼 양식을 이용하여 게시판의 답변 글쓰기 폼을 만드는 프로그램이다. 다음과 같은 실행 결과를 가져오도록 시작 파일을 텍스트 에디터로 편집하여 프로그램을 완성하시오.

◎ 브라우저 실행 결과

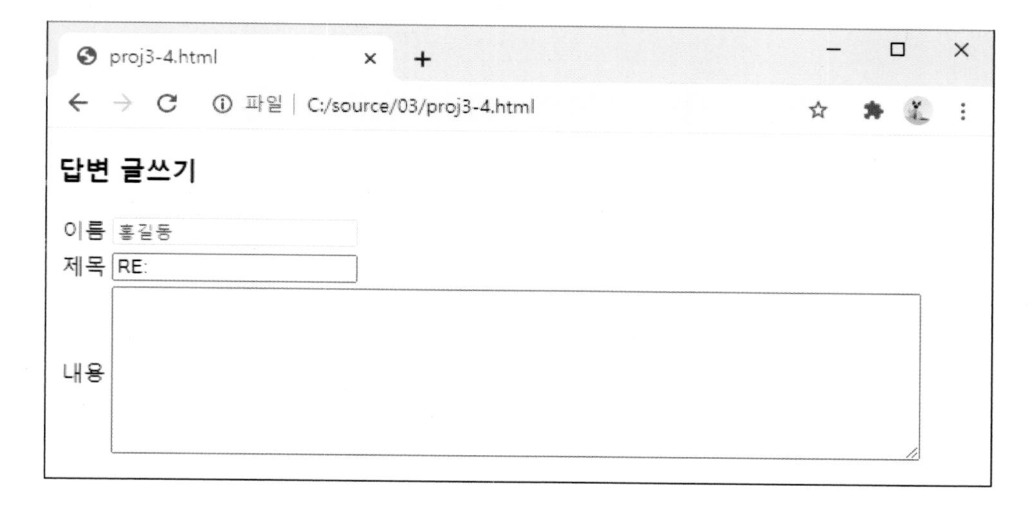

시작 파일 : proj3-4-start.html

```
<!DOCTYPE html>
<html>
<head>
<meta charset="utf-8">
</head>
<body>
        <h3>답변 글쓰기</h3>
        <table>
            <tr>
                <td>이름</td> <td><input type="text" value="홍길동"
                    ____________></td>
            </tr>
```

```
            <tr>
                <td>제목</td>
                <td><input type="text" ___________="RE: "></td>
            </tr>
            <tr>
                <td>내용</td>
                <td>
                    <___________ cols="80" _________="8">________________
                    </td>
            </tr>
        </table>
</body>
</html>
```

연습문제 3장. 폼 양식과 테이블

1. 다음의 폼 중에서 〈input〉 태그가 사용되지 않는 폼은?

    가. 텍스트 입력 창　　나. 라디오 버튼　　다. 파일　　라. 다중 입력 창

2. 텍스트 입력 창에 사용되는 type 속성 값은?

3. 비밀번호 입력 창에 사용되는 type 속성 값은?

4. 라디오 버튼에 사용되는 type 속성 값은?

5. 체크 박스에 사용되는 type 속성 값은?

6. 버튼에 사용되는 세 가지 속성 값은?

7. 라디오 버튼의 초기 값 설정에 사용되는 속성은?

8. 선택 박스를 삽입하는 데 사용되는 HTML 태그 두 가지는?

9. 〈input〉 태그의 속성 중에서 텍스트 입력 창에 초깃값을 설정하는 데 사용되는 것은?

10. 〈input〉 태그의 속성 중에서 입력 요소를 읽기 모드로 설정하는 데 사용되는 것은?

11. 〈input〉 태그의 속성 중에서 입력 힌트를 제공하는 데 사용되는 것은?

12. 다중 입력 창을 만드는 〈textarea〉 태그의 너비와 높이를 설정하는 데 사용되는 속성은?

13. 테이블의 행을 의미하는 HTML 태그는?

14. 테이블의 열을 의미하는 HTML 태그는?

15. 테이블의 열 제목을 만드는 데 사용되는 HTML 태그는?

16. 테이블에서 열을 병합하는 데 사용되는 속성은?

17. 테이블에서 행을 병합하는 데 사용되는 속성은?

PART 2
CSS 편

PART 2 CSS 편

CHAPTER 04

CSS의 기본 문법

CSS는 HTML을 보조하여 웹 페이지를 디자인적으로 꾸미고 페이지의 요소를 화면에 배치하는 역할을 수행한다. 4장에서는 다양한 예제의 실습을 통하여 CSS의 기본 구조, CSS를 HTML 문서에 삽입하는 세 가지 방법, 웹에서 사용되는 RGB 색상의 사용법, 글자 스타일을 지정하는 방법, 그리고 글자에 그림자를 넣는 방법 등을 학습한다. 또한 구글 폰트 서버에서 제공하는 웹 폰트의 사용법도 배우게 된다.

4.1 CSS의 개요

CSS는 'Cascading Style Sheets'의 약어로서 웹 페이지에서 HTML 태그를 보조하여 웹 페이지를 디자인적으로 꾸미고 페이지의 요소를 화면에 배치하는 역할을 수행한다. CSS를 이용하면 글자의 색상, 글꼴, 크기를 변경하고 요소에 경계선, 배경 색상, 배경 이미지 등을 삽입할 수 있다.

1996년 12월 CSS가 나오기 이전에는 HTML에 디자인적 요소를 포함하여 웹 페이지를 제작하였다. 이와 같이 디자인 정보와 레이아웃에 관련된 속성들을 모두 HTML 태그 옆에 직접 삽입하였기 때문에 HTML이 본연의 목적인 구조화된 문서가 아닌 페이지 디자인을 위한 도구로 전락하고 말았다.

최근에는 웹 표준 국제 기구인 W3C에서 가능한 모든 디자인적 요소는 CSS를 이용하도록 권고하고 있다. 따라서 HTML은 웹 페이지의 구조화된 뼈대만을 만드는 데 사용되고, 디자인적인 요소는 모두 CSS에서 전담하여 서로 간의 역할을 명확히 분리하는 방식으로 웹 페이지가 제작되고 있다.

4.1.1 CSS의 기본 구조

CSS는 다음 예제 4-1의 빨간색 박스로 표시된 것과 같이 〈style〉과 〈/style〉 태그 내에 삽입된다.

※ 〈style〉 태그를 이용하여 CSS를 삽입하는 방법에 대해서는 다음 절 117쪽에서 자세히 설명한다.

예제 4-1. CSS의 기본 구조

ex4-1.html

```
1  <!DOCTYPE html>
2  <html>
3  <head>
4  <meta charset="utf-8">
5  <style>
6  h2 {
7     font-family: "바탕";
8     color: blue;
9  }
10 p {
11    font-family: "돋움";
12    color: green;
13 }
14 </style>
15 </head>
16 <body>
17    <h2>반려동물</h2>
18    <p>정서적으로 의지하고자 가까이 두고 기르는 동물을 말한다. 1983년
      오스트리아에서 처음 나온 'Pet'를 'Companion animal'로 개칭 제안이
      국내에 들어와, 애완동물이라는 표현에 대한 논의가 이루어졌다.</p>
19 </body>
20 </html>
```

CSS 코드 (6~13행)

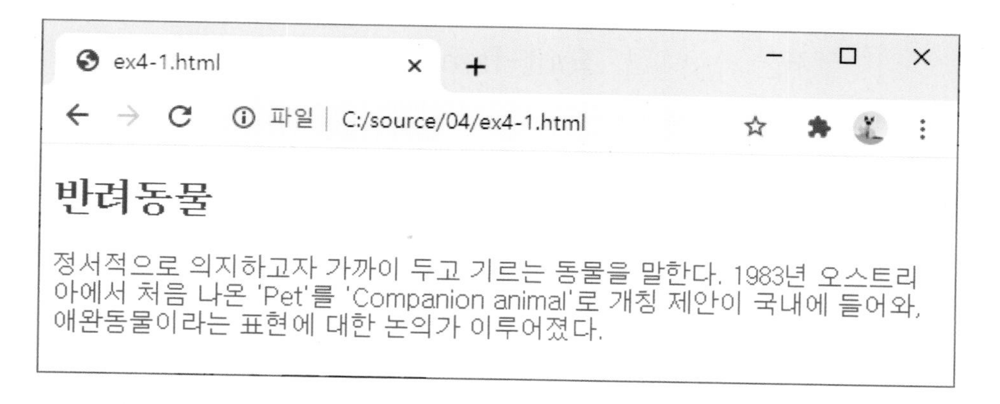

그림 4-1 ex4-1.html의 실행 결과

6~9행

```
h2 {
        font-family: "바탕";
        color: blue;
}
```

h2는 17행의 <h2> 태그 영역에 있는 '반려동물'을 선택한다. h2와 같은 것을 CSS에서 선택자라고 부른다. 선택자는 CSS로 꾸밀 영역을 선택하는 역할을 수행한다.

font-family:"바탕";은 글자의 폰트를 '바탕' 서체로 설정한다. 그리고 color:blue;는 글자 색상을 파란색으로 변경한다. 그림 4-1을 보면 '반려동물'의 글자가 '바탕' 서체와 파란색으로 변경된 것을 볼 수 있다.

같은 방식으로 10~13행은 18행의 <p> 태그 영역, 즉 단락의 글자들을 '돋움' 서체, 초록색 색상으로 설정한다.

위의 예제에서 사용된 CSS의 구조를 자세히 살펴보자.

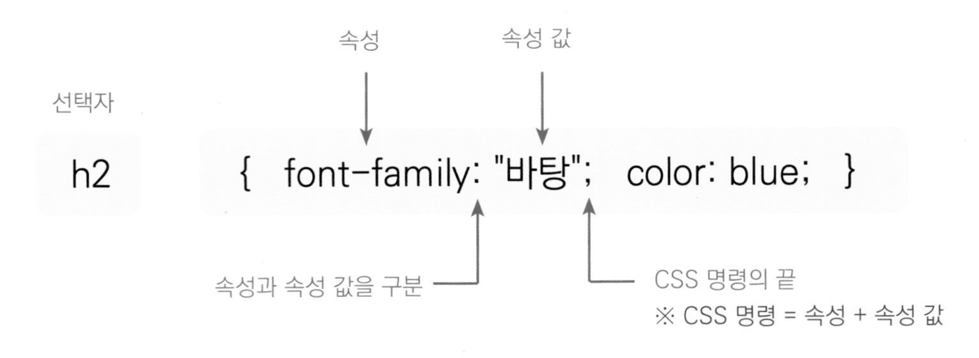

그림 4-2 CSS의 구조

그림 4-2에서 h2와 같은 선택자는 CSS가 적용되는 영역을 선택한다. 이와 같이 CSS의 선택자는 CSS를 적용할 영역을 선택하는 역할을 수행하고, 선택된 영역에 해당 CSS 속성과 속성 값이 적용되는 것이다. 그리고 CSS 명령은 속성과 속성 값으로 구성된다.

4.1.2 CSS의 삽입 방법

CSS를 HTML 문서에 삽입하는 방법에는 <style> 태그 이용, style 속성 이용, 그리고 외부 CSS 파일을 이용하는 방법이 있다.

다음 예제를 통하여 CSS를 삽입하는 세 가지 방법에 대해 알아보자.

예제 4-2. CSS 삽입 방법 세 가지

ex4-2.html

```
1  <!DOCTYPE html>
2  <html>
3  <head>
4  <meta charset="utf-8">
5  <link rel="stylesheet" type="text/css" href="mystyle.css">   ❸
6  <style>
7  h1 {
8      font-family: "바탕";
9      color: red;                                               ❶
10 }
11 </style>
12 </head>
13 <body>
14 <h1>고양이</h1>
15
16 <h3>개요</h3>   ❷
17 <p style="color:blue;">포유류 식육목 고양잇과에 속하는 대표적인
    동물이다. 크게는 가축화한 집고양이와 야생고양이로 나뉜다.</p>
18
19 <h3>상세</h3>   ❷
20 <p style="color:green;">현존하는 모든 고양잇과 동물들은 대략 1,500만년
    전에 하나의 조상으로부터 갈라져 나온 것으로 추측된다.</p>
21 </body>
22 </html>
```

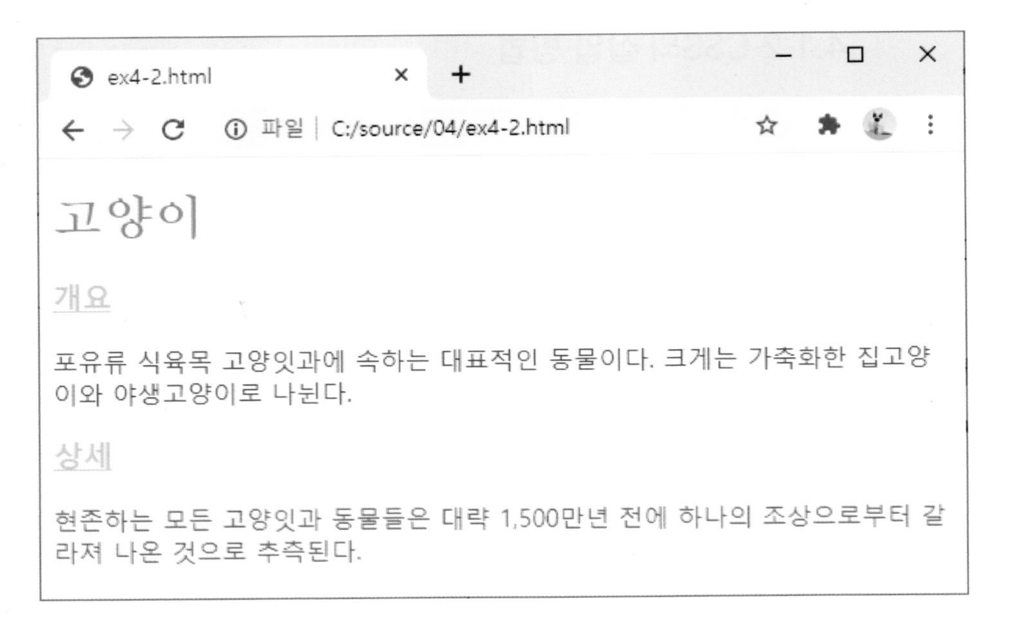

그림 4-3 ex4-2.html의 실행 결과

❶ 〈style〉 태그 이용

첫 번째 방법에서는 6행의 〈style〉과 11행의 〈/style〉 사이에 CSS 코드를 삽입한다. 7행의 선택자 h1은 14행의 〈h1〉 태그의 영역, 즉 '고양이'를 선택한다. 8행과 9행은 각각 그림 4-3에 나타난 것과 같이 '고양이' 글자의 글꼴을 '바탕' 서체, 글자 색상을 빨간색으로 변경한다.

〈style〉 태그를 이용하여 CSS를 삽입하는 것은 가장 일반적인 방법이다. 이 책 2부의 예제들에 주로 사용된다.

❷ style 속성 이용

두 번째 방법은 17행에서와 같이 〈p〉 태그의 style 속성에 CSS 명령(color:blue;)을 실행한다. 이 결과 그림 4-3의 단락, '포유류 .... 나뉜다.'의 글자가 파란색으로 표시된다.

같은 맥락에서 20행에 적용된 CSS 명령(color:green)에 의해 그림 4-3의 단락, '현존하는 ... 추측된다.'의 글자가 초록색으로 나타난다.

HTML 태그의 style 속성에 직접 CSS 명령을 삽입하는 이 방식은 HTML 코드와 CSS 코드를 서로 분리하는 것을 권고하는 W3C의 방침을 위배하기 때문에 자주 사용되지는 않지만 사용상의 간편함 때문에 종종 사용된다.

❸ CSS 파일 이용

세 번째 방법은 5행 〈link〉 태그의 속성 href에 다음에 나타난 것과 같은 외부 CSS 파일을 사용하는 것이다.

mystyle.css

```
h3 {
        color: skyblue;
        text-decoration: underline;
}
```

위의 mystyle.css에서는 선택자 h3를 이용하여 16행과 19행의 글 제목인 '개요'와 '상세' 글자를 그림 4-3에 나타난 것과 같이 밑줄 친 하늘색(skyblue) 글자로 만든다.

별도의 외부 CSS 파일을 사용하는 이 방식은 실전 프로젝트에서 가장 많이 사용하는 방식으로 이 책 3부와 4부에서 사용된다.

4.2 CSS의 주석문

CSS의 주석문은 CSS 코드 부분에 추가되는 설명 글을 의미한다. 다음 예제를 통하여 CSS 주석문의 사용법을 익히고 HTML의 주석문과의 차이점에 대해 알아보자.

예제 4-3. CSS의 주석문 ex4-3.html

```
1  <!DOCTYPE html>
2  <html>
3  <head>
4  <meta charset="utf-8">
5  <link rel="stylesheet" type="text/css" href="mystyle.css">
6  <style>
7  h2 {
8     font-family: "맑은고딕";      /* font-family 속성 : 글꼴 변경 */
9     color: green;                /* color 속성 : 글자 색상 변경 */
10    /* color: blue; */
11  }
12  </style>
13  </head>
14  <body>
15  <h2>강아지</h2>
16
17  <p style="color:blue;">한국어 '강아지'는 '개'에 어린 짐승을 뜻하는
      '아지'가 붙은 말이다. 제주도 사투리로는 강생이라고 한다. 각 언어마다
      강아지에 대한 별도의 명칭이 있다.</p>
18
19  <!--
20    <p>태어난 강아지는 생후 10일까지를 신생아로 본다. 강아지는 견종에
        따라 체중이 매우 다양하며 태어난 지 14일 무렵 눈을 뜨고 소리에
        반응하며 걷기 시작한다.</p>
21  -->
22  </body>
23  </html>
```

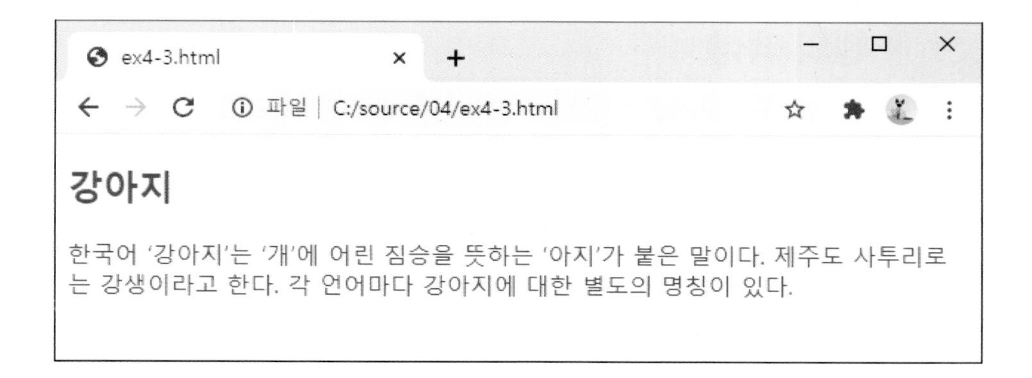

그림 4-4 ex4-3.html의 실행 결과

19~21행 **HTML의 주석문 : 〈!-- 과 --〉**

1장의 1.4절에서 설명한 것과 같이 HTML의 주석문에는 〈!--과 --〉 기호를 사용한다.

이와 같이 주석 처리된 문장, 즉 단락 '〈p〉태어난 강아지는 .... 걷기 시작한다.〈/p〉'는 그림 4-4의 브라우저 실행 결과에는 나타나지 않게 된다.

8~10행 **CSS의 주석문 : /* 와 */**

여기서는 CSS의 주석문이 사용되고 있다. CSS의 주석문에는 /*와 */ 기호를 사용한다. 주석이 시작되는 곳에 /*를 붙이고 끝나는 지점에 */를 붙인다.

HTML의 주석문과 마찬가지로 CSS에서도 주석 처리된 CSS 코드들은 브라우저의 실행 결과에 전혀 영향을 미치지 않는다.

4.3 웹의 색상

웹에서는 빨간색(R), 초록색(G), 파란색(B)을 혼합하여 원하는 색을 만드는 RGB 색상을 사용한다. 이번 절에서는 RGB 색상의 사용법과 CSS를 이용하여 웹 페이지 요소에 배경 색상을 지정하고 글자의 색상을 변경하는 방법에 대해 알아보자.

4.3.1 배경 색상 - background-color

먼저 background-color 속성을 이용하여 웹 페이지 요소에 배경 색상을 지정하는 방법을 익혀보자.

예제 4-4. 배경 색상 지정 ex4-4.html

```
1  <!DOCTYPE html>
2  <html>
3  <head>
4  <meta charset="utf-8">
5  <style>
6  body {
7      background-color: yellow;
8  }
9  p {
10     background-color: white;
11  }
12  </style>
13  </head>
14  <body>
15  <h3>배경 색상</h3>
16  <p>웹 페이지에서 배경 색상을 지정할 때는 먼저 CSS 선택자로 꾸밀
        영역을 선택한 다음 background-color 속성의 속성 값에 원하는
        색상을 설정하면 된다.</p>
17  </body>
18  </html>
```

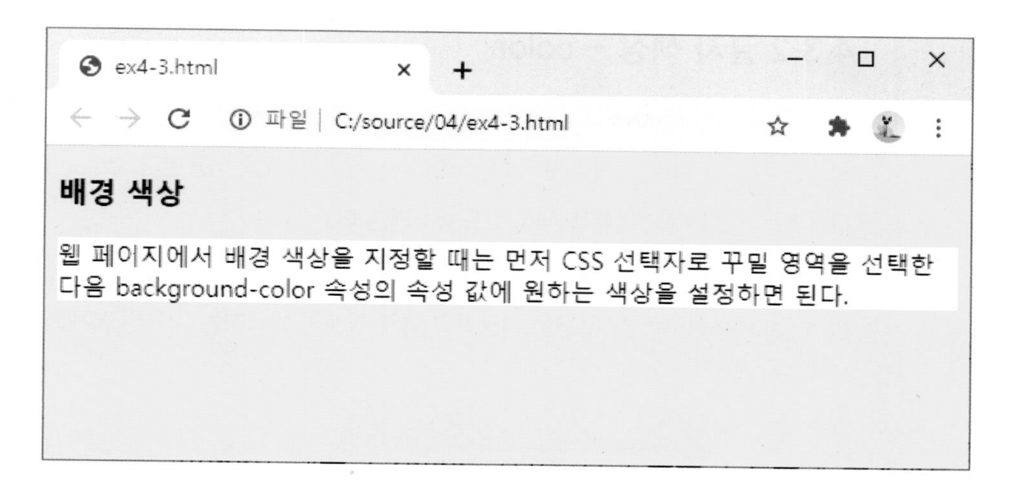

그림 4-5 ex4-4.html의 실행 결과

6행 body

선택자 body는 <body> 태그의 영역을 의미하기 때문에 전체 페이지를 선택하게 된다.

7행 background-color: yellow;

6행의 body에 의해 선택된 전체 페이지에 대해 배경색을 그림 4-5에 나타난 것과 같이 노란색으로 지정한다.

9행 p

선택자 p는 16행의 단락, 즉 <p> 태그의 영역을 선택한다.

10행 background-color: white;

9행의 p에 의해 선택된 단락의 배경색을 그림 4-5에 나타난 것과 같이 흰색으로 설정한다.

4.3.2 글자 색상 - color

웹 페이지에서 글자 색상을 변경하는 데에는 color 속성을 이용한다. color 속성의 속성 값으로는 RGB 색상 이름과 색상 코드를 사용한다.

먼저 color 속성과 색상 이름을 이용하여 글자 색상을 변경하는 다음의 예제를 살펴보자.

예제 4-5. 글자 색상 변경 ex4-5.html

```
1  <!DOCTYPE html>
2  <html>
3  <head>
4  <meta charset="utf-8">
5  <style>
6  body {
7      background-color: grey;
8  }
9  </style>
10 </head>
11 <body>
12     <h3>글자 색상</h3>
13     <p>
14             <span style="color:red;">빨간색</span>
15             <span style="color:green;">초록색</span>
16             <span style="color:blue;">파란색</span>
17             <span style="color:black;">검정색</span>
18             <span style="color:white;">흰색</span>
19             <span style="color:skyblue;">하늘색</span>
20             <span style="color:purple;">보라색</span>
21             <span style="color:yellow;">노란색</span>
22             <span style="color:orange;">오렌지색</span>
23             <span style="color:pink;">핑크색</span>
24     </p>
25 </body>
26 </html>
```

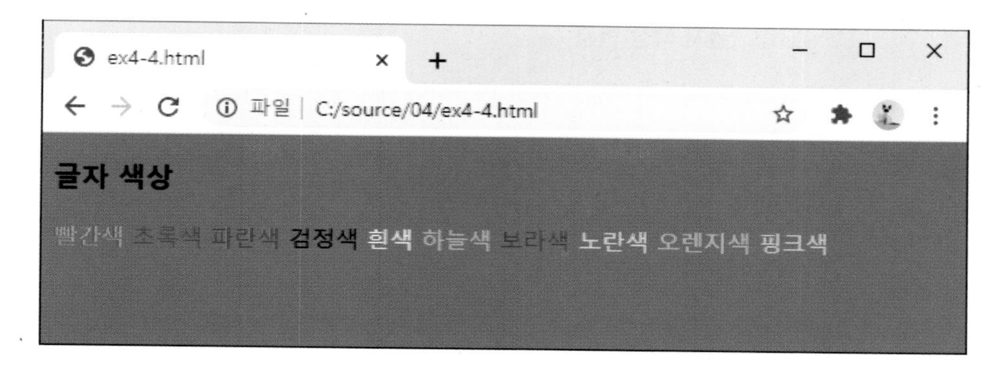

그림 4-6 ex4-5.html의 실행 결과

6~8행 웹 페이지 전체 배경색 설정

선택자 body로 전체 페이지를 선택한 다음 7행의 background-color 속성에 색상 이름 grey를 속성 값으로 설정하여 그림 4-6에서와 같이 배경색을 회색으로 설정한다.

14행 글자 색상 설정

각각의 글자에 CSS 적용을 위해 <span> 태그를 사용하여 각 글자들을 분리한다.

<span> 태그의 style 속성을 이용하여 CSS의 color 속성에 색상 이름 red를 속성 값으로 설정하여 '빨간색' 글자를 그림 4-6에서와 같이 빨간색으로 변경한다.

※ style 속성은 CSS 속성이 아니라 HTML 태그 옆에 사용되는 HTML 태그의 속성이다. style 속성의 사용법에 대해서는 앞의 117쪽을 참고하기 바란다.

알아두기

<span> 태그

<span> 태그는 웹 페이지에서 CSS를 적용하고자 하는 글자들을 선택하기 위해 사용되는 HTML 태그이다.

15~23행 글자 색상 변경

CSS의 color 속성과 색상 이름을 이용하여 해당 글자의 색상을 변경한다.

웹에서 많이 사용되는 RGB 색상 이름과 의미를 표로 정리하면 다음과 같다.

표 4-1 RGB 색상 이름과 의미

색상 이름	의미	색상 이름	의미
red	빨간색	skyblue	하늘색
green	초록색	purple	보라색
black	검정색	yellow	노란색
white	흰색	orange	오렌지색
grey	회색	pink	분홍색

4.3.3 색상 코드

웹에서는 앞의 표 4-1에서 설명한 색상 이름 외에도 다음 그림 4-7에서와 같은 색상 코드를 이용하여 다양한 색상을 표현한다. 이러한 색상 코드를 이용하면 웹에서 24비트 트루 컬러를 지원할 수 있다.

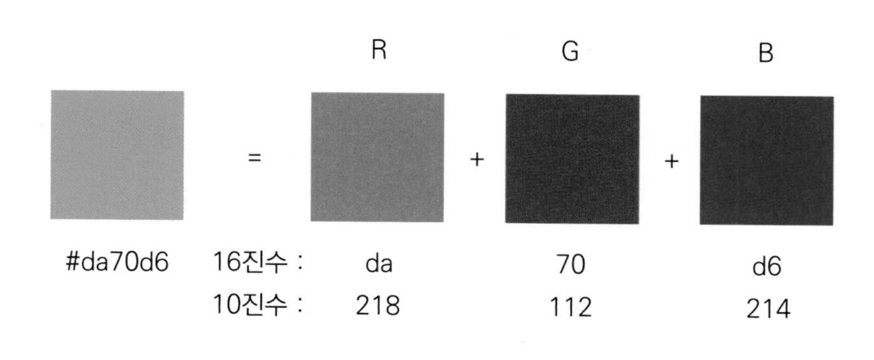

그림 4-7 RGB 색상의 색상 코드

위의 그림 4-7의 제일 왼쪽의 분홍색 색상은 색상 코드 #da70d6으로 표현된다. da는 16진수로 표현된 색상에 포함된 빨간색(R) 성분을 의미한다. 컴퓨터에서 사용되는 16진수는 0, 1, 2, 3, 4, 5, 6, 7, 8, 9, a, b, c, d, e, f의 16개의 요소로 표현된다. 여기서 a, b, c, d, e, f는 각각 10, 11, 12, 13, 14, 15의 숫자 대신에 사용된다.

따라서 da를 10진수로 변환하면 $13 \times 16^1 + 10 \times 16^0 = 218$이 된다. 해당 색상에 빨간색(R) 성분이 218의 양 만큼 포함되어 있다는 의미이다. RGB 색상에서 각각의 R, G, B 성분은 8비트로 표현되기 때문에 2^8, 즉 256 등급(0~255)의 값을 가진다. 예를 들어 R 성분이 0이면 해당 색상에 빨간색 성분이 전혀 포함되지 않은 것을 의미하고, 255는 빨간색 성분의 최대치가 포함되어 있다는 의미이다. 10진수의 0~255를 16진수로 표현하면 00~ff의 값이 된다.

그림 4-7의 색상 코드(전체 여섯 자리)에서 각각의 두자리는 색상에 포함된 R, G, B 성분을 의미한다. 따라서 da는 R의 성분, 70은 G의 성분, 그리고 d6는 B의 성분을 나타낸다.

앞에서 배운 색상 코드를 이용하여 실제로 웹 페이지의 글자 색상을 변경하는 다음의 예제를 살펴보자.

예제 4-6. 웹의 색상 코드

ex4-6.html

```
1  <!DOCTYPE html>
2  <html>
3  <head>
4  <meta charset="utf-8">
5  <style>
6  body { background-color: #db7093; }
7  </style>
8  </head>
9  <body>
10     <h3>웹의 색상 코드</h3>
11     <p>       <span style="color:#4169e1;">글자(#4169e1)</span>
12               <span style="color:#87cefa;">글자(#87cefa)</span>
13               <span style="color:#7cfc00;">글자(#7cfc00)</span>
14               <span style="color:#4b0082;">글자(#4b0082)</span><br>
15               <span style="color:#ffffff;">흰색</span><br>
16               <span style="color:#eeeeee;">회색1</span>
17               <span style="color:#dddddd;">회색2</span>
18               <span style="color:#cccccc;">회색3</span>
19               <span style="color:#bbbbbb;">회색4</span>
20               <span style="color:#aaaaaa;">회색5</span>
21               <span style="color:#999999;">회색6</span>
22               <span style="color:#888888;">회색7</span>
23               <span style="color:#777777;">회색8</span>
24               <span style="color:#666666;">회색9</span>
25               <span style="color:#555555;">회색10</span>
26               <span style="color:#444444;">회색11</span>
27               <span style="color:#333333;">회색12</span>
28               <span style="color:#222222;">회색13</span>
29               <span style="color:#111111;">회색14</span><br>
30               <span style="color:#000000;">검정색</span>
31     </p>
32  </body>
33  </html>
```

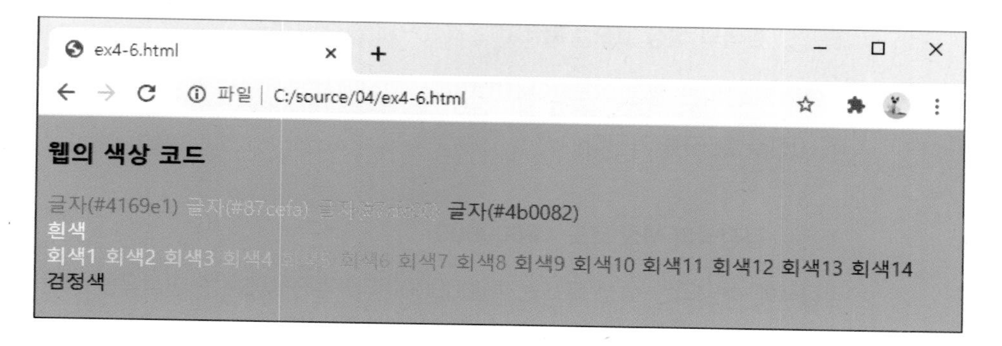

그림 4-8 ex4-6.html의 실행 결과

6행 색상 코드로 배경 색상 설정

선택자 body를 이용하여 전체 페이지의 배경 색상을 진분홍색(색상 코드: #db7093)으로 변경한다.

11~14행 색상 코드로 글자 색상 설정

색상 코드를 이용하여 글자 색상을 변경한다. 색상 코드 값은 다음 그림 4-9에 나타난 것과 같이 포토샵의 색상 피커 등을 이용하면 쉽게 얻을 수 있다.

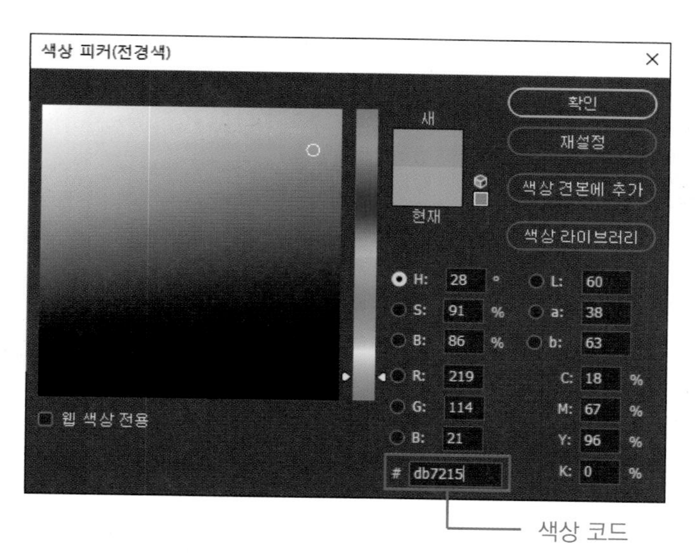

그림 4-9 포토샵의 색상 피커

15행 흰색의 색상 코드 : #ffffff

흰색에 해당되는 색상 코드는 #ffffff이다. 흰색에서는 R, G, B 성분이 모두 가장 큰 값인 ff(10진수:255)를 가진다.

30행 검정색의 색상 코드 : #000000

검정색에 해당되는 색상 코드는 #000000이다. 검정색에서는 흰색과는 정반대로 R, G, B 성분이 모두 0값을 가진다. 즉 색상이 없으니 검정색이 된다는 의미이다.

16~29행 회색의 색상 코드 : #eeeeee ~ #111111

흰색이 #ffffff이기 때문에 색상 코드 #eeeeee는 거의 흰색에 가까운 옅은 회색이다. 반대로 #111111은 검정색과 거의 같은 짙은 회색이 된다. 이 사이에 있는 색상 코드는 모두 회색 계통의 색이다.

이를 통해 색상 코드의 여섯 자리가 모두 같은 값을 가지면 흑백(흰색, 회색, 검정) 색상이 된다는 것을 알 수 있다.

이번 절에서 공부한 색상 관련 CSS 속성을 표로 정리하면 다음과 같다.

표 4-2 색상 관련 CSS 속성과 속성 값

속성	속성 값	설명
background-color	색상 이름(또는 색상 코드)	배경 색상 지정
color	색상 이름(또는 색상 코드)	글자 색상 지정

4.4 글자 스타일 지정

이번 절에서는 CSS를 이용하여 글자 정렬, 줄 간격 조정, 폰트 설정, 글자 크기 변경, 글자 그림자 넣기 등 글자의 스타일을 지정하는 방법에 대해 알아보자.

4.4.1 글자 정렬과 줄 간격

다음 예제를 통하여 CSS를 이용하여 글자 정렬, 줄 간격 조정, 밑줄 그리는 방법에 대해 알아보자.

예제 4-7. 글자 정렬과 줄 간격

ex4-7.html

```
1  <!DOCTYPE html>
2  <html>
3  <head>
4  <meta charset="utf-8">
5  <style>
6  h3 { text-align: center; }
7  p { line-height: 150%; }
8  span { text-decoration: underline; }
9  </style>
10  </head>
11  <body>
12     <h3>열대어</h3>
13     <p>원산지는 주로 동남아시아, 중앙아메리카, 남아메리카, 아프리카이며
          대부분 <span>소형의 아름다운 담수어</span>이다. 근년에는
        <span>품종개량의 결과로 우수한 품종</span>이 나와 색채·형태
         모두 원종보다 훨씬 뛰어난 경우가 많다.</p>
14  </body>
15  </html>
```

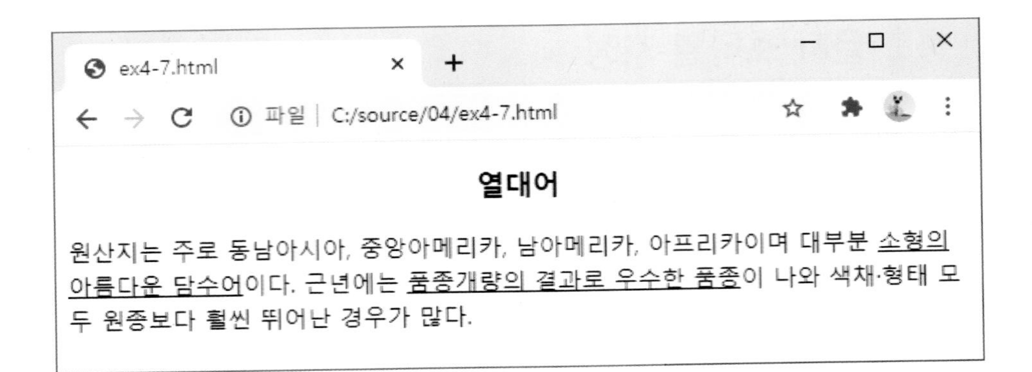

그림 4-10 ex4-7.html의 실행 결과

6행 h3 { text-align: center; }

text-align 속성은 웹 페이지에서 글자를 정렬하는 데 사용된다. 속성 값 center는 글자를 중앙에 정렬한다.

선택자 h3에 의해 선택된 12행의 글 제목 '열대어'를 그림 4-10에 나타난 것과 같이 행의 중앙에 정렬한다.

7행 p { line-height: 150%; }

line-height 속성은 웹 페이지에서 줄 간격을 설정하는 데 사용된다. 속성 값 150%는 줄 간격을 1.5배로 설정한다.

선택자 p에 의해 선택된 13행 단락의 줄 간격을 150%로 설정한다.

8행 span { text-decoration: underline; }

text-decoration 속성은 글자를 장식하는 데 사용되는데 속성 값으로 underline을 사용하면 글자에 밑줄을 그리게 된다.

선택자 span에 의해 13행의 두 군데, 즉 '소형의 아름다운 담수어'와 '품종개량의 결과로 우수한 품종' 글자들에 그림 4-10에 나타난 것과 같이 밑줄을 그린다.

※ 〈span〉 태그에 대한 좀 더 자세한 설명은 앞의 125쪽을 참고한다.

4.4.2 폰트 설정

다음 예제를 통하여 CSS에서 폰트, 글자 크기, 글자 굵기, 이탤릭체 등을 설정하는 방법을 익혀보자.

예제 4-8. 폰트 설정

ex4-8.html

```
1  <!DOCTYPE html>
2  <html>
3  <head>
4  <meta charset="utf-8">
5  <style>
6  body { font-family: "돋움"; }
7  h3 { font-size: 25px; }
8  p { line-height: 180%; }
9  span { font-style: italic; font-weight: bold; }
10 </style>
11 </head>
12 <body>
13    <h3>열대어</h3>
14    <p>원산지는 주로 동남아시아, 중앙아메리카, 남아메리카, 아프리카이며
      대부분 <span>소형의 아름다운 담수어</span>이다. 근년에는
     <span>품종개량의 결과로 우수한 품종</span>이 나와 색채·형태 모두
     원종보다 훨씬 뛰어난 경우가 많다.</p>
15 </body>
16 </html>
```

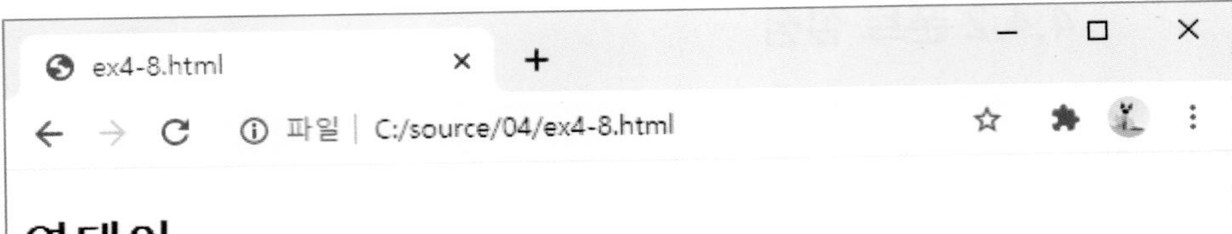

그림 4-11 ex4-8.html의 실행 결과

6행 body { font-family: "돋움"; }

font-family 속성은 글자의 폰트를 설정하는 데 사용한다. 이와 같은 방식으로 사용 가능한 한글 폰트는 컴퓨터에 기본으로 설치되어 있는 "맑은고딕", "돋움", "굴림", "바탕" 등만 사용이 가능하다.

기본 폰트 외의 폰트를 사용하려면 구글의 폰트 사이트 등에서 제공하는 웹 폰트를 사용해야 한다.

※ 웹 폰트의 사용법에 대해서는 잠시 후 140쪽에서 설명한다.

선택자 body는 〈body〉 태그의 영역, 즉 전체 페이지를 의미하기 때문에, 여기서는 전체 페이지에 사용되는 기본 폰트를 '돋움'으로 설정한다.

7행 h3 { font-size: 25px; }

font-size 속성은 웹 페이지에서 글자 크기를 설정할 때 사용한다. 따라서 'font-size: 25px;'는 글자 크기를 25 픽셀로 설정한다. 〈h1〉~〈h6〉 태그가 기본적으로 제공하는 글자 크기 외의 크기를 사용하고자 할 때는 지금과 같이 font-size 속성을 사용하면 된다.

※ font-size 속성 값의 단위로 px(픽셀) 외에도 em이 종종 사용된다. em은 글자의 상대적 크기를 나타내는 단위로 휴대폰이나 테블릿 등 다양한 기기에 웹 페이지를 표시하는 반응형 웹에서 많이 사용된다. 여기에 대해서는 4부(반응형 웹 편)의 378쪽에서 자세히 설명한다.

8행 p { line-height: 180%; }

14행 단락의 줄 간격을 180%, 즉 1.8배로 설정한다.

9행 span { font-style: italic; font-weight: bold; }

font-style 속성은 폰트의 스타일을 지정한다. 'font-style: italic;'은 글자를 이탤릭체로 변경한다. 그리고 font-weight 속성은 글자 두께를 설정하는 데 사용된다. 속성 값 bold는 글자를 두껍게 표시하는 볼드체의 글자를 의미한다

선택자 span에 의해 선택된 14행의 '소형의 아름다운 담수어'와 '품종개량의 결과로 우수한 품종'의 글자를 그림 4-11에 나타난 것과 같이 볼드체와 이탤릭체로 설정한다.

4.4.3 글자 그림자

다음 예제를 통하여 글자에 그림자를 넣는 방법에 대해 알아보자.

예제 4-9. 글자 그림자

ex4-9.html

```
1  <!DOCTYPE html>
2  <html>
3  <head>
4  <meta charset="utf-8">
5  <style>
6  h1 {
7      color: purple;
8      text-shadow: 3px 3px 5px #666666;
9  }
10  </style>
11  </head>
12  <body>
13     <h1>열대어 기르기</h1>
14  </body>
15  </html>
```

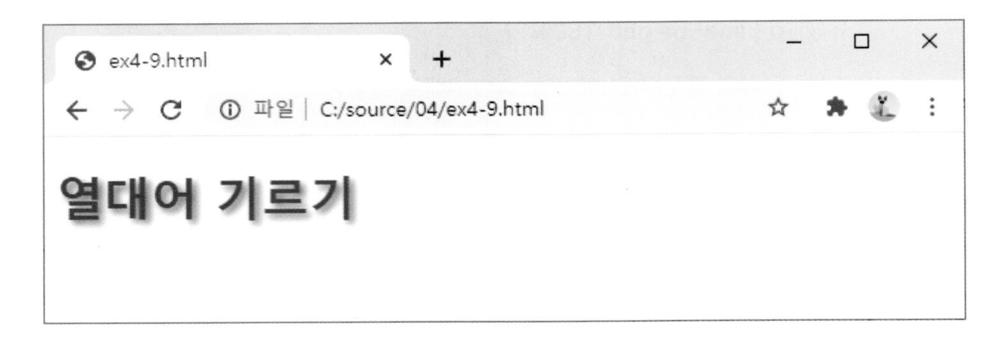

그림 4-12 ex4-9.html의 실행 결과

8행 **text-shadow: 3px 3px 5px #666666;**

text-shadow 속성은 웹 페이지의 글자에 그림자를 넣는 데 사용된다.

text-shadow 속성의 네 가지 속성 값의을 살펴보면 다음과 같다.

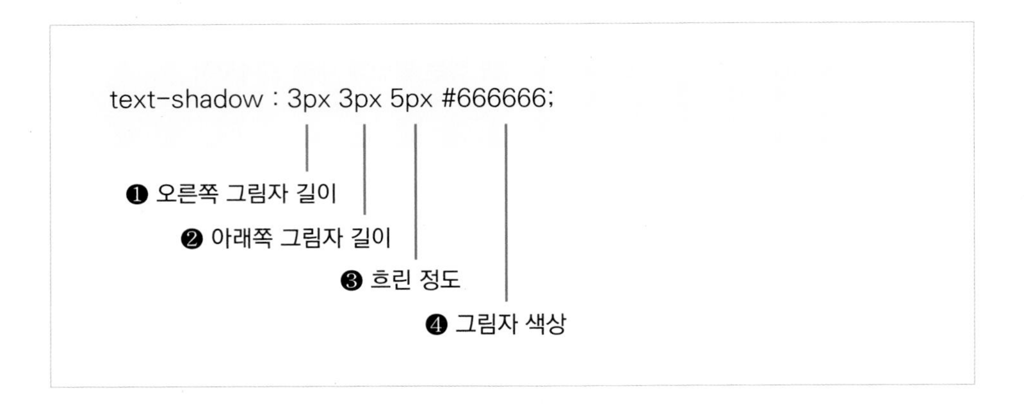

그림 4-13 text-shadow 속성 값의 의미

❶의 3px은 오른쪽 그림자의 길이, ❷의 3px는 아래쪽 그림자 길이, ❸의 5x는 흐린 정도, ❹의 색상 코드 #666666(짙은 회색)은 그림자의 색상을 의미한다.

※ 색상 코드에 대해서는 앞의 127쪽을 참고하기 바란다.

이번 절에서 공부한 글자 스타일 관련 속성을 표로 정리하면 다음과 같다.

표 4-3 글자 스타일 관련 CSS 속성과 속성 값

속성	속성 값	의미
text-align	left, center, right	글자 정렬
line-height	150%, 180%, 200% 등	줄 간격
text-decoration	underline, none	글자 장식 ※ underline: 밑줄, none:글자 장식 삭제
font-family	"맑은고딕", "돋움", "바탕" 등	글자 폰트
font-size	16px, 20px, 30px 등	글자 크기
font-weight	bold, normal	글자 두께 ※ bold:볼드체, normal:기본 굵기
font-style	italic	이탤릭체
text-shadow	3px 3px 5px #44444	글자 그림자

4.4.4 링크 글자 꾸미기

2장의 2.5절에서는 〈a〉 태그를 이용하여 글자에 하이퍼링크를 거는 방법에 대해 배웠다. CSS를 이용하여 링크가 걸린 글자를 꾸미는 방법에 대해 공부해보자.

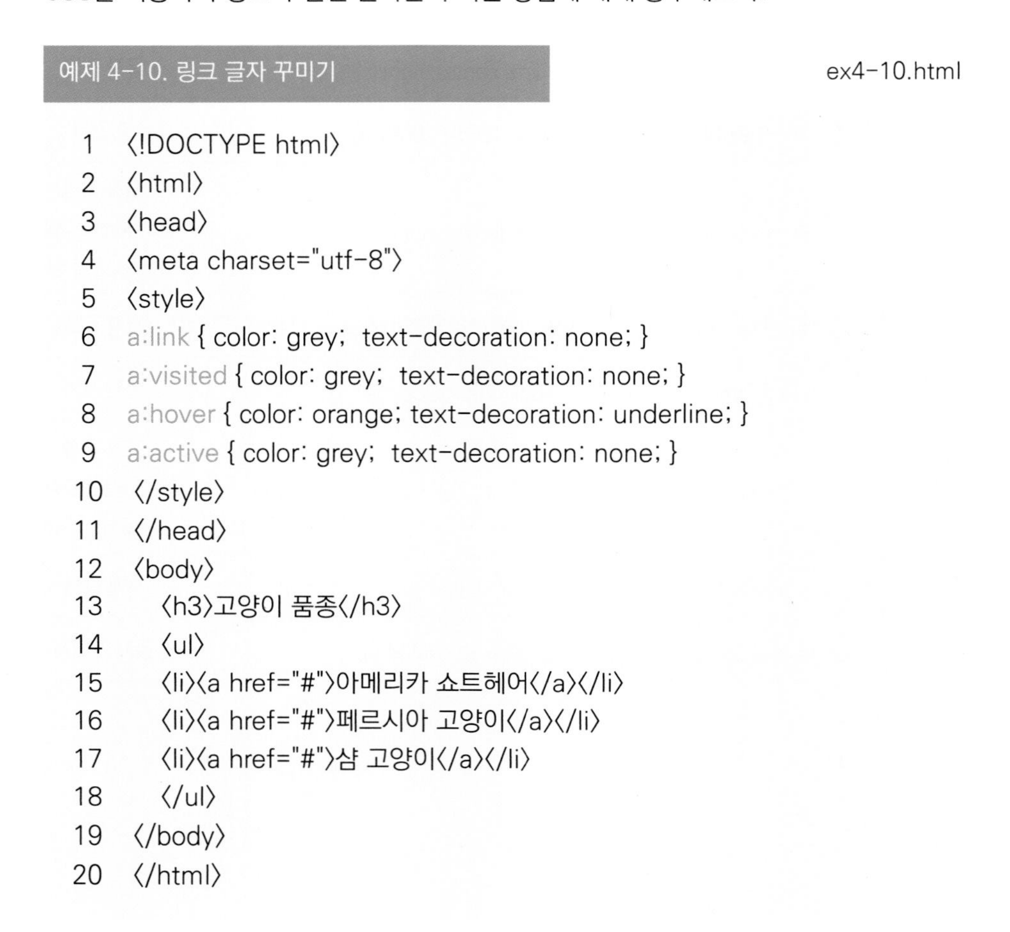

예제 4-10. 링크 글자 꾸미기 ex4-10.html

```
1  <!DOCTYPE html>
2  <html>
3  <head>
4  <meta charset="utf-8">
5  <style>
6  a:link { color: grey;  text-decoration: none; }
7  a:visited { color: grey;  text-decoration: none; }
8  a:hover { color: orange; text-decoration: underline; }
9  a:active { color: grey;  text-decoration: none; }
10  </style>
11  </head>
12  <body>
13     <h3>고양이 품종</h3>
14     <ul>
15     <li><a href="#">아메리카 쇼트헤어</a></li>
16     <li><a href="#">페르시아 고양이</a></li>
17     <li><a href="#">샴 고양이</a></li>
18     </ul>
19  </body>
20  </html>
```

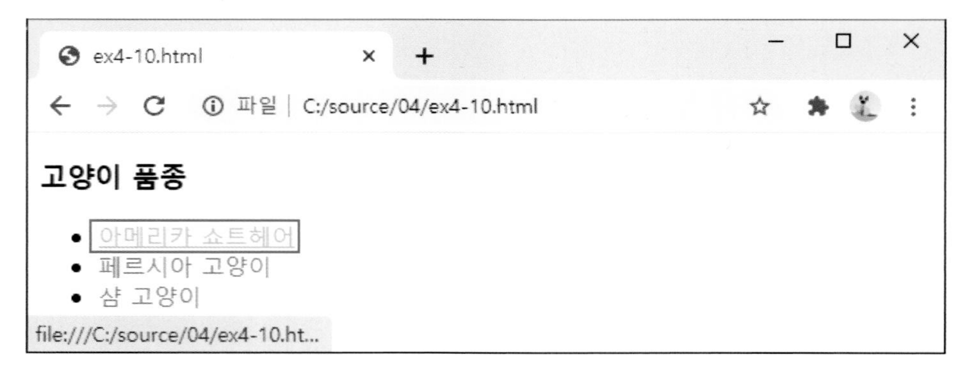

그림 4-14 ex4-10.html의 실행 결과

15행 <a href="#">아메리카 쇼트헤어</a>

<a> 태그의 href 속성 설정에 사용된 샵(#) 기호는 임시 링크를 의미한다. 이렇게 하면 '아메리카 쇼트헤어' 글자를 클릭했을 때 실제로 페이지가 이동하지 않고 마우스 포인터만 손 모양으로 변경된다.

6행 a:link { color: grey; text-decoration: none; }

선택자 a:link는 링크가 걸린 글자의 기본 상태를 의미한다. 'color: grey;' 명령에 의해 글자 색상이 회색으로 변경되고, 'text-decoration: none;' 명령에 의해 글자의 밑줄이 삭제된다.

웹 페이지에서 <a> 태그로 링크가 걸려있는 글자는 모두 기본적으로 밑줄이 그려진다. 6행에서와 같이 'text-decoration: none;' 명령이 수행되면 밑줄이 사라지게 되는 것이다.

7행 a:visited { color: grey; text-decoration: none; }

선택자 a:visited는 한번 이상 방문, 즉 이전에 클릭한 적이 있는 링크 글자의 상태를 의미한다. 이 때의 글자는 6행에서와 동일하게 회색 색상의 밑줄이 없는 상태로 설정된다.

8행 a:hover { color: orange; text-decoration: underline; }

선택자 a:hover는 마우스 포인터를 글자 위에 올린(마우스 오버) 상태를 의미한다.
이 때의 글자는 그림 4-14의 빨간색 박스에 나타난 것과 같이 글자 색상을 오렌지 색으로 하고, 글자에 밑줄을 넣는다.

9행 a:active { color: grey; text-decoration: none; }

선택자 a:active는 마우스로 글자를 클릭한 순간의 상태를 의미한다. 이 때의 글자도 6, 7행과 동일한 상태인 밑줄 없는 회색 글자로 설정된다.

4.5 웹 폰트

앞의 4.4.2절에서는 font-family 속성으로 설정할 수 있는 폰트는 기본적으로 사용자의 컴퓨터에 설치되어 있는 것만이 사용 가능하다고 설명하였다. 그러나 구글 폰트와 같이 인터넷상에서 제공되는 온라인 폰트를 사용하면 기본 폰트 외의 다양한 폰트를 이용할 수 있다. 이와 같이 웹 사이트에서 제공하는 폰트를 웹 폰트라고 한다.

4.5.1 웹 폰트 사용 방법

브라우저의 주소 창에 다음의 URL 주소를 입력하여 구글의 폰트 사이트에 접속해보자.

http://fonts.google.com

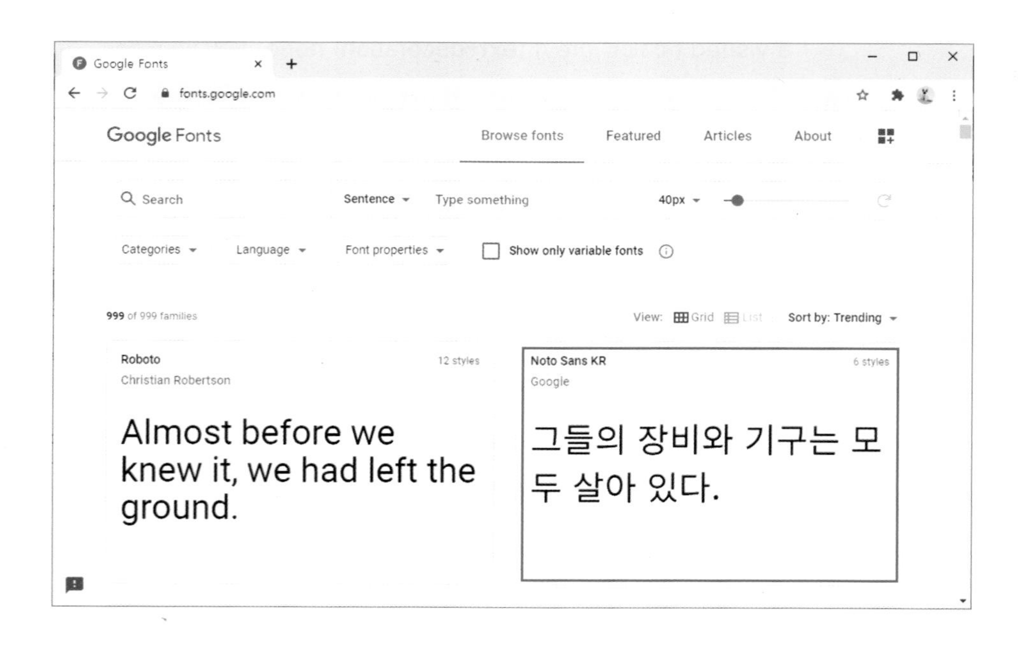

그림 4-15 구글 폰트 사이트

그림 4-15의 구글 폰트 사이트에서 빨간색 박스와 같은 특정 폰트 하나를 선정한 다음 클릭해보자.

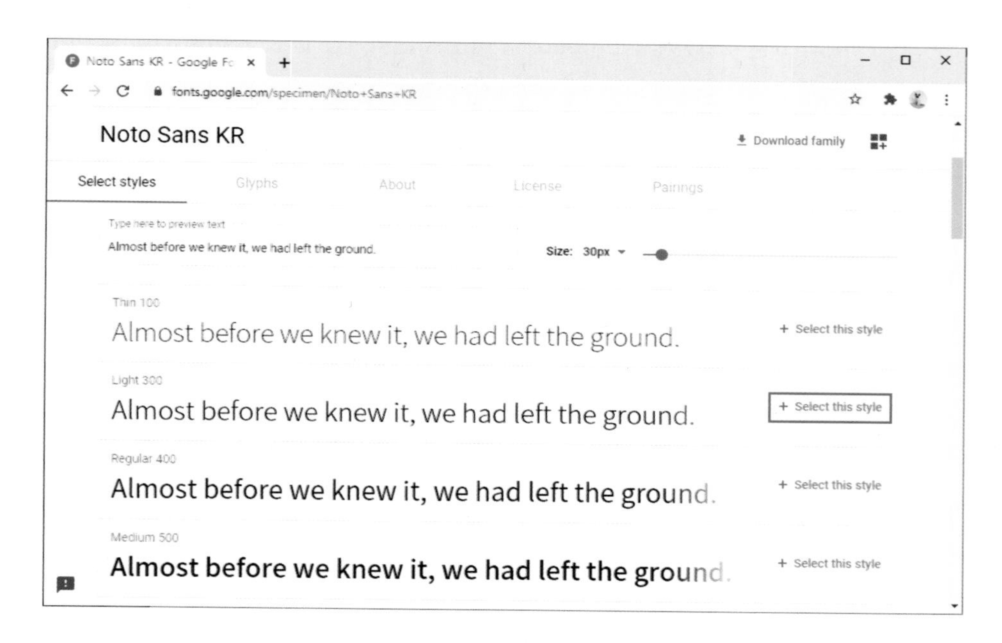

그림 4-16 선택한 폰트의 세부 설명

위의 그림 4-16에서와 같은 폰트 세부 설명 화면이 나오면 우측에 있는 '+ Select this stye' 버튼을 클릭한다.

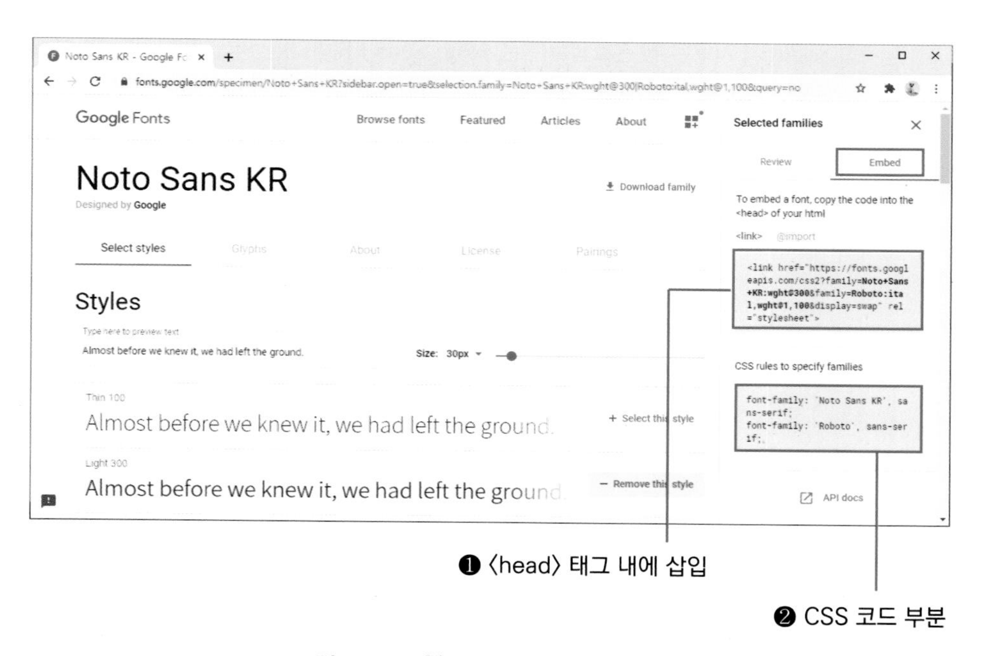

그림 4-17 웹 폰트 이용 안내 화면

위의 그림 4-17에서 'Embed' 탭 버튼을 클릭하면 웹 폰트 이용 안내 화면이 나타난다.

웹 폰트를 이용하는 방법은 다음과 같다.

(1) 웹 폰트를 HTML 문서에 연결

그림 4-17 ❶에 제시된 다음의 코드를 <head> 태그 내에 삽입하여 구글 폰트 사이트에서 제공하는 해당 웹 폰트를 HTML 문서에 연결한다.

```
<link href="https://fonts.googleapis.com/css2?family=Noto+Sans+KR:wg
ht@300&display=swap" rel="stylesheet">
```

(2) font-family 속성에서 웹 폰트 설정

그림 4-17 ❷에 제시된 다음과 같은 코드를 이용하여 font-family 속성에 해당 웹 폰트를 설정한다.

```
font-family: 'Noto Sans KR', sans-serif;
```

※ 위에서 사용된 웹 폰트의 이름은 'Noto Sans KR'이고, 만약 인터넷 등이 연결되지 않아 웹 폰트를 사용하지 못할 때에는 기본 폰트인 sans-serif 폰트가 사용된다는 의미이다.

4.5.2 웹 폰트 사용 예

앞에서 배운 웹 폰트 사용 방법을 이용하여 실제로 웹 페이지의 글자에 웹 폰트를 적용하는 방법을 익혀보자.

예제 4-11. 웹 폰트 사용하기 ex4-11.html

```
1  <!DOCTYPE html>
2  <html>
3  <head>
4  <meta charset="utf-8">
5  <link href="https://fonts.googleapis.com/css2?family=Nanum+
   Gothic&family=Noto+Sans+KR:wght@300&family=Roboto:ital,
   wght@1,100&display=swap" rel="stylesheet">
6  <link href="https://fonts.googleapis.com/css2?family=Noto+Sans+
   KR:wght@300&display=swap" rel="stylesheet">
7  <style>
8  body { font-family: "Nanum Gothic"; }
9  </style>
10 </head>
11 <body>
12    <h3>웹 폰트 사용 예(나눔 고딕)</h3>
13    <p>안녕하세요. 반갑습니다.(나눔 고딕)</p>
14    <p style="font-family: 'Noto Sans KR';">안녕하세요. 반갑습니다.
         (노토 산스)</p>
15    <p style="font-family: '맑은고딕';">안녕하세요. 반갑습니다.
         (맑은 고딕)</p>
16    <p style="font-family: '돋움';">안녕하세요. 반갑습니다.(돋움)</p>
17    <p style="font-family: '굴림';">안녕하세요. 반갑습니다.(굴림)</p>
18    <p style="font-family: '바탕';">안녕하세요. 반갑습니다.(바탕)</p>
19 </body>
20 </html>
```

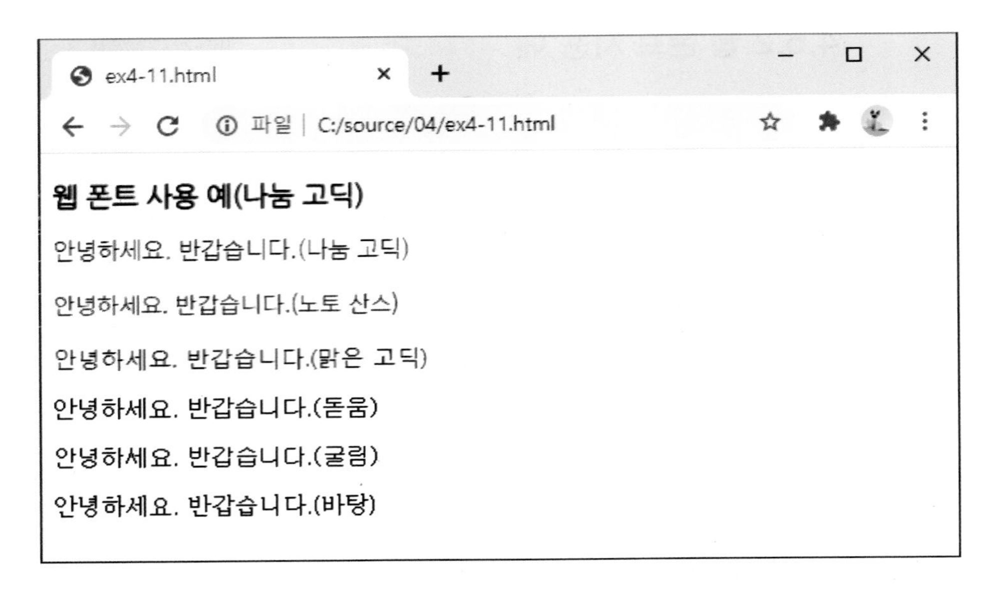

그림 4-18 ex4-11.html의 실행 결과

5행 구글 서버의 웹 폰트(나눔 고딕) 연결

〈link〉 태그를 이용하여 구글 서버에서 제공하는 'Nanum Gothic' 웹 폰트를 연결한다.

※ 웹 폰트 사용 방법에 대한 자세한 설명은 앞의 140쪽을 참고하기 바란다.

6행 구글 서버의 웹 폰트(노토 산스) 연결

〈link〉 태그를 이용하여 구글 서버에서 제공하는 'Noto Sans Kr' 웹 폰트를 연결한다.

8행 전체 페이지의 기본 폰트 설정

전체 페이지의 기본 폰트를 'Nanum Gothic' 폰트로 설정한다. 'Nanum Gothic' 폰트는 5행에서 연결한 웹 폰트이다.

12,13행 '나눔 고딕' 폰트 사용

12행과 13행의 글자 '웹 폰트 사용 예(나눔 고딕)'과 '안녕하세요. 반갑습니다.(나눔 고딕)'의 글자들에는 8행에 의해 설정된 전체 페이지의 기본 폰트인 'Nunum Gothic' 폰트가 적용된다.

14행 단락 글자에 'Noto Sans KR' 폰트 설정

단락의 글자들에 'Noto Sans KR' 폰트를 설정한다. 이 폰트는 6행에서 연결한 웹 폰트이다.

15행 단락 글자에 '맑은 고딕' 폰트 설정

단락의 글자들에 '맑은 고딕' 폰트를 설정한다. '맑은 고딕' 폰트는 컴퓨터에 기본적으로 설치되어 있는 폰트이다.

16~18행 단락 글자에 '돋움', '굴림', '바탕' 폰트 설정

각 단락의 글자들에 '돋움, '굴림', '바탕' 폰트를 설정한다. 이 폰트들도 '맑은 고딕' 폰트와 마찬가지로 컴퓨터에 기본적으로 설치되어 있는 폰트들이다.

알아두기

쌍따옴표(")와 단따옴표(')

예제 4-11에서는 쌍따옴표(")와 단따옴표(')가 혼용되어 쓰이고 있다. 결론적으로 HTML과 CSS에서는 둘 중 어떤 것을 사용하여도 무방하나 가능한 하나로 통일하여 일관성을 유지하는 것이 좋다.

그러나 14~18행에서와 같이 쌍따옴표 안에 단따옴표가 들어가는 경우에는 오류나 혼동을 피하기 위해 다음과 같이 하여야 한다.

```
style="font-family: '맑은고딕';"
```

또는

```
style='font-family: "맑은고딕";'
```

PROJ 4-1

프로젝트 | 생태 공원 이용 안내 페이지 만들기

다음은 HTML과 CSS를 이용하여 생태 공원의 이용 안내 페이지를 만드는 프로그램이다. 다음과 같은 실행 결과를 가져오도록 시작 파일을 텍스트 에디터로 편집하여 프로그램을 완성하시오.

◎ 브라우저 실행 결과

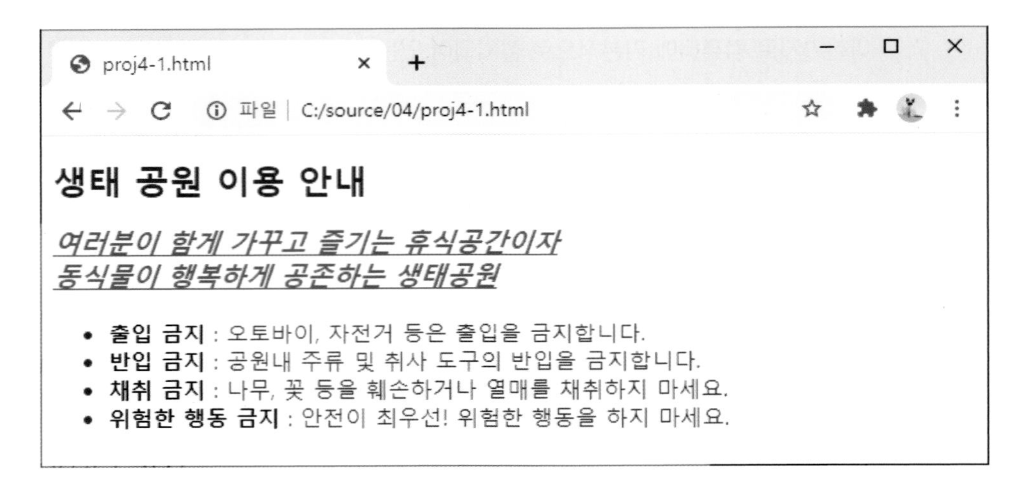

시작 파일 : proj4-1-start.html

```
<!DOCTYPE html>
<html>
<head>
<meta charset="utf-8">
<style>
body {
        ____________: '맑은고딕';   /* 전체 폰트 설정 */
        ____________: #444444;    /* 전체 글자 색상 : 짙은 회색; */
}
h1 {
        ____________: 25px;   /* 글자 크기 */
}
```

```
h3 {
        __________: italic;  /* 이탤릭체 */
        __________: green;       /* 글자 색상 : 초록색; */
        __________: underline;     /* 밑줄 */
}
span {
        __________: bold;   /* 볼드체 */
        color: __________;       /* 검정색 색상코드 */
}
</style>
</head>
<body>
   <h1>생태 공원 이용 안내</h1>
   <h3>여러분이 함께 가꾸고 즐기는 휴식공간이자<br>
    동식물이 행복하게 공존하는 생태공원</h3>
   <ul>
   <li><span>출입 금지</span> : 오토바이, 자전거 등은 출입을 금지합니다.</li>
   <li><span>반입 금지</span> : 공원내 주류 및 취사 도구의 반입을 금지합니다.</li>
   <li><span>채취 금지</span> : 나무, 꽃 등을 훼손하거나 열매를 채취하지 마세요. </li>
   <li><span>위험한 행동 금지</span> : 안전이 최우선! 위험한 행동을 하지 마세요.</li>
       </ul>
</body>
</html>
```

PROJ 4-2

프로젝트 | 고양이 기르기 페이지 만들기

다음은 HTML과 CSS를 이용하여 고양이 기르기 페이지를 만드는 프로그램이다. 다음과 같은 실행 결과를 가져오도록 시작 파일을 텍스트 에디터로 편집하여 프로그램을 완성하시오.

◎ 브라우저 실행 결과

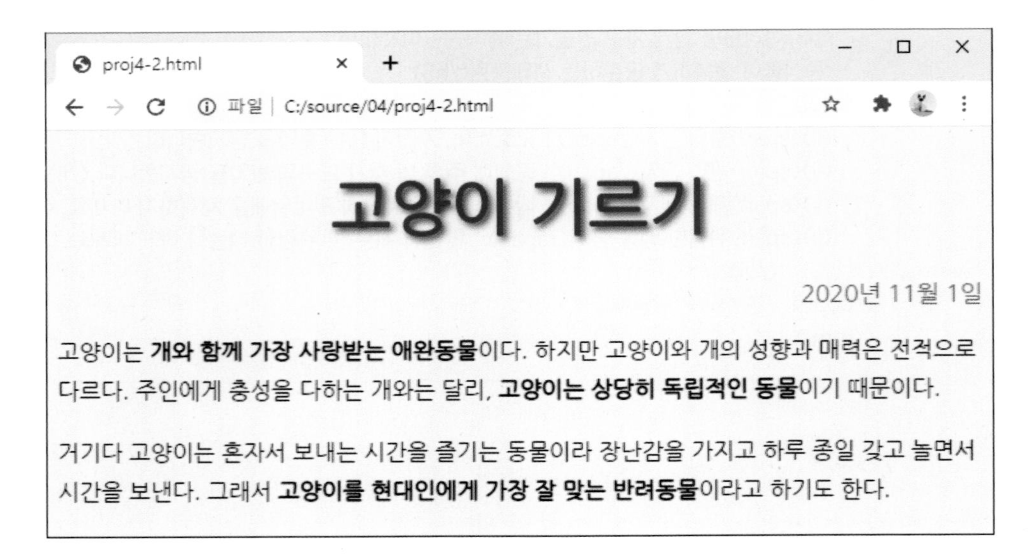

시작 파일 : proj4-2-start.html

```
<!DOCTYPE html>
<html>
<head>
<meta charset="utf-8">
<link href="https://fonts.googleapis.com/css2?family=Nanum+Gothic&family
=Noto+Sans+KR:wght@300&family=Roboto:ital,wght@1,100&display=swap"
rel="stylesheet">
<style>
body {
        ____________________: "Nanum Gothic";   /* 전체 폰트 : 나눔 고딕(웹 폰트) */
        ____________________: #eeeeee;     /* 전체 배경 색상 : 옅은 회색 */
}
```

```
h1 {
        __________________: __________________;  /* 글자 정렬 : 중앙; */
        __________________: 50px;      /* 글자 크기 */
        __________________: 3px 3px 5px #444444;  /* 글자 그림자 */
        __________________: __________________;  /* 글자 색상 : 파란색*/
}
h3 {
        __________________: #666666;        /* 글자 색상 : 짙은 회색*/
        __________________: __________________;     /* 글자 장렬 : 우측; */
        __________________: normal;    /* 보통 굵기 */
}
p {
        __________________: 180%;    /* 줄 간격 */
        __________________: 18px;      /* 글자 크기 */
}
span {
        __________________: bold;    /* 볼드체 */
}
</style>
</head>
<body>
        <h1>고양이 기르기</h1>
        <h3>2020년 11월 1일</h3>
        <p>고양이는 <span>개와 함께 가장 사랑받는 애완동물</span>이다. 하지만 고양이
와 개의 성향과 매력은 전적으로 다르다. 주인에게 충성을 다하는 개와는 달리, <span>고양이는
상당히 독립적인 동물</span>이기 때문이다.</p>

        <p>거기다 고양이는 혼자서 보내는 시간을 즐기는 동물이라 장난감을 가지고 하루 종
일 갖고 놀면서 시간을 보낸다. 그래서 <span>고양이를 현대인에게 가장 잘 맞는 반려동물</
span>이라고 하기도 한다.</p>
</body>
</html>
```

PROJ 4-3

프로젝트 | 링크걸린 텍스트 메뉴 꾸미기

다음은 CSS를 이용하여 링크 걸린 텍스트 메뉴를 꾸미는 프로그램이다. 다음과 같은 실행 결과를 가져오도록 시작 파일을 텍스트 에디터로 편집하여 프로그램을 완성하시오.

◎ 브라우저 실행 결과

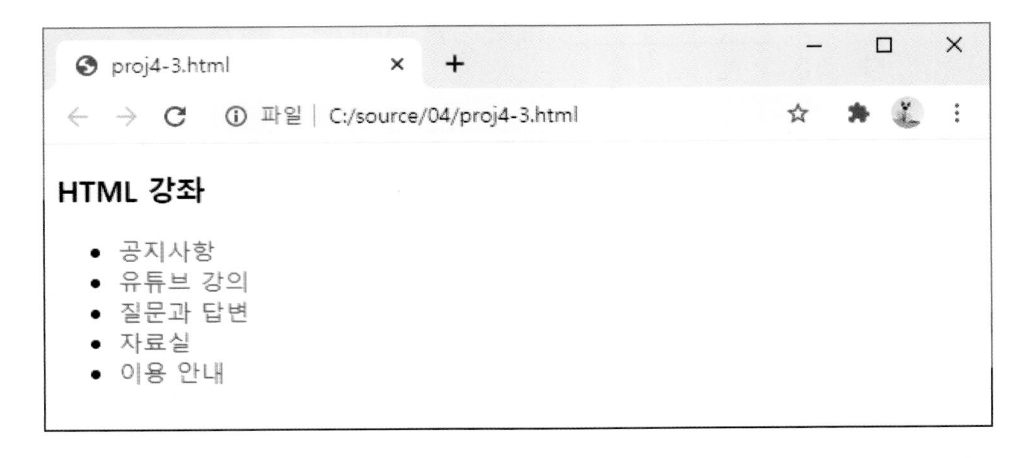

시작 파일 : proj4-3-start.html

```
<!DOCTYPE html>
<html>
<head>
<meta charset="utf-8">
<style>
__________ {                                                /* 링크걸린 글자 */
        color: green;            /* 글자 초록색 */
        text-decoration: __________;      /* 밑줄 삭제 */
}
```

```
__________ {                    /* 마우스 클릭 후 */
        color: green;              /* 글자 초록색 */
        text-decoration: __________;       /* 밑줄 삭제 */
}
__________ {                                              /* 롤오버 시 */
        color: green;              /* 글자 초록색 */
        text-decoration: __________;  /* 밑줄 그리기 */
}
__________ {                                              /* 마우스 클릭한 순간
*/
        color: green;              /* 글자 초록색 */
        text-decoration: __________;       /* 밑줄 삭제 */
}
</style>
</head>
<body>
        <h3>HTML 강좌</h3>
        <ul>
        <li><a href="#">공지사항</a></li>
        <li><a href="#">유튜브 강의</a></li>
        <li><a href="#">질문과 답변</a></li>
        <li><a href="#">자료실</a></li>
        <li><a href="#">이용 안내</a></li>
        </ul>
</body>
</html>
```

연습문제 4장. CSS의 기본 문법

1. 배경 색상을 지정하는 데 사용되는 CSS 속성은?

2. 글자 색상을 지정하는 데 사용되는 CSS 속성은?

3. 웹의 색상 코드 #000000는 무슨 색인가?

4. 웹의 색상 코드 #ffffff는 무슨 색인가?

5. 빨간색에 해당되는 색상 코드는?

6. 파란색에 해당되는 색상 코드는?

7. 색상 코드 #aaaaaa는 무슨 색인가?

8. 글자를 중앙에 정렬하는 데 사용되는 CSS 속성과 속성 값은?

9. 글자의 줄 간격을 조정하는 데 사용되는 CSS 속성은?

10. 글자에 밑줄을 그리는 데 사용되는 CSS 속성과 속성 값은?

11. 글자의 폰트를 설정하는 데 사용되는 CSS 속성은?

12. 글자를 두꺼운 글자(볼드체)로 설정하는 데 사용되는 CSS 속성과 속성 값은?

13. 글자를 보통 굵기로 설정하는 데 사용되는 CSS 속성과 속성 값은?

14. 글자에 그림자를 넣는 데 사용되는 text-shadow 속성의 네 가지 속성 값의 예를 제시하고 각 값의 의미를 설명하시오.

15. 글자의 크기를 설정하는 데 사용되는 CSS 속성은?

16. 글자를 이탤릭체로 설정하는 데 사용되는 CSS 속성과 속성 값은?

17. 링크 걸린 글자를 꾸미는 데 사용되는 a:link의 의미는?

18. 링크 걸린 글자를 꾸미는 데 사용되는 a:visited의 의미는?

19. 링크 걸린 글자를 꾸미는 데 사용되는 a:hover의 의미는?

20. 링크 걸린 글자를 꾸미는 데 사용되는 a:active의 의미는?

21. 웹 폰트의 사용법을 간단하게 설명하시오.

CHAPTER 05

박스 모델

웹 페이지의 모든 HTML 요소들은 박스 형태를 갖는다. 박스 모델은 HTML 요소들을 꾸미고 페이지 화면에 배치하는 기본 기능을 제공한다. 박스 모델은 HTML 요소를 중심으로 경계선(Border), 경계선 외부의 여백인 마진(Margin), 경계선 내부의 여백을 의미하는 패딩(Padding)으로 구성된다. 5장에서는 박스 모델의 기본 개념을 익혀 소개 페이지와 배너 제작에 활용하는 방법을 배운다.

5.1 박스 모델이란?

웹 페이지에 있는 HTML 요소는 사각형 형태를 가지는 박스로 생각할 수 있다. CSS에서는 이러한 박스를 기반으로 하여 요소에 경계선을 그릴 수 있으며 간격을 조정하여 요소를 화면에 배치할 수 있다. 이것을 가능하게 해주는 것이 박스 모델(Box Model)이다.

박스 모델은 다음의 그림 5-1에서와 같이 박스 안에 있는 콘텐츠(HTML 요소)를 감싸고 있는 경계선(Border), 마진(Margin), 패딩(Padding)의 세 가지 구성 요소를 가진다.

다음 예제를 통하여 박스 모델의 세 가지 구성 요소에 대해 알아보자.

예제 5-1. 박스 모델의 세 가지 구성 요소 ex5-1.html

```
1  <!DOCTYPE html>
2  <html>
3  <head>
4  <meta charset="utf-8">
5  <style>
6  p {
7      margin : 50px;
8      border: solid 10px green;
9      padding: 30px;
10 }
11 </style>
12 </head>
13 <body>
14     <p>웹 페이지에 있는 모든 HTML 요소는 사각형 형태를 가지는 박스로
           생각할 수 있다. </p>
15 </body>
16 </html>
```

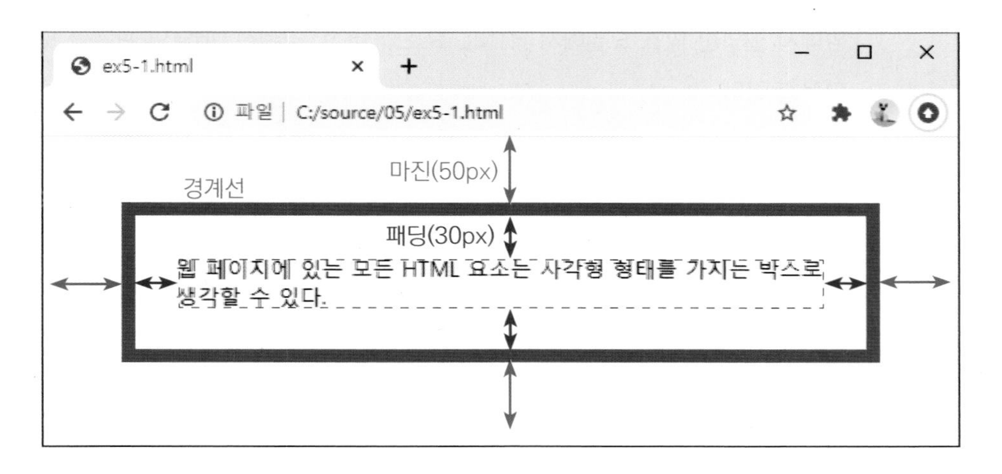

그림 5-1 ex5-1.html의 실행 결과

7행 마진 설정

margin 속성은 그림 5-1에 나타난 것과 같이 경계선과 외부의 간격을 의미한다. 'margin: 50px;'은 마진을 50 픽셀로 설정한다.

8행 경계선

border 속성은 HTML 요소의 경계선을 그리는 데 사용된다. 속성 값 solid는 실선, 10px은 선의 두께, green은 선의 색상을 의미한다.

9행 패딩 설정

padding 속성은 경계선과 HTML 요소 사이의 간격을 의미한다. 'padding: 30px;'은 패딩을 30 픽셀로 설정한다.

이와 같이 박스 모델을 이용하면 HTML 요소에 경계선을 그릴 수 있으며, 마진과 패딩을 조정하여 요소들을 웹 페이지 화면의 원하는 위치에 배치할 수 있다.

앞에서 설명한 박스 모델에서 HTML 요소와 마진, 경계선, 패딩의 관계를 도식화해보면 다음과 같다.

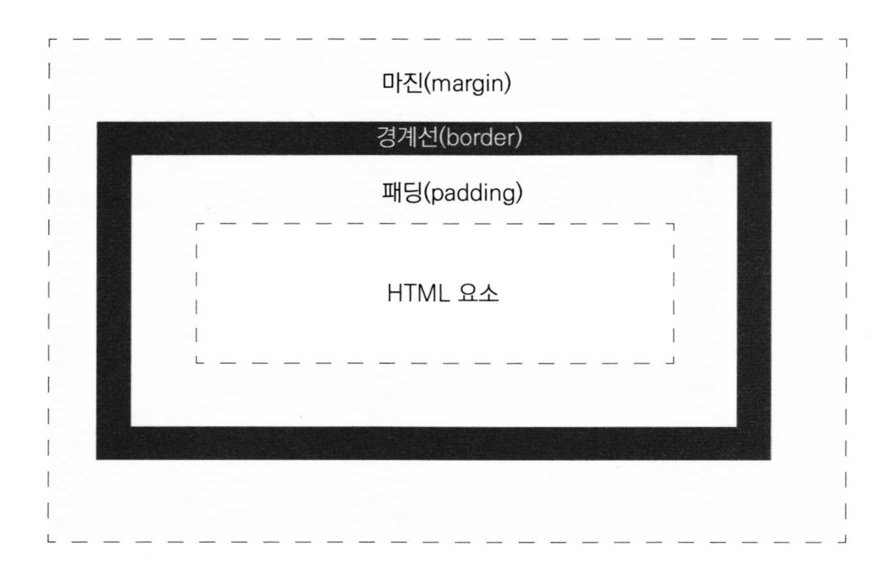

그림 5-2 박스 모델의 개념도

위의 그림 5-2의 박스 모델에서 사용된 용어를 정리하면 다음과 같다.

- HTML 요소 : 텍스트, 이미지, 동영상, 단락, 목록 등의 웹 페이지를 구성하고 있는 요소
- 경계선 : HTML 요소를 둘러싼 경계를 나타내는 선
- 마진 : 경계선과 다른 외부의 요소와의 간격
- 패딩 : 경계선과 HTML 요소 사이의 간격

5.2 경계선

HTML 요소의 경계선을 그리는 데는 border 속성이 사용된다. 이번 절에서는 다양한 종류의 경계선을 그리는 방법과 HTML 요소의 상단, 하단, 우측, 좌측에 경계선을 그리는 방법에 대해 알아본다.

5.2.1 경계선 그리기

다음 예제를 통하여 border 속성을 이용하여 실선, 점선, 파선을 그리고, 선의 두께와 색상을 설정하는 방법에 대해 알아보자.

예제 5-2. 경계선 그리기

ex5-2.html

```
1  <!DOCTYPE html>
2  <html>
3  <head>
4  <meta charset="utf-8">
5  </head>
6  <body>
7      <h3 style="border: solid 1px black;">박스 모델이란?</h3>
8      <h3 style="border: dotted 1px black;">박스 모델이란?</h3>
9      <h3 style="border: dashed 1px black;">박스 모델이란?</h3>
10     <h3 style="border: double 3px black;">박스 모델이란?</h3>
11 </body>
12 </html>
```

7행 **border: solid 1px black;**

border 속성은 세 개의 속성 값(선의 종류, 선의 두께, 선의 색상)을 가진다. 여기서 solid는 실선(Solid Line), 1px은 1픽셀 두께, black은 검정색 색상을 의미하기 때문에 그림 5-3의 첫 번째 경계선이 그려진다.

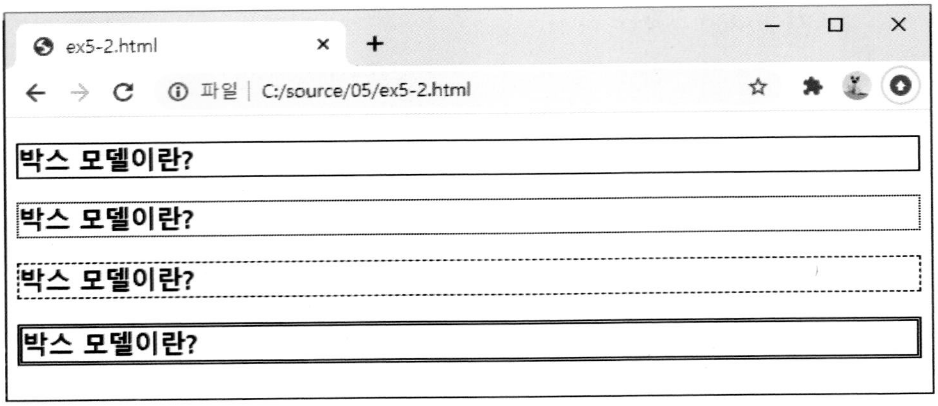

ex5-2.html

파일 | C:/source/05/ex5-2.html

박스 모델이란?

박스 모델이란?

박스 모델이란?

박스 모델이란?

그림 5-3 ex5-2.html의 실행 결과

위에서 사용된 border 속성의 속성 값을 정리해보면 다음과 같다.

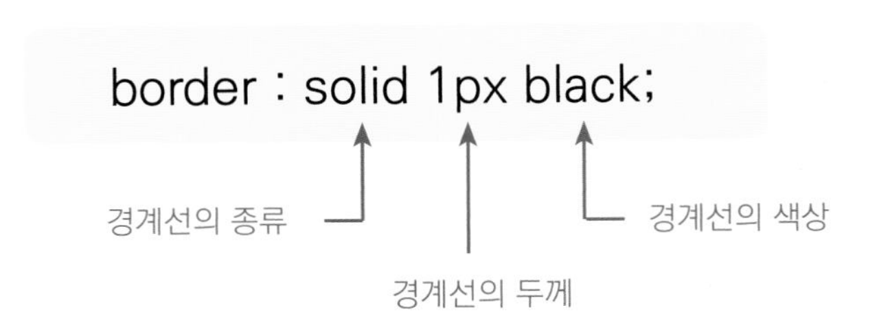

그림 5-4 border 속성의 속성 값

많이 사용되는 경계선의 종류는 solid(실선), dotted(점선), dashed(파선), double(이중선) 등이 있고, 이외에도 3D로 된 groove, ridge, inset, outset 등의 경계선을 사용할 수 있다.

경계선의 두께는 픽셀 단위, 경계선 색상에는 색상 이름(또는 색상 코드)이 사용된다.

※ 색상 이름과 색상 코드에 대해서는 앞의 122쪽을 참고하기 바란다.

8행 **border: dotted 1px black;**

그림 5-3의 두 번째 박스에 나타난 것과 같이 1픽셀의 검정색 점선(Dotted Line) 경계선을 그린다.

9행 border: dashed 1px black;

그림 5-3의 세 번째 박스인 1픽셀 두께의 검정색 파선(Dashed Line) 경계선을 그린다.

10행 border: double 3px black;

그림 5-3의 네 번째 박스인 3픽셀 두께의 검정색 이중선(Double Line) 경계선을 그린다.

5.2.2 상/하/좌/우 경계선

다음 예제를 통하여 HTML 요소의 상단, 하단, 좌측, 우측에 경계선을 그리는 방법에 대해 알아보자.

예제 5-3. 상단/하단/좌측/우측 경계선 그리기 ex5-3.html

```
1  <!DOCTYPE html>
2  <html>
3  <head>
4  <meta charset="utf-8">
5  <style>
6  h3 { width: 130px; }
7  </style>
8  </head>
9  <body>
10     <h3 style="border-top: solid 1px skyblue;">박스 모델이란?</h3>
11     <h3 style="border-bottom: solid 1px skyblue;">박스 모델이란?
           </h3>
12     <h3 style="border-left: solid 5px orange;">박스 모델이란?</h3>
13     <h3 style="border-right: solid 5px orange;">박스 모델이란?</h3>
14  </body>
15  </html>
```

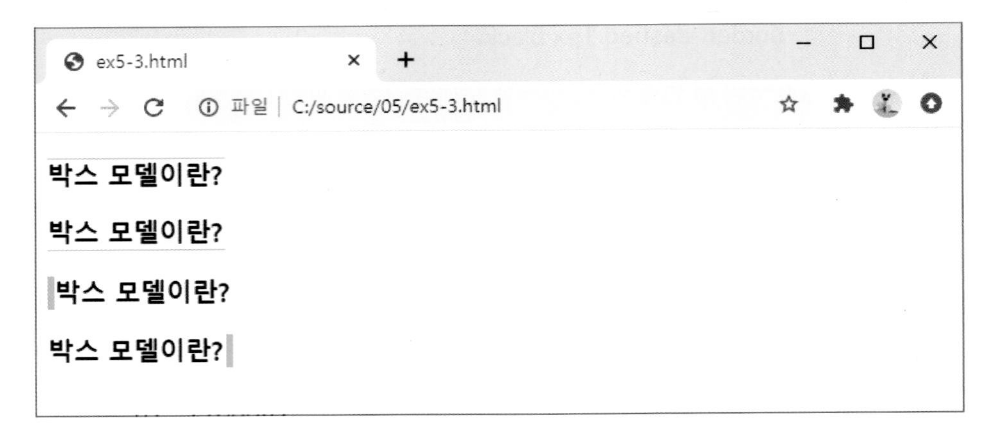

그림 5-5 ex5-3.html의 실행 결과

6행 width: 130px;

width 속성은 HTML 요소의 너비를 설정하는 데 사용된다. 'width: 130px'은 선택자 h3가 선택한 영역인 글 제목 '박스 모델이란?'의 너비를 130픽셀로 설정한다.

10~13행 상단, 하단, 좌측, 우측 경계선

border-top, border-bottom, border-left, border-right 속성은 각각 그림 5-5에 나타난 것과 같이 글 제목의 상단, 하단, 좌측, 우측 경계선을 그린다.

알아두기

width 속성과 height 속성

CSS의 width와 height 속성은 각각 HTML 요소의 너비와 높이를 설정하는 데 사용된다.

지금까지 배운 border 속성과 속성 값을 표로 정리하면 다음과 같다.

표 5-1 border 속성과 속성 값

속성	속성 값의 예	의미
border	border : solid 1px red	HTML 요소의 경계선 ※ solid : 실선, dotted:점선, dashed: 파선
border-top	border-top: solid 1px red	상단 경계선
border-bottom	border-bottom : solid 1px red	하단 경계선
border-left	border-left : solid 1px red	좌측 경계선
border-right	border-right : solid 1px red	우측 경계선

5.3 마진과 패딩

박스 모델에서는 마진과 패딩을 이용하여 HTML 요소 간의 간격을 조정한다. 이번 절에서는 마진과 패딩의 사용법에 대해 알아본다.

5.3.1 마진

다음 예제를 통하여 margin 속성을 이용하여 요소들의 간격을 조정하는 방법에 대해 알아보자.

예제 5-4. 마진 설정 1

ex5-4.html

```
1  <!DOCTYPE html>
2  <html>
3  <head>
4  <meta charset="utf-8">
5  <style>
6  * { margin: 0; }
7  h3 {
8      margin-top: 40px;
9      margin-left: 30px;
10 }
11 p {
12     margin: 30px;
13 }
14 </style>
15 </head>
16 <body>
17     <h3>박스 모델이란?</h3>
18     <p>웹 페이지에 있는 모든 HTML 요소는 사각형 형태를 가지는 박스로
          생각할 수 있다. CSS에서는 이러한 박스를 기반으로 하여 요소에
          경계선을 그릴 수 있으며 여백을 조정하여 요소를 화면에 배치할 수
          있게 한다.</p>
19 </body>
20 </html>
```

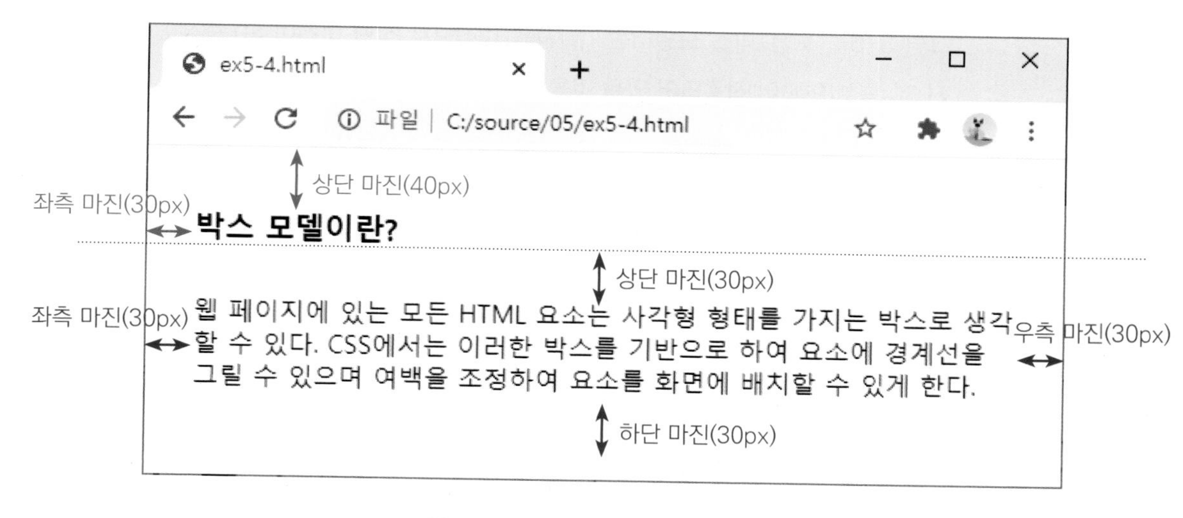

그림 5-6 ex5-4.html의 실행 결과

6행 마진의 초기화 : * { margin: 0; }

예제 5-2와 예제 5-3의 프로그램 소스에서는 margin 속성을 전혀 사용하지 않았다. 그럼에도 불구하고 그림 5-3과 그림 5-5을 보면 요소 경계선 외부의 간격, 즉 마진이 설정되어 있음을 알 수 있다. 이것은 HTML에서 요소의 배치를 편리하게 하기 위해 요소들에 기본 마진을 부여했기 때문이다. 그러나 정확하게 요소를 배치하고자 할 경우에는 오히려 이 기본 마진이 방해 요인이 되기도 한다.

HTML 요소의 기본 마진을 초기화하기 위하여 6행의 코드가 삽입된다. 6행의 선택자 * 는 전체 선택자라고 부르고, 이것은 HTML 요소 전체를 선택하게 된다. 'margin: 0'는 margin 속성 값을 0으로 초기화한다. 따라서 '* { margin: 0; }'은 웹 페이지 전체 HTML 요소의 마진을 0으로 설정한다.

※ 전체 선택자에 대한 자세한 설명은 6장의 188쪽을 참고하기 바란다.

8,9행 margin-top, margin-left

margin-top 속성은 선택자 h3의 영역인 글 제목 '박스 모델이란?' 글자 상단에 마진을 설정한다. 같은 맥락에서 margin-left 속성은 좌측 마진을 설정한다.

그림 5-6을 보면 '박스 모델이란?' 글자를 중심으로 상단 마진이 40 픽셀(8행), 좌측 마진 30 픽셀(9행)이 적용되어 있는 것을 알 수 있다.

12행 margin: 30px;

그림 5-6에 나타난 것과 같이 상단, 하단, 좌측, 우측 마진에 각각 30 픽셀의 마진을 설정한다.

이번에는 마진 설정 방식이 앞의 예제와는 조금 다른 다음의 예제를 살펴보자.

예제 5-5. 마진 설정 2 ex5-5.html

```
1  <!DOCTYPE html>
2  <html>
3  <head>
4  <meta charset="utf-8">
5  <style>
6  * { margin: 0; }
7  h3 {
8      margin: 50px 40px 30px 20px;
9      border: solid 1px green;
10 }
11 p {
12     margin: 50px 40px;
13     border: solid 1px green;
14 }
15 </style>
16 </head>
17 <body>
18     <h3>박스 모델이란?</h3>
19     <p>웹 페이지에 있는 모든 HTML 요소는 사각형 형태를 가지는 박스로
         생각할 수 있다. CSS에서는 이러한 박스를 기반으로 하여 요소에
         경계선을 그릴 수 있으며 여백을 조정하여 요소를 화면에 배치할 수
         있게 한다.</p>
20 </body>
21 </html>
```

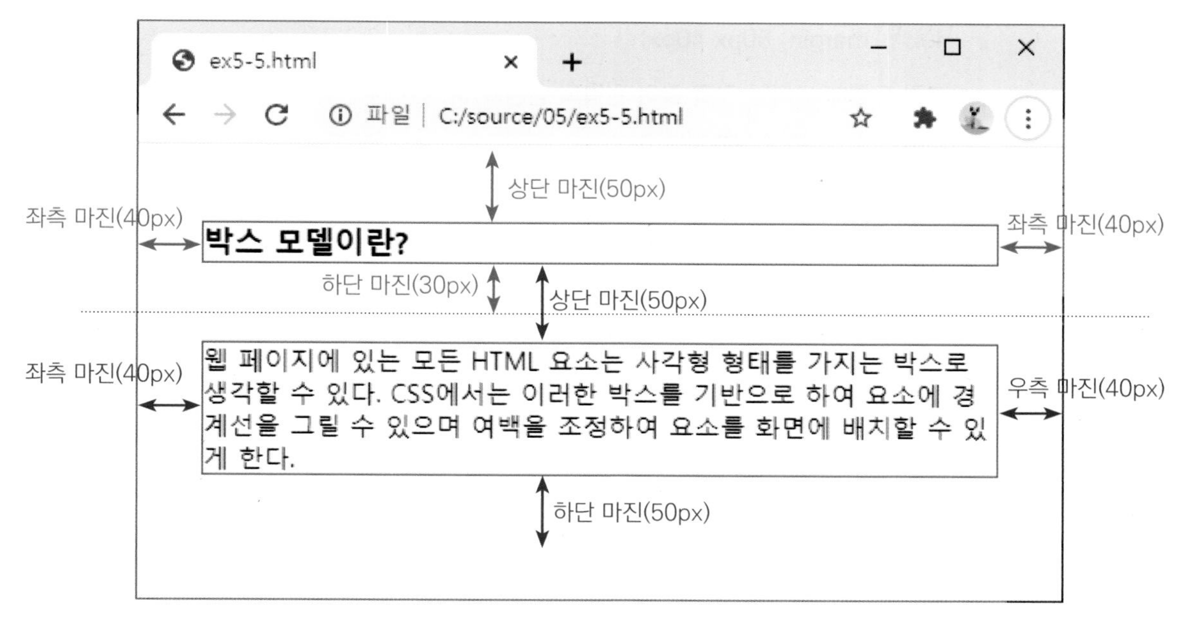

그림 5-7 ex5-5.html의 실행 결과

8행 **margin: 50px 40px 30px 40px;**

그림 5-7에 나타난 것과 같이 글 제목 '박스 모델이란?'의 상단, 우측, 하단, 좌측 마진에 각각 50, 40, 30, 40 픽셀을 설정한다.

이와 같이 margin 속성 값으로 네 개의 값이 사용된다면 다음 그림에서와 같이 마진의 적용 순서는 상단 → 우측 → 하단 → 좌측이 된다.

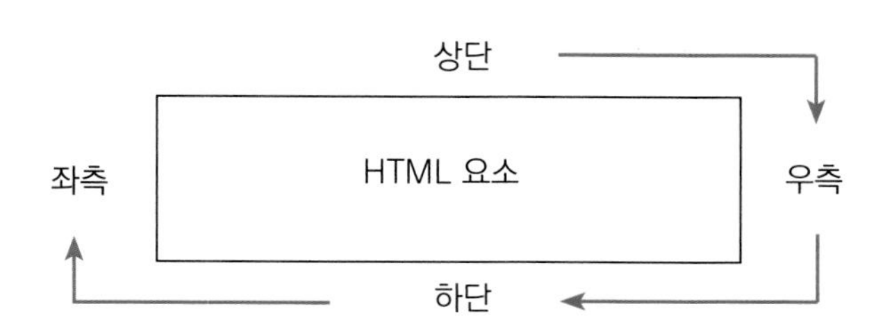

그림 5-8 margin 속성의 속성 값 적용 순서

그림 5-8은 상단부터 시계 방향으로 마진이 설정된다고 생각하면 이해하기 쉽다.

12행 **margin: 50px 40px;**

그림 5-7에 나타난 것과 같이 단락의 상단과 하단 마진에 각각 50 픽셀, 좌측과 우측 마진에는 각각 40 픽셀을 설정한다.

이와 같이 margin 속성 값이 두 개 라면 첫 번째 값은 상하단 마진, 두 번째 값은 좌우측 마진을 의미한다.

지금까지 배운 margin 속성과 속성 값을 표로 정리하면 다음과 같다.

표 5-2 margin 속성과 속성 값

속성	속성 값의 예	의미
margin	20px	상하좌우 마진을 모두 20 픽셀로 설정
margin	40px 30px 20px 10px	상단, 우측, 하단, 좌측 마진을 각각 40, 30, 20, 10 픽셀로 설정
margin	40px 20px	상하단 마진을 40 픽셀, 좌우측 마진을 20 픽셀로 설정
margin-top	50px	상단 마진을 50 픽셀로 설정
margin-bottom	50px	하단 마진을 50 픽셀로 설정
margin-left	50px	좌측 마진을 50 픽셀로 설정
margin-right	50px	우측 마진을 50 픽셀로 설정

알아두기

마진의 중복

그림 5-7의 중앙을 보면 위의 요소의 하단 마진(30px)과 아래 요소의 상단 마진(50px)이 겹쳐서 사용되고 있다. 이와 같이 마진이 중복될 때에는 큰 값을 가진 마진(50px) 하나만 적용된다.

5.3.2 패딩

마진이 경계선 외부의 간격을 설정하는 데 반하여 패딩은 경계선 내부의 간격을 조정할 때 사용된다.

다음 예제를 통하여 패딩의 사용법을 익혀보자.

예제 5-6. 패딩 사용법 ex5-6.html

```
1  <!DOCTYPE html>
2  <html>
3  <head>
4  <meta charset="utf-8">
5  <style>
6  h3 {
7      border: solid 1px green;
8  }
9  p {
10     border: solid 1px green;
11  }
12  </style>
13  </head>
14  <body>
15     <h3 style="padding: 20px;">박스 모델이란?</h3>
16     <p style="padding: 50px 40px 30px 20px;">웹 페이지에 있는 모든
           HTML 요소는 사각형 형태를 가지는 박스로 생각할 수 있다.</p>
17     <p style="padding: 30px 20px;">웹 페이지에 있는 모든 HTML 요소는
           사각형 형태를 가지는 박스로 생각할 수 있다.</p>
18  </body>
19  </html>
```

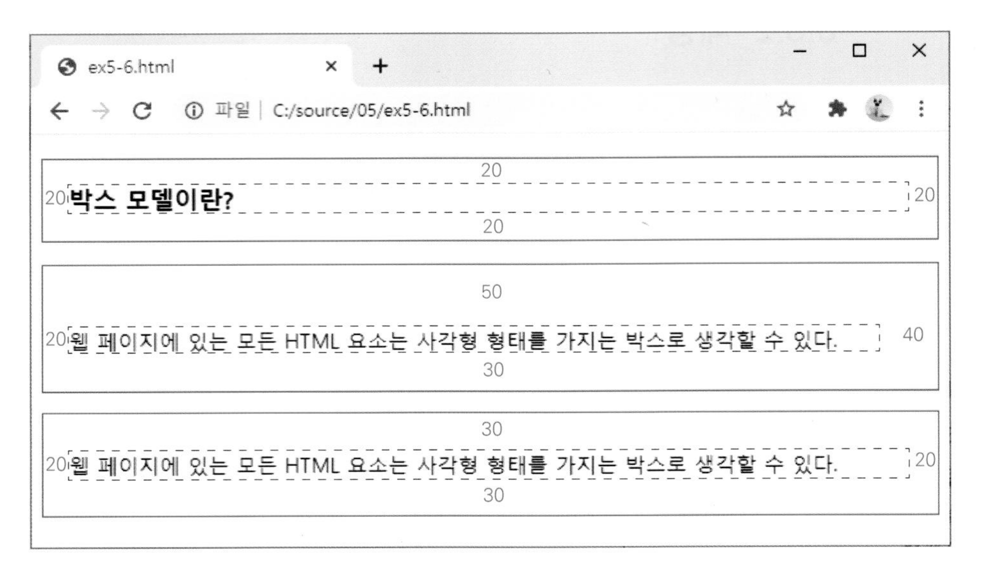

그림 5-9 ex5-6.html의 실행 결과

6~11행 경계선 그리기

그림 5-9에 나타난 것과 같이 글 제목과 단락에 각각 실선, 1픽셀 두께, 초록색 경계선을 그린다.

※ 초록색 경계선은 패딩의 설명을 위해 임시로 그려본 것이다. 실제로 HTML 요소를 화면에 배치할 때 이렇게 경계선을 그려보면서 작업하면 레이아웃이 쉬워진다.

15행 padding: 20px;

그림 5-9의 첫 번째 초록색 박스에서와 같이 상하좌우의 패딩을 20 픽셀로 설정한다.

16행 padding: 50px 40px 30px 20px;

그림 5-9의 두 번째 박스에서와 같이 상단, 우측, 하단, 좌측 패딩 값을 각각 50 픽셀, 40 픽셀, 30 픽셀, 20 픽셀로 설정한다.

※ 이러한 패딩 설정 방법은 마진의 경우와 동일하다. 167쪽의 그림 5-8을 참고하기 바란다.

17행 padding: 30px 20px;

그림 5-9의 세 번째 박스에서와 같이 상하단 패딩 값을 30 픽셀, 좌우측 패딩을 20 픽셀로 설정한다.

지금까지 배운 padding 속성과 속성 값을 표로 정리하면 다음과 같다.

표 5-3 padding 속성과 속성 값

속성	속성 값의 예	의미
padding	20px	상하좌우 패딩을 모두 20 픽셀로 설정
padding	40px 30px 20px 10px	상단, 우측, 하단, 좌측 패딩을 각각 40, 30, 20, 10 픽셀로 설정
padding	40px 20px	상하단 패딩을 40 픽셀, 좌우측 패딩을 20 픽셀로 설정
padding-top	50px	상단 패딩을 50 픽셀로 설정
padding-bottom	50px	하단 패딩을 50 픽셀로 설정
padding-left	50px	좌측 패딩을 50 픽셀로 설정
padding-right	50px	우측 패딩을 50 픽셀로 설정

위의 표 5-3 padding 속성의 사용법은 표 5-2의 margin 속성의 경우와 동일하기 때문에 쉽게 이해할 수 있을 것이다.

5.4 박스 관련 속성

지금까지 박스 모델의 세 가지 요소인 경계선, 마진, 패딩에 대해서 공부하였다. 이번 절에서는 박스의 모서리를 둥글게 하는 데 사용되는 border-radius 속성과 박스에 그림자를 넣는 데 사용되는 box-shadow 속성에 대해 알아본다.

5.4.1 둥근 모서리

다음 예제를 통하여 박스의 모서리를 둥글게 만드는 방법에 대해 알아보자.

예제 5-7. 박스 모서리 둥글게 만들기

ex5-7.html

```
1  <!DOCTYPE html>
2  <html>
3  <head>
4  <meta charset="utf-8">
5  <style>
6  p {
7      line-height: 200%;
8      padding: 30px;
9      border: solid 2px green;
10     border-radius: 20px;
11  }
12  </style>
13  </head>
14  <body>
15     <h3>박스 모델이란?</h3>
16     <p>웹 페이지에 있는 모든 HTML 요소는 사각형 형태를 가지는 박스로
          생각할 수 있다. CSS에서는 이러한 박스를 기반으로 하여 요소에
          경계선을 그릴 수 있으며 여백을 조정하여 요소를 화면에 배치할 수
          있게 한다.</p>
17  </body>
18  </html>
```

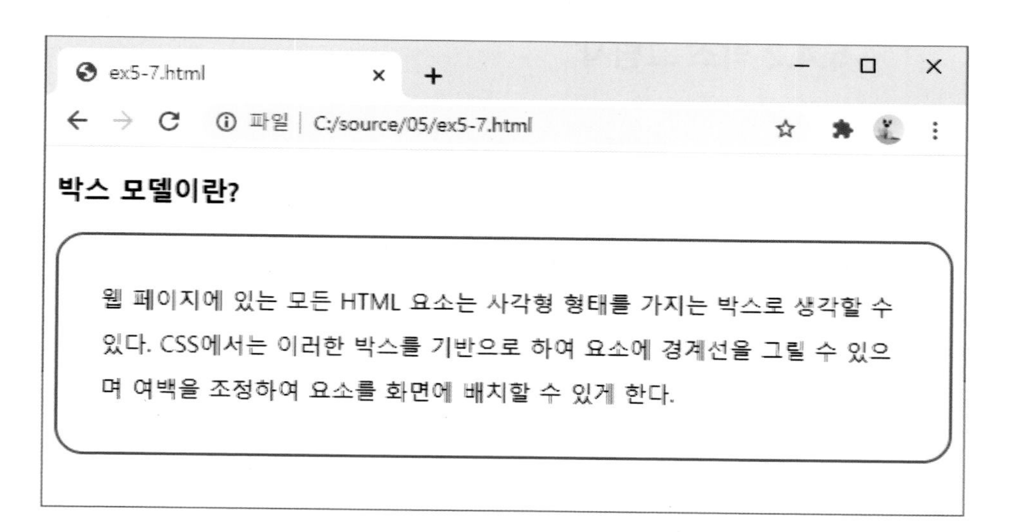

그림 5-10 ex5-7.html의 실행 결과

7행 line-height: 200%;

16행 단락의 줄 간격을 그림 5-10에 나타난 것과 같이 200%, 즉 2배로 설정한다.

8행 padding: 30px;

단락의 경계선과 글자 사이의 간격을 30 픽셀로 설정한다.

9행 border: solid 2px green;

단락의 경계선을 실선, 2 픽셀 두께, 초록색 색상으로 설정한다.

10행 border-radius: 20px;

border-radius 속성은 그림 5-10에 나타난 것과 같이 박스 모서리를 둥글게 하는 데 사용된다. 속성 값 '20px'은 모서리의 호를 원으로 하였을 때 반지름이 20 픽셀이라는 것을 의미한다. 따라서 픽셀 값이 커질 수록 모서리가 더 둥글게 된다.

5.4.2 박스 그림자

다음 예제를 통하여 박스에 그림자를 넣는 방법에 대해 알아보자.

예제 5-8. 박스 그림자 넣기

ex5-8.html

```
1  <!DOCTYPE html>
2  <html>
3  <head>
4  <meta charset="utf-8">
5  <style>
6  div {
7      width: 400px;
8      border: solid 1px black;
9      padding: 20px;
10     box-shadow: 5px 5px 10px #888888;
11 }
12 </style>
13 </head>
14 <body>
15 <div>
16     <h3>박스 모델이란?</h3>
17     <p>웹 페이지에 있는 모든 HTML 요소는 사각형 형태를 가지는 박스로
           생각할 수 있다. </p>
18 </div>
19 </body>
20 </html>
```

15~18행 <div> 태그

박스 모델에서 설명한 것과 같이 모든 HTML 요소는 박스 형태를 갖는다. <div> 태그를 이용하면 박스 자체를 만들 수 있다. 여기서 <div> 태그는 16행과 17행의 글 제목과 단락을 포함하고 있는 점에 유의하기 바란다.

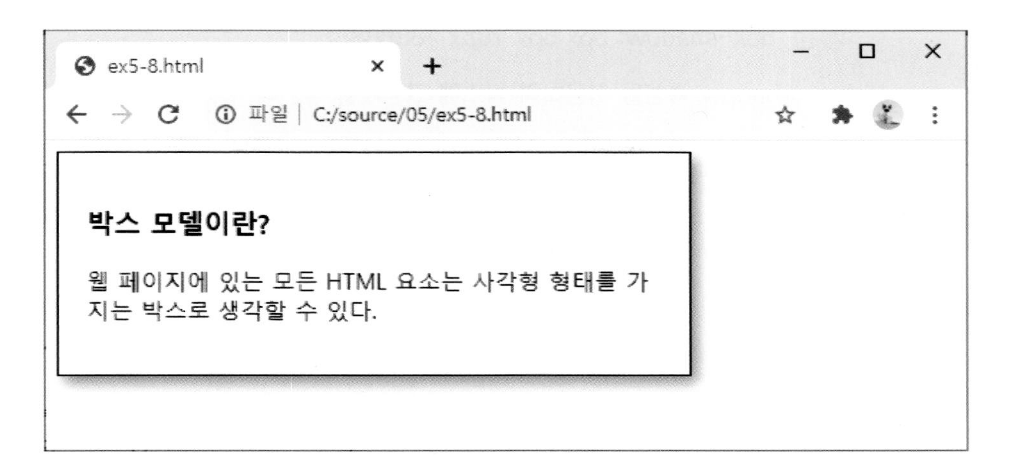

그림 5-11 ex5-8.html의 실행 결과

알아두기

〈div〉 태그란?

〈div〉 태그에서 div는 'division'(구분)의 약어이다. 〈div〉 태그는 HTML 요소들을 담는 박스와 같은 것으로 생각하면 된다. 또한 〈div〉 태그는 HTML 요소들을 웹 페이지 화면에 배치, 즉 레이아웃하는 데에 많이 사용된다.

6행 **div**

선택자 div는 15~18행의 글 제목과 단락을 포함하고 있는 〈div〉 태그 영역을 선택한다.

7행 **width: 400px;**

width 속성을 이용하여 박스의 너비를 400 픽셀로 설정한다.

8행 **border: solid 1px black;**

그림 5-11에서와 같이 1 픽셀 두께, 검정색, 실선 경계선을 그린다.

9행 **padding: 20px;**

경계선과 박스 내부 콘텐츠 사이의 간격, 즉 패딩을 20 픽셀로 설정한다.

10행 **box-shadow: 5px 5px 10px #888888;**

box-shadow 속성을 이용하여 박스에 그림자를 넣는다. box-shadow 속성의 사용법은 4장의 4.4.3절에서 배운 text-shadow 속성과 사용법이 거의 같다.

box-shadow 속성과 속성 값의 의미를 정리해보면 다음과 같다.

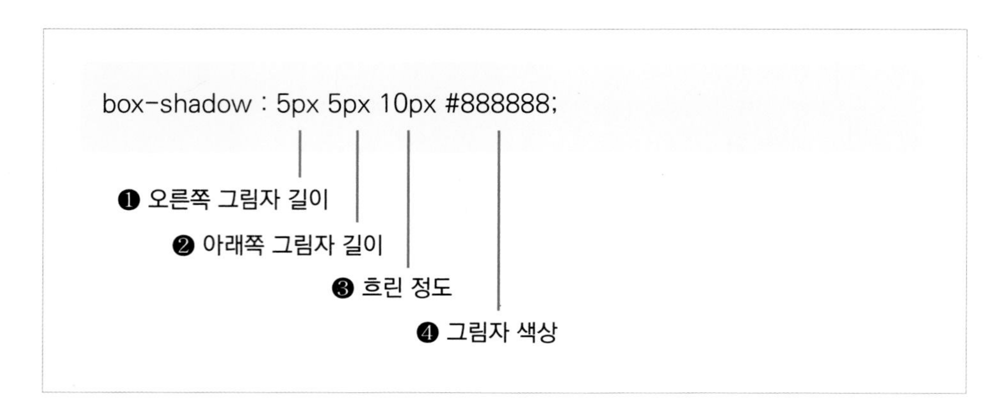

그림 5-12 box-shadow 속성 값의 의미

지금까지 배운 박스 관련 속성을 표로 정리하면 다음과 같다.

표 5-4 박스 관련 속성과 속성 값

속성	속성 값의 예	의미
border-radius	20px	박스 모서리 둥글게 하기
box-shadow	5px 5px 10px #888888	박스 그림자 넣기

PROJ 5-1

프로젝트 | 웹 소개 페이지 만들기

다음은 HTML과 CSS를 이용하여 웹 소개 페이지를 만드는 프로그램이다. 다음과 같은 실행 결과를 가져오도록 시작 파일을 텍스트 에디터로 편집하여 프로그램을 완성하시오.

◎ 브라우저 실행 결과

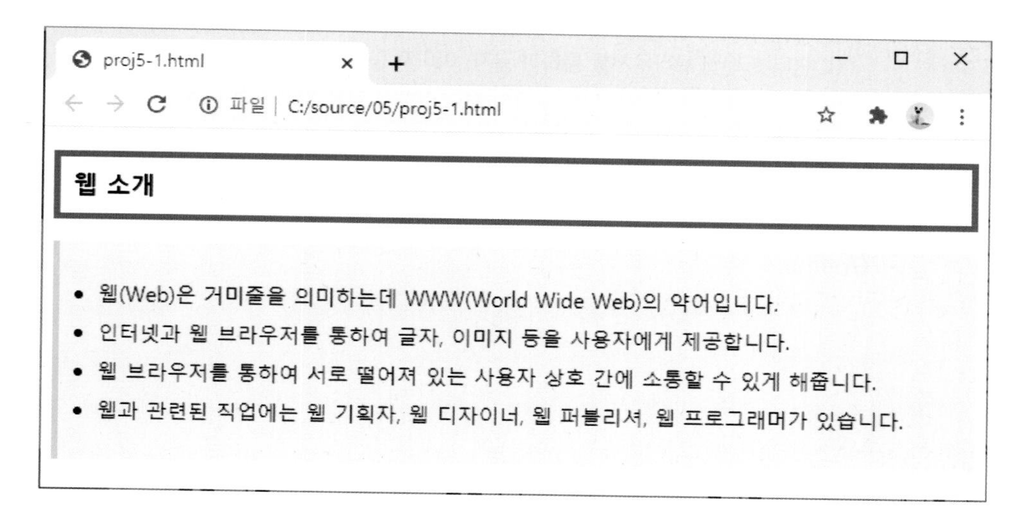

시작 파일 : proj5-1-start.html

```
<!DOCTYPE html>
<html>
<head>
<meta charset="utf-8">
<style>
h3 {
        ____________: ______ 5px green;        /* 경계선 */
        ____________: 10px;                    /* 패딩 */
}
```

```
ul {
        ____________: solid 5px ________;       /* 좌측 경계선 */
        ____________: 20px 30px 30px 30px;      /* 패딩 */
        ____________: #eeeeee;                  /* 배경 색상 */
}
li {
        ____________: 10px;                     /* 상단 마진 */
}
</style>
</head>
<body>
  <h3>웹 소개</h3>
  <ul>
  <li>웹(Web)은 거미줄을 의미하는데 WWW(World Wide Web)의 약어입니다.</li>
  <li>인터넷과 웹 브라우저를 통하여 글자, 이미지 등을 사용자에게 제공합니다.</li>
  <li>웹 브라우저를 통하여 서로 떨어져 있는 사용자 상호 간에 소통할 수 있게 해줍니다.</li>
  <li>웹과 관련된 직업에는 웹 기획자, 웹 디자이너, 웹 퍼블리셔, 웹 프로그래머가 있습니다.
     </li>
  </ul>
</body>
</html>
```

PROJ 5-2

프로젝트 | HTML/CSS 강좌 배너 만들기

다음은 HTML과 CSS를 이용하여 HTML/CSS 강좌 배너를 만드는 프로그램이다. 다음과 같은 실행 결과를 가져오도록 시작 파일을 텍스트 에디터로 편집하여 프로그램을 완성하시오.

◎ 브라우저 실행 결과

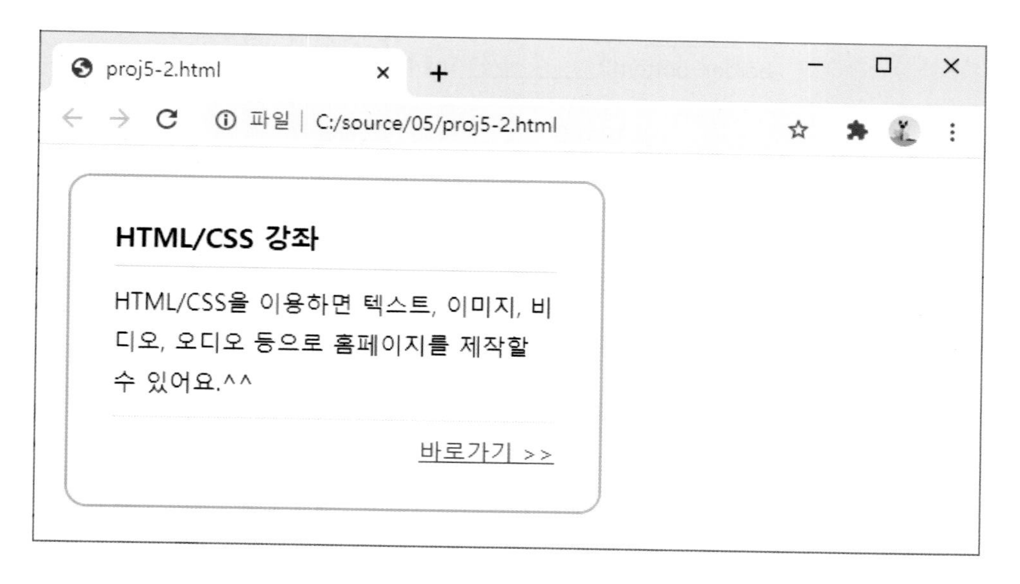

시작 파일 : proj5-2-start.html

```
<!DOCTYPE html>
<html>
<head>
<meta charset="utf-8">
<style>
* {
        __________: 0;                    /* 마진 초기화 */
}
```

```
div {
            __________: 300px;                    /* 너비 */
            __________: solid 2px #aaaaaa;        /* 경계선 */
            __________: 30px;                             /* 패딩 */
            __________: 15px;                             /* 박스 모서리 */
            __________: 20px 0 0 20px;            /* 마진 */
}
h3 {
            __________: solid 1px #cccccc;        /* 하단 경계선 */
            __________: 8px;                      /* 하단 패딩 */
}
p {
            __________: 180%;                           /* 줄 간격 */
            border-bottom: __________ 1px #cccccc;  /* 하단 점선
                                                        경계선 */
            __________: 10px 0;                 /* 패딩 */
}
h4 {
            __________: right;                          /* 우측 정렬 */
            font-weight: __________;            /* 글자 기본 굵기 */
            __________: 10px;                           /* 상단 마진 */
}
a:hover {                               /* 마우스 포인터를 올렸을 때 */
            color: orange;
}
</style>
</head>
<body>
    <div>
            <h3>HTML/CSS 강좌</h3>
            <p>HTML/CSS을 이용하면 텍스트, 이미지, 비디오, 오디오 등
              으로 홈페이지를 제작할 수 있어요.^^</p>
            <h4><a href="#">바로가기 &gt;&gt;</a></h4>
    </div>
</body>
</html>
```

PROJ 5-3 프로젝트 | 우대 정보 페이지 만들기

다음은 HTML과 CSS를 이용하여 우대 정보 페이지를 만드는 프로그램이다. 다음과 같은 실행 결과를 가져오도록 시작 파일을 텍스트 에디터로 편집하여 프로그램을 완성하시오.

◎ 브라우저 실행 결과

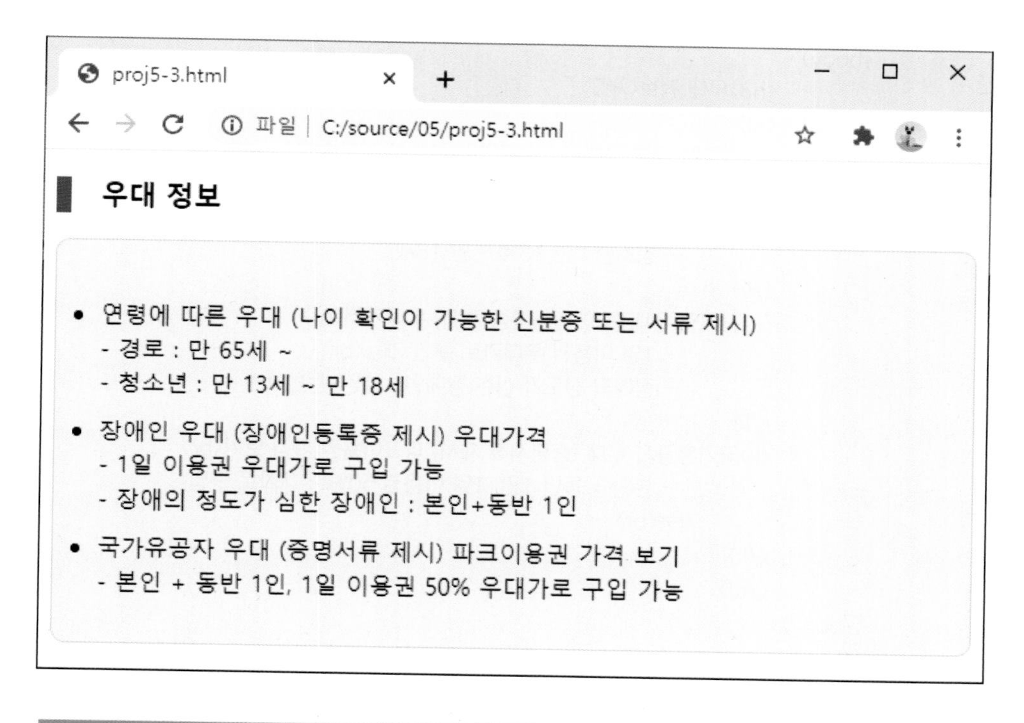

시작 파일 : proj5-3-start.html

```
<!DOCTYPE html>
<html>
<head>
<meta charset="utf-8">
<style>
h3 {
        border-left: solid ______ green;    /* 좌측 경계선 */
        padding-left: ______;               /* 좌측 패딩 */
}
```

```
ul {
        border: solid 1px ____________;          /* 경계선 */
        ____________: 20px 30px 30px 30px;    /* 패딩 */
        background-color: ____________;          /* 배경 색상 */
        padding: ____________;                   /* 패딩 */
        border-radius: ____________;             /* 모서리 둥글게 */
}
li {
        margin-top: ______;              /* 상단 마진 */
        line-height: ______;             /* 줄 간격 */
}
</style>
</head>
<body>
        <h3>우대 정보</h3>
        <ul>
        <li>연령에 따른 우대 (나이 확인이 가능한 신분증 또는 서류
         제시)<br>
                - 경로 : 만 65세 ~<br>
                - 청소년 : 만 13세 ~ 만 18세
        </li>
        <li>장애인 우대 (장애인등록증 제시) 우대가격<br>
                - 1일 이용권 우대가로 구입 가능<br>
                - 장애의 정도가 심한 장애인 : 본인+동반 1인
        </li>
        <li>국가유공자 우대 (증명서류 제시) 파크이용권 가격 보기<br>
                - 본인 + 동반 1인, 1일 이용권 50% 우대가로 구입
            가능<br>
        </li>
        </ul>
</body>
</html>
```

연습문제 5장. 박스 모델

1. 박스 모델을 HTML 요소를 중심으로 그림을 그려 설명하시오.

2. 하단 경계선을 그리는 데 사용되는 CSS 속성은?

3. 좌측 경계선을 그리는 데 사용되는 CSS 속성은?

4. border 속성으로 파선을 그리는 데 사용되는 속성 값은?

5. 10 픽셀 두께의 파란색 점선을 만드는 데 사용되는 CSS 명령은?

6. 마진과 패딩의 차이점을 설명하시오.

7. 마진을 설정하는 CSS 명령 'margin: 50px 40px 30px 30px;'의 의미를 기술하시오.

8. 웹 페이지를 제작할 때 '* { margin: 0; }'에서와 같이 마진을 초기화하는 이유에 대해 설명하시오.

9. 하단 패딩을 설정할 때 사용되는 CSS 속성은?

10. 상단 패딩을 30 픽셀로 설정하는 CSS 명령은?

11. CSS 명령 'padding: 50px 30px;'의 의미를 기술하시오.

12. 두 HTML 요소의 마진이 서로 중복될 때는 어떤 결과가 발생하는가?

13. 박스의 모서리를 둥글게 만드는 데 사용되는 속성은?

14. CSS 명령 'box-shadow : 5px 5px 10px #888888;'의 의미를 기술하시오.

CHAPTER 06

CSS 선택자

CSS 선택자는 CSS로 꾸밀 영역을 선택하는 역할을 수행한다. 선택자 중에서 일반적으로 많이 사용되는 것은 전체 선택자, 태그 선택자, 그룹 선택자, 아이디 선택자, 클래스 선택자, 하위 선택자이다. 6장에서는 다양한 예제 실습을 통하여 각 선택자의 사용법을 익힌다. 또한 고양이 프로필, 해수욕장 안내, 책 홍보 페이지 만들기 등의 프로젝트를 통해 선택자를 적절하게 활용할 수 있는 방법을 배운다.

6.1 선택자란?

CSS 선택자(Selector)는 CSS로 꾸미고자 하는 HTML의 영역을 선택하는 데 사용된다. 5장까지의 CSS 실습에서는 HTML 태그 이름을 선택자로 사용하였다. CSS에서는 이것을 태그 선택자(Tag Selector)라고 한다. 6.2절에서는 이 태그 선택자의 사용법에 대해 좀 더 자세히 알아본다.

또한 태그 선택자 외에 실제 웹 페이지 제작에서 사용 빈도가 높은 다른 선택자들에 대해서도 배운다.

그림 6-1 CSS 선택자

위의 그림 6-1에 나타난 것과 같이 선택자는 CSS의 구조에서 제일 앞에 위치하여 CSS로 꾸밀 HTML의 영역을 선택하게 된다. 이렇게 선택된 영역에 CSS 명령들이 적용된다.

일반적으로 웹 페이지 제작에 많이 사용되는 주요한 선택자를 표로 정리하면 다음과 같다.

표 6-1 CSS 선택자의 종류

선택자	사용 예	의미	책의 설명
전체 선택자	*	HTML 요소 전체 선택	6.2.1절
태그 선택자	p	〈p〉 태그의 영역 선택	6.2.2절
그룹 선택자	p, h3	〈p〉태그와 〈h3〉 태그의 영역 선택	6.2.3절
아이디 선택자	#title	아이디 title로 지정된 영역 선택	6.3절
클래스 선택자	.red_bold	클래스 red_bold로 지정된 영역 선택	6.4절
하위 선택자	div p	〈div〉 태그 하위의 모든 〈p〉 태그의 영역 선택	6.5절

다음 절부터 표 6-1에 나타나 있는 선택자들의 사용법에 대해 하나씩 알아보도록 하자.

6.2 선택자의 기본

이번 절에서는 CSS의 선택자 중에서 가장 기본이 되는 전체 선택자, 태그 선택자, 그룹 선택자에 대해 알아본다.

6.2.1 전체 선택자

전체 선택자는 웹 페이지 내에 있는 전체 HTML 요소 전체를 선택하는 데 사용된다. 다음 예제를 통하여 전체 선택자의 사용법을 익혀보자.

예제 6-1. 전체 선택자

ex6-1.html

```
1  <!DOCTYPE html>
2  <html>
3  <head>
4  <meta charset="utf-8">
5  <style>
6  * {
7      color: green;
8      margin: 0;
9      padding: 0;
10 }
11 </style>
12 </head>
13 <body>
14     <h3>요리의 사전적 의미</h3>
15     <p>1. 여러 조리 과정을 거쳐 음식을 만듦. 또는 그 음식. 주로 가열한 것을
           이른다.<br>
16         2. 어떤 대상을 능숙하게 처리함을 속되게 이르는 말.</p>
17 </body>
18 </html>
```

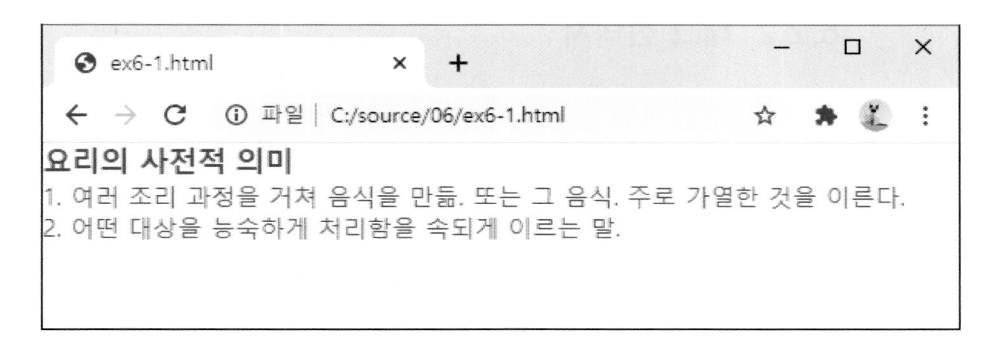

그림 6-2 ex6-1.html의 실행 결과

6행 전체 선택자 : *

6행의 *를 전체 선택자라고 부른다. 전체 선택자는 HTML 문서 내에 있는 모든 HTML 요소를 선택할 때 사용된다.

7행 color: green;

웹 페이지 내에 있는 HTML 요소, 즉 〈body〉, 〈h3〉, 〈p〉 태그 요소의 영역에 있는 글자를 초록색으로 설정한다. 이 결과가 그림 6-2에 나타난 초록색 글자들이다.

8,9행 margin: 0; padding: 0;

웹 페이지 내에 있는 모든 HTML 요소의 마진과 패딩 값을 전부 0으로 초기화한다. 그림 6-2를 보면 HTML에서 기본적으로 부여된 마진과 패딩이 전부 삭제되어 글 제목과 단락 등의 요소가 서로 붙어있는 것을 확인할 수 있다.

6.2.2 태그 선택자

태그 선택자(Tag Selector)는 지금까지 CSS 부분의 실습에서 사용해 온 선택자이다. 태그 선택자는 CSS로 꾸미고자 하는 태그의 영역을 선택하는 데 사용된다.

다음 예제를 통하여 태그 선택자의 사용법에 대해 좀 더 자세히 알아보자.

예제 6-2. 태그 선택자 ex6-2.html

```
1  <!DOCTYPE html>
2  <html>
3  <head>
4  <meta charset="utf-8">
5  <style>
6  body { font-family: "돋움"; color: #444444; }
7  h1 { text-decoration: underline; color: green; }
8  h3 { font-size: 25px; font-style : italic; margin-top: 30px; }
9  p { line-height: 150%; font-size: 18px; }
10  span { font-weight: bold; color: red; }
11  </style>
12  </head>
13  <body>
14     <h1>요리의 방법</h1>
15
16     <h3>끓이기</h3>
17     <p>식품에 물을 가하여 100℃의 온도에서 <span>끓이는 조리
         방법</span>이다. 국, 찌개 등을 만드는 방법으로 열을 가하여 조리를
        한다. 곡류는 물과 함께 가열하면 녹말이 팽창하고 끈기 있는 상태가
        된다.</p>
18
19     <h3>튀기기</h3>
20     <p>튀기기는 맛이 담백한 생선,새우, 채소 등에 많이 쓰이는 조리 방법으로
          <span>끓는 기름 속에서 식품을 가열</span>하는 방법이다. </p>
21  </body>
22  </html>
```

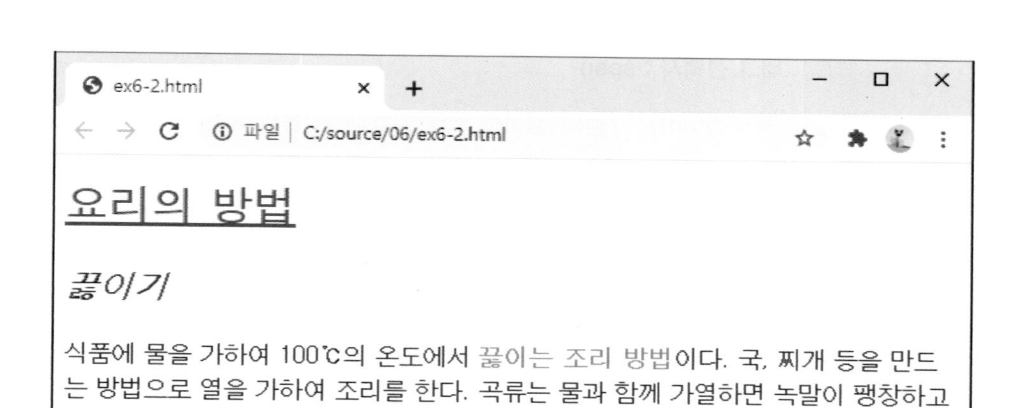

그림 6-3 ex6-2.html의 실행 결과

6행 **태그 선택자 : body**

태그 선택자 body는 〈body〉 태그의 영역, 즉 웹 페이지 전체를 선택하게 된다. 전체 페이지에서 사용할 폰트를 '돋움'으로 하고 글자 색상을 짙은 회색(#444444)으로 설정한다.

7행 **태그 선택자 : h1**

태그 선택자 h1은 14행의 글 제목 '요리의 방법'을 선택한다. 그림 6-3에 나타난 것과 같이 글자에 밑줄을 그리고, 글자 색상을 초록색으로 설정한다.

8행 **태그 선택자 : h3**

태그 선택자 h3는 16행과 19행의 글 제목 '끓이기'와 '튀기기'를 선택한다. 글자 크기를 25 픽셀, 글자 스타일을 이탤릭체, 상단 마진을 30 픽셀로 설정한다.

9행 **태그 선택자 : p**

태그 선택자 p는 17행과 20행의 단락을 선택한다. 줄 간격을 150%, 글자 크기를 18 픽셀로 설정한다.

10행 태그 선택자 : span

태그 선택자 span은 17행의 '끓이는 조리 방법'과 20행의 '끓는 기름 속에서 식품을 가열' 글자를 선택한다. 글자 두께를 두껍게 하고, 글자 색상을 빨간색으로 설정한다.

6.2.3 그룹 선택자

그룹 선택자(Group Selector)는 여러 선택자를 그룹으로 묶는 데 사용된다. 그룹 선택자에서 각 선택자는 콤마(,)로 구분된다.

다음 예제를 통하여 그룹 선택자의 사용법을 익혀보자.

예제 6-3. 그룹 선택자 ex6-3.html

```
1  <!DOCTYPE html>
2  <html>
3  <head>
4  <meta charset="utf-8">
5  <style>
6  h2, h3 { text-align: center; }
7  p, ul { font-size: 17px; }
8  p {line-height: 150%; }
9  </style>
10  </head>
11  <body>
12     <h2>로이터 사진전</h2>
13     <h3>세상의 드라마를 기록하다</h3>
14     <p>세계 3대 통신사 중 하나인 로이터통신사의 주요 사진 작품을 소개하는
         사진전을 예술의 전당 한가람 미술관에서 개최한다. 로이터 본사의
        협조로 이루어진 이번 전시는 로이터 소속 기자가 엄선한 400점을
        국내에서 선보이는 전시이다.</p>
```

```
15      <ul>
16      <li>장소 : 예술의 전당 미술관</li>
17      <li>기간 : 2023.3 ~ 2023.5</li>
18      <li>입장료 : 13,000원</li>
19      </ul>
20  </body>
21  </html>
```

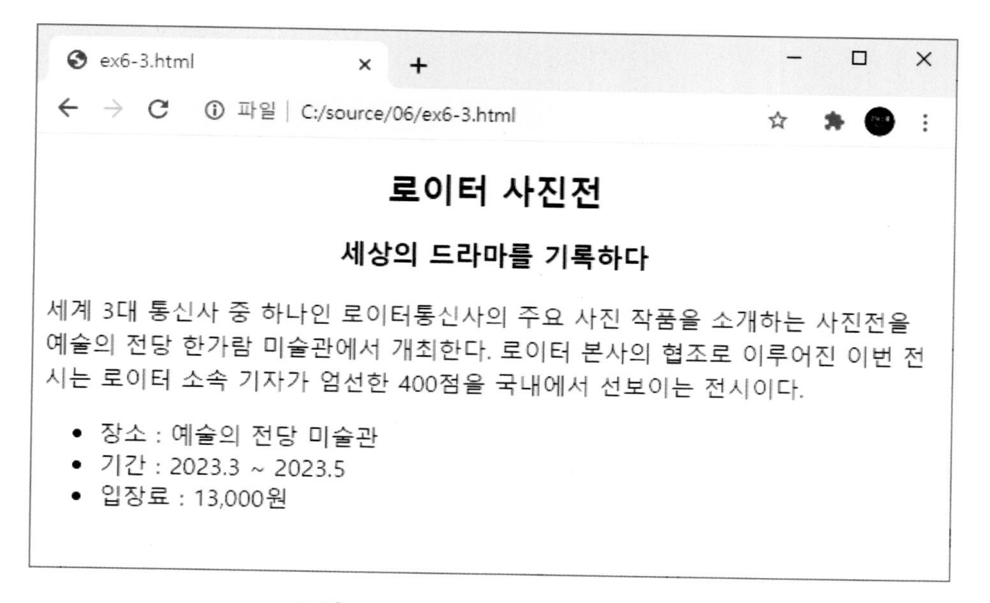

그림 6-4 ex6-3.html의 실행 결과

6행 그룹 선택자 : h2, h3

그룹 선택자 'h2, h3'는 선택자 h2와 선택자 h3를 그룹으로 동시에 선택한다. 그룹 선택자에서 사용되는 콤마(,)는 각 선택자를 구분하는 기호이다.

그룹으로 선택된 12행과 13행의 글 제목은 6행에 있는 'text-align:center'의 CSS 명령에 의해 글자들이 중앙에 정렬된다. 이 결과가 그림 6-4의 상단 중앙에 정렬된 두 개의 글 제목이다.

이와 같이 그룹 선택자를 이용하면 두 개 이상 선택자의 영역에 대해 동일한 CSS 명령을 각 영역에 적용할 수 있게 된다.

7행 그룹 선택자 : p, ul

그룹 선택자 'p, ul'은 14행의 단락과 15~19행의 목록을 선택한다. 'font-size:17px'에 의해 단락과 목록 내의 글자 크기가 17 픽셀로 설정된다.

6.3 아이디 선택자

아이디 선택자(ID Selector)는 웹 페이지에서 특정 영역 하나를 선택하여 CSS로 꾸미고자 할때 사용된다. 아이디는 홈페이지에서 회원 가입할 때 사용하는 아이디와 같이 유일무이한 하나의 영역을 설정할 때 사용한다.

다음 예제를 통하여 아이디 선택자의 사용법에 대해 알아보자.

예제 6-4. 아이디 선택자 ex6-4.html

```
1  <!DOCTYPE html>
2  <html>
3  <head>
4  <meta charset="utf-8">
5  <style>
6  #intro {
7     width: 120px;
8     background-color: green;
9     color: white;
10    padding: 10px 20px;
11    box-shadow: 3px 3px 10px #888888;
12 }
13 #p1 {
14    line-height: 150%;
15 }
16 #p2 {
17    border: solid 1px #cccccc;
18    padding: 20px;
19    line-height: 200%;
20 }
21 </style>
22 </head>
```

```
23  <body>
24     <h3 id="intro">테마가든 안내</h3>
25     <p id="p1">복잡한 도심에서 여유로운 휴식을 즐길 수 있는 나만의 공간,
        따뜻한 시골 고향의 정서를 듬뿍 담은 유실수로 조성된 고향정원, 동물의
       보금자리로 조성된 어린이 동물원을 관람할 수 있는 테마가든에서
       사랑하는 연인과 가족, 친구와 멋진 추억을 만들어 보세요.</p>
26
27     <h3>관람 안내</h3>
28     <p id="p2">- 이용료 : 무료 입장<br>
29                - 볼거리 : 장미 축제, 주제 정원, 이벤트 정원, 동물과 놀아주기
<br>
30                - 이용시간 : 10:00 ~ 17:00</p>
31  </body>
32  </html>
```

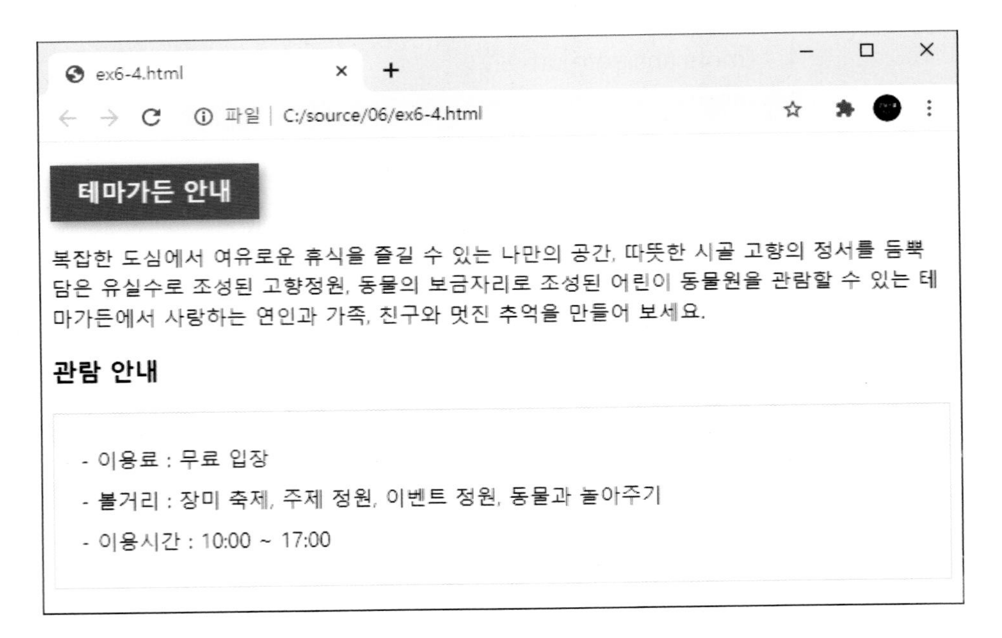

그림 6-5 ex6-4.html의 실행 결과

24행 아이디 지정 : id="intro"

24행의 <h3>의 요소, 즉 '테마가든 안내'에 대해 CSS를 이용하여 그림 6-4의 '테마가든 안내'와 같이 초록색 박스 형태로 꾸미고자 한다. CSS로 이것을 꾸미기에 앞서 이 요소을 다른 요소들과 분리하기 위해 특별한 이름을 붙여 이 영역을 지정할 필요가 있다. 이때 사용하는 것이 아이디이다.

이와 같이 아이디는 HTML 문서에서 하나의 특정 요소를 특별하게 지정하는 데 사용된다. 이러한 목적으로 사용되는 것이 HTML의 속성인 id이다. 24행의 <h3> 태그에 속성 id와 값 'intro'를 이용하여 이 영역을 특별 영역, 즉 아이디로 지정한다.

> 알아두기
>
> **id 속성이란?**
>
> HTML 태그의 속성 id는 HTML의 특정 요소를 지정하기 위해 사용된다. 이렇게 아이디로 지정된 HTML 요소는 필요에 따라 CSS나 자바스크립트 등의 컴퓨터 언어를 사용하여 처리된다.

6행 아이디 선택자 : #intro

24행에서 지정한 아이디 intro의 영역을 선택하는 것이 바로 아이디 선택자이다. 아이디 선택자는 해당 아이디 이름 앞에 샵(#) 기호를 붙여 사용한다.

6행의 아이디 선택자 #intro에 의해 선택된 영역에 대해 7~11행에 있는 너비(width:120px), 배경 색상(background-color:green), 글자 색상(color:white), 패딩(padding:10px 20px)의 설정과 그림자(box-shadow:3px 3px #888888) 넣기 등이 수행된다.

이 결과 그림 6-5의 제일 위에 있는 초록색 박스의 '테마가든 안내'의 글 제목이 만들어진다.

25행 아이디 지정 : id="p1"

25행의 〈p〉 태그, 즉 단락은 id 속성과 값 'p1'에 의해 아이디 p1으로 지정된다.

13행 아이디 선택자 : #p1

아이디 선택자 #p1은 25행의 아이디 p1의 영역을 선택한다. 선택된 영역에 대해 줄 간격(line-height:150%)을 150%로 설정한다.

28행 아이디 지정 : id="p2"

28~30행의 단락은 id 속성과 값 'p2'에 의해 아이디 p2로 지정된다.

16행 아이디 선택자 : #p2

아이디 선택자 #p2은 28~30행의 아이디 p2의 영역을 선택한다. 여기에 17~19행의 CSS 명령들, 즉 경계선 그리기(실선, 1 픽셀, 옅은 회색), 패딩(20 픽셀) 설정, 줄 간격(200%) 설정이 적용된다.

6.4 클래스 선택자

클래스 선택자(Class Selector)는 웹 페이지에서 두 군데 이상의 특정 영역을 선택하여 CSS로 꾸미고자 할때 사용된다. 아이디 선택자가 하나의 특정 영역을 선택하는 데 반하여 클래스 선택자는 여러 군데의 영역을 선택할 수 있다.

다음 예제에서는 캠핑장 안내 페이지를 만드는 데 클래스 선택자를 이용하고 있다.

예제 6-5. 클래스 선택자 ex6-5.html

```
1   <!DOCTYPE html>
2   <html>
3   <head>
4   <meta charset="utf-8">
5   <style>
6   .green_bold {
7       color: green;
8       font-weight: bold;
9   }
10  .red_underline {
11      color: red;
12      text-decoration: underline;
13  }
14  p {
15      line-height: 180%;
16  }
17  </style>
18  </head>
19  <body>
20      <h1>수지 캠핑장</h1>
21      <p>용인시 수지구에 위치한 수지 캠핑장은 <span class="green_bold">
        광교산 맑은 계곡물과 울창한 산림</span>에서 나오는 상쾌한 공기가
        피부에 전해지는 공간으로 <span class="green_bold">야영 및 취사,
        레크레이션, 피크닉</span> 등을 즐기실 수 있습니다. </p>
22
```

```
23      <h3>캠핑장 7월 이용 예약안내</h3>
24      <p>캠핑장 예약은 <span class="red_underline">6월25일 오후 2시부터
          예약 가능</span>합니다.<br>
25              <span class="red_underline">예약 후 2시간 이내에 결제를
                 완료</span>하셔야 합니다. 2시간이 지나면 예약이 자동
                 취소 됩니다.
26              주말 이용시 캠핑장 진입로 정체가 심합니다.</p>
27      <ul>
28      <li>자세한 내용은 캠핑장 예약 페이지를 참고하여 주시기 바랍니다.</li>
29      <li><span class="red_underline">매주 월요일은 휴장</span>입니다.
            </li>
30      <li>문의전화 : 031-123-1234</li>
31      </ul>
32   </body>
33   </html>
```

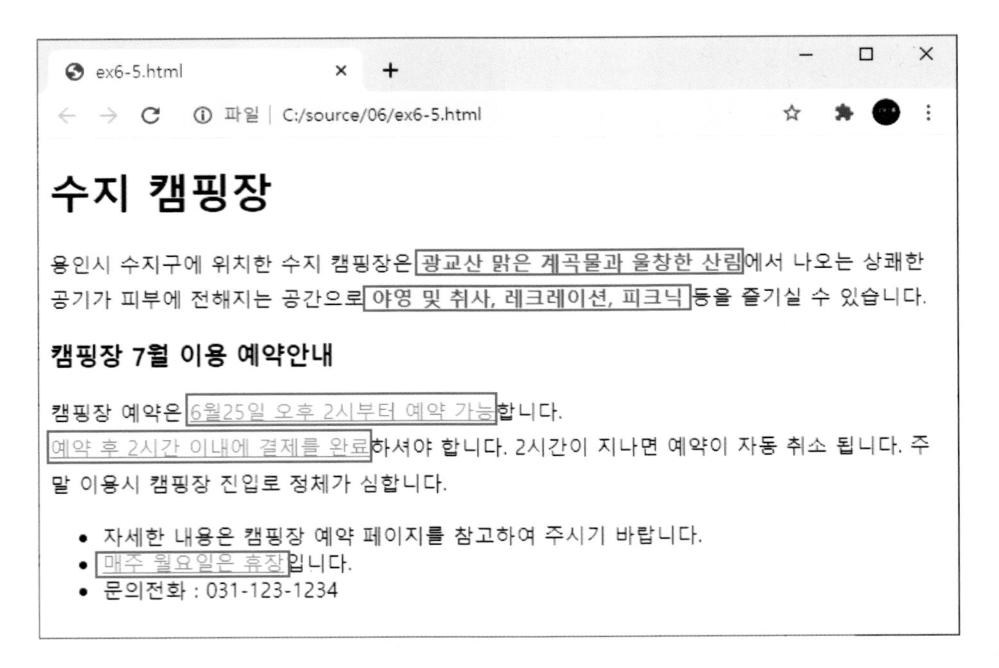

그림 6-6 ex6-5.html의 실행 결과

21행 클래스 영역 지정 : class="green_bold"

그림 6-6을 보면 '광교산 ... 울창한 산림'과 '야영 .... 피크닉'의 글자 두 군데가 초록색의 볼드체로 되어 있다. 이 두 글자의 영역을 지정하기 위해서 21행의 class 속성과 값 'green_bold'이 사용된다. 이 두 군데 글자의 영역을 지칭하는 것이 클래스 green_bold 이다.

이와 같이 클래스는 HTML 문서에서 class 속성을 이용하여 두 군데 이상의 영역을 지정하는 데 사용된다.

알아두기

class 속성이란?

HTML 태그의 속성 class는 HTML의 두 군데 이상의 요소를 지정하는 데 사용된다. 이렇게 클래스로 지정된 HTML 요소는 아이디의 경우에서와 마찬가지로 필요에 따라 CSS나 자바스크립트 등에 의해 처리된다.

6행 클래스 선택자 : .green_bold

클래스 선택자 .green_bold는 21행에서 지정한 클래스 green_bold의 영역을 선택한다. .green_bold에서와 같이 클래스 선택자에는 해당 클래스 이름 앞에 점(.) 기호를 붙인다.

클래스 선택자 .red_bold에 의해 선택된 영역에 대해 7행과 8행의 CSS 명령으로 글자 색상을 초록색(color: green), 글자를 볼드체(font-weight:bold)로 설정한다.

이렇게 된 결과가 그림 6-6의 상단 부분에 나타난 두 군데의 초록색 볼드체 글자이다.

24,25,29행 **클래스 지정 : class="red_underline"**

〈span〉 태그의 영역에 클래스 red_underline을 지정한다.

10행 **클래스 선택자 : .red_underline**

클래스 선택자 .red_underline은 24,25,29행에서 정의한 클래스 red_underline을 선택한다.

이 세 군데 영역에 대해 글자 색상을 빨간색(color:red)으로 설정하고 글자에 밑줄(text-decoration:underline)을 그리게 된다. 이것의 결과가 그림 6-6 하단에 나타난 빨간색 밑줄 쳐진 글자들이다.

알아두기

아이디 선택자와 클래스 선택자의 차이점

아이디는 웹 페이지의 유일무이한 단일 요소의 영역을 지정하는 데 사용되고, 클래스는 두 군데 이상의 영역을 지정하는 데 사용된다.

아이디 선택자와 클래스 선택자는 각각 해당 아이디와 클래스의 영역을 선택하는 데 사용된다. 아이디 선택자 앞에는 샵(#)이 붙고, 클래스 선택자 앞에는 점(.)이 붙는다.

6.5 하위 선택자

하위 선택자(Descendant Selector)는 특정 요소의 하위에 있는 요소들을 선택한다. 하위 선택자를 사용하면 HTML 태그의 선택자의 개수를 상당 부분 줄일 수 있어 CSS 코드가 간결해지고 가독성이 좋아진다. 이번 절을 통하여 하위 선택자의 개념을 이해하고 사용법을 익혀보자.

다음의 예제에서는 식물원 소개 페이지를 만드는 데 하위 선택자의 개념을 적용한다. 이렇게 함으로써 프로그램에서 CSS 코드 부분이 간결해진다.

예제 6-6. 하위 선택자

ex6-6.html

```
1  <!DOCTYPE html>
2  <html>
3  <head>
4  <meta charset="utf-8">
5  <style>
6  #main h3 {
7     border-left: solid 8px orange;
8     padding-left: 20px;
9  }
10 #main p {
11    line-height: 180%;
12 }
13 #main span {
14    font-weight: bold;
15 }
16 #intro {
17    border: solid 1px green;
18    padding : 20px;
19    margin-top: 30px;
20    border-radius: 15px;
21 }
```

```
22  #intro h3 {
23      border-bottom: dotted 1px #cccccc;
24      padding-bottom: 5px;
25  }
26  #intro span {
27      font-weight: bold;
28      color: red;
29  }
30  </style>
31  </head>
32  <body>
33      <div id="main">
34          <h3>봄빛 식물원</h3>
35          <p>봄빛 식물원은 울창한 숲으로 둘러싸인 <span>삼각산 자락에
              위치</span>하고 있으며, 2,000종의 다양한 식물이 전시되고
              있습니다.</p>
36      </div>
37
38      <div id="intro">
39          <h3>식물원 관람 안내</h3>
40          <p>- 방문 1일전날까지 인터넷으로 예약해야 합니다.<br>
41               - 입장료 : 10,000원<br>
42              - 동절기인 <span>12월1일부터는 15:00에
                  폐장</span>합니다.</p>
43          <h3>식물원 이용시간</h3>
44          <p>- 야외 식물원 : 9:00 ~ 19:00<br>
45               - 온실 식물원 : 9:00 ~ 17:00<br>
46               - 문의전화 : 031-123-1234<br>
47             ※ <span>일과 시간 외에는 홈페이지 게시판에 문의</span>해
              주세요.</p>
48      </div>
49  </body>
50  </html>
```

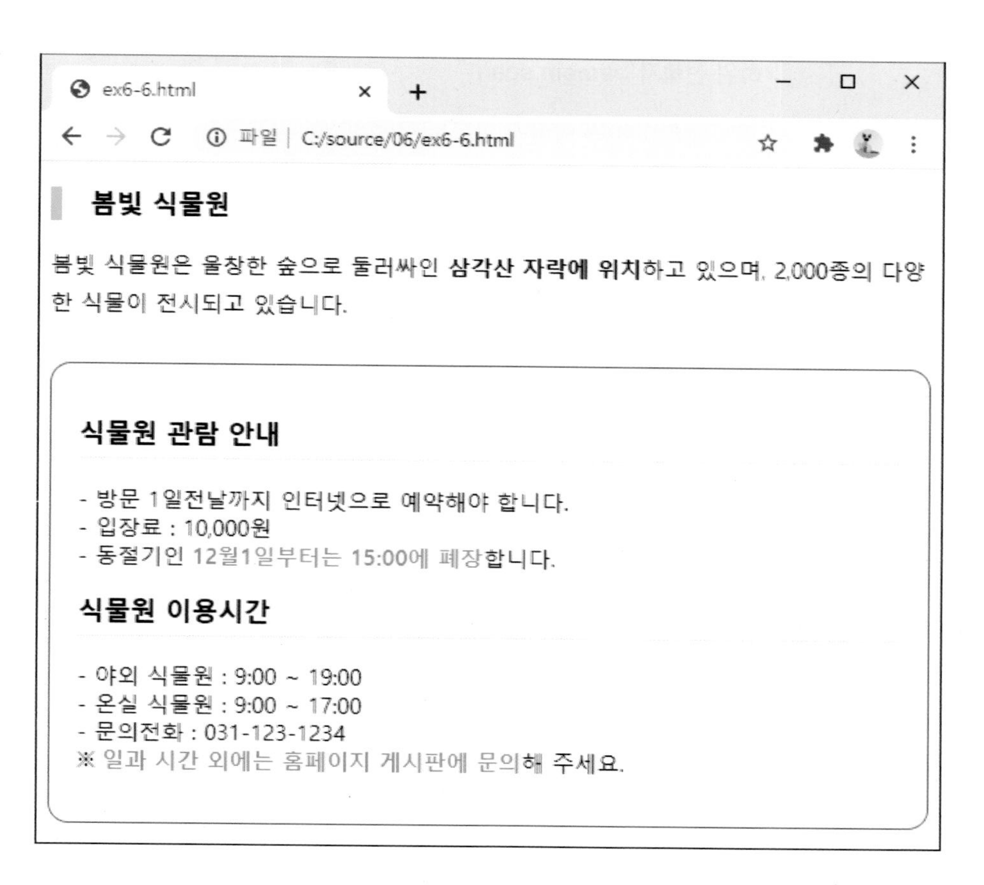

그림 6-7 ex6-6.html의 실행 결과

6행 하위 선택자 : #main h3

아이디 선택자 #main(33~36행의 아이디 main)의 하위에 있는 선택자 h3(34행의 <h3> 태그)의 영역, 즉 글 제목 '봄빛 식물원'을 선택한다.

7행(border-left:solid 8px orange)과 8행(padding-left:20px)에 의해 그림 6-7에 나타난 글 제목 '봄빛 식물원' 좌측에 오렌지색 바를 만든다.

10행 하위 선택자 : #main p

아이디 선택자 #main의 하위에 있는 선택자 p(35행의 <p> 태그)의 영역인 단락 '봄빛 식물원은 .... 전시되고 있습니다.'를 선택한다. 11행(line-height:180%)에 의해 단락의 줄 간격이 180%로 설정된다.

13행 하위 선택자 : #main span

아이디 선택자 #main의 하위에 있는 선택자 span(35행의 <span> 태그)의 글자 '삼각산 자락에 위치'를 선택한다. 14행(font-weight: bold)에 의해 글자가 볼드체로 변경된다.

22행 하위 선택자 : #intro h3

아이디 선택자 #intro(38~48행의 아이디 intro)의 하위에 있는 선택자 h3(39행과 43행의 <h3> 태그)의 두 군데의 글 제목 '식물원 관람 안내'와 '식물원 이용 시간'을 선택한다.

23행(border-bottom:dotted 1px #cccccc)과 24행(padding-bottom:5px)에 의해 그림 6-7의 나타난 것과 같이 '식물원 관람 안내'와 '식물원 이용 시간' 아래에 옅은 회색의 점선이 그려진다.

26행 하위 선택자 : #intro span

아이디 선택자 #intro의 하위에 있는 선택자 span(42행과 27행의 <span> 태그)의 두 군데의 글자 '12월 1일부터는 ... 폐장'과 '일과 시간 외에는 .... 문의'를 선택한다.

27행(font-weight:bold)과 28행(color:red)에 의해 해당 글자를 볼드체의 빨간색 색상으로 변경한다.

PROJ 6-1 프로젝트 | 고양이 프로필 만들기

다음은 CSS의 전체 선택자와 태그 선택자를 이용하여 고양이의 프로필을 만드는 프로그램이다. 다음과 같은 실행 결과를 가져오도록 시작 파일을 텍스트 에디터로 편집하여 프로그램을 완성하시오.

◎ 브라우저 실행 결과

시작 파일 : proj6-1-start.html

```
<!DOCTYPE html>
<html>
<head>
<meta charset="utf-8">
<style>
_________ {                          /* 전체 선택자 */
        margin: 0;
        padding: 0;
}
_________ {                          /* 태그 선택자 */
        padding: 20px;                  /* 패딩 */
}
_________ {
        width: 500px;
        border: solid 1px _________;      /* 경계선 */
        margin: 20px 0 0 20px;         /* 마진 */
}
_________ {
        padding: _________;                /* 패딩 */
        line-height: _________;            /* 줄 간격 */
}
</style>
</head>
<body>
        <div>
            <h3>랙돌 고양이</h3>
            <img src="./img/ragdoll.jpg">
            <p>매우 조심스러운 성격으로 걸음걸이도 느리고 안아 올리면 몸에 힘을 빼고
              축 늘어진다. 사람을 좋아하고 장난감을 가지고 놀거나 아이들과 노는 것을
              좋아한다.</p>
        </div>
</body>
</html>
```

다음은 CSS의 그룹 선택자와 태그 선택자를 이용하여 해수욕장 안내 페이지를 만드는 프로그램이다. 다음과 같은 실행 결과를 가져오도록 시작 파일을 텍스트 에디터로 편집하여 프로그램을 완성하시오.

◎ 브라우저 실행 결과

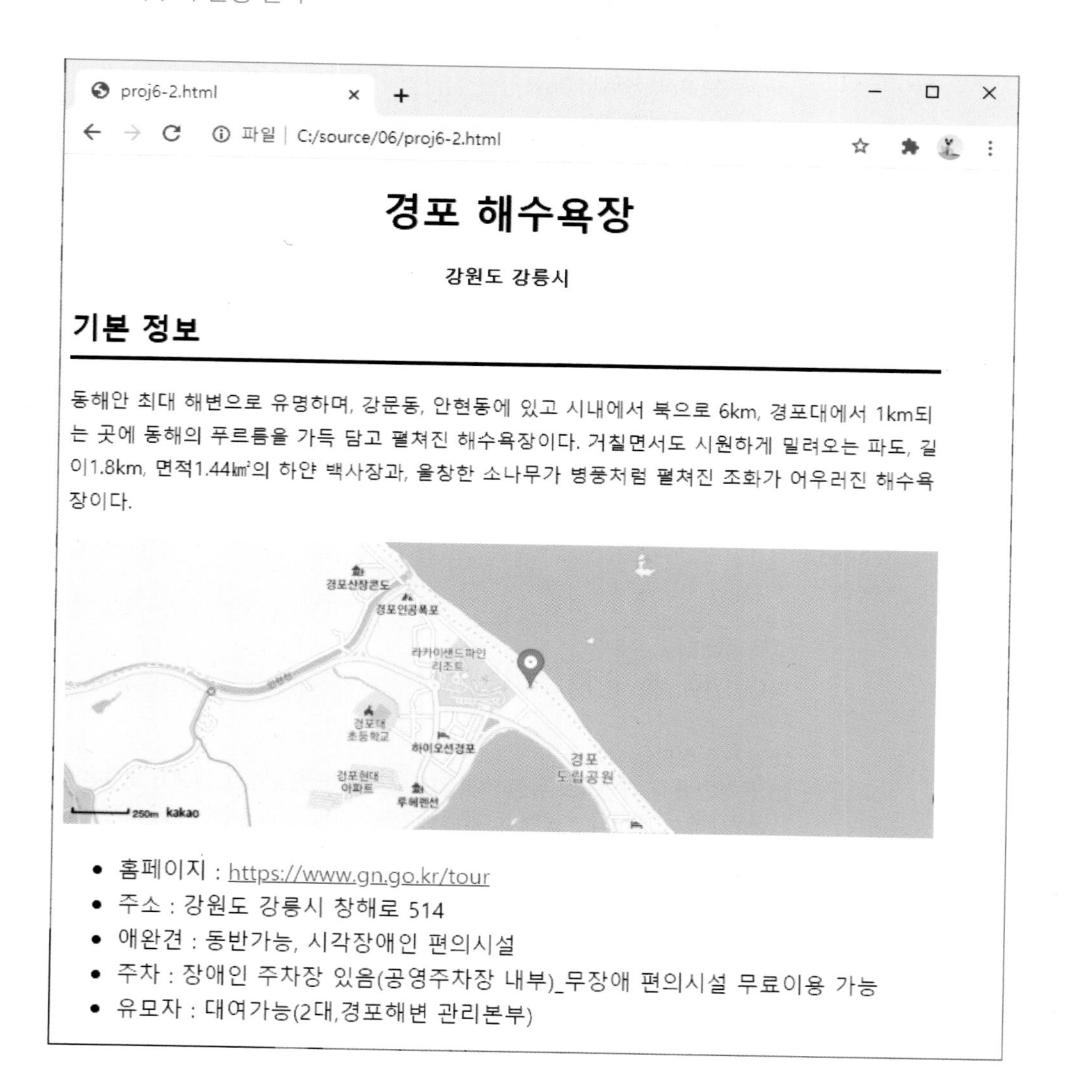

시작 파일 : proj6-2-start.html

```
<!DOCTYPE html>
<html>
<head>
<meta charset="utf-8">
<style>
img, p, h1, h4, h2 {                                  /* 그룹 선택자 */
        width: 700px;
}
h1, h4 {
        text-align: center;                           /* 텍스트 정렬 */
}
_________ {                                           /* 태그 선택자 */
        border-bottom: solid 3px _________;           /* 하단 경계선 */
        padding-bottom: 8px;                          /* 하단 패딩 */
}
p {                                                   /* 태그 선택자 */
        line-height: _________;                       /* 줄 간격 */
}
_________ {                                           /* 태그 선택자 */
        _________: 18px;                              /* 글자 크기 */
        margin-top: 20px;                             /* 상단 마진 */
}
li {                                                  /* 태그 선택자 */
        margin: _________;                            /* 마진 */
}
</style>
</head>
<body>

        <h1>경포 해수욕장</h1>
        <h4>강원도 강릉시</h4>

        <h2>기본 정보</h2>
        <p>동해안 최대 해변으로 유명하며, 강문동, 안현동에 있고 시내에서 북으로 6km,
          경포대에서 1km되는 곳에 동해의 푸르름을 가득 담고 펼쳐진 해수욕장이다.
          거칠면서도 시원하게 밀려오는 파도, 길이1.8km, 면적1.44㎢의 하얀 백사장과,
          울창한 소나무가 병풍처럼 펼쳐진 조화가 어우러진 해수욕장이다.</p>
        <img src="./img/kyungpo_map.png">
```

```
        <ul>
        <li>홈페이지 : <a href="http:/www.gn.go.kr" target="_blank">
          https://www.gn.go.kr/tour</a></li>
        <li>주소 : 강원도 강릉시 창해로 514</li>
        <li>애완견 : 동반가능, 시각장애인 편의시설</li>
        <li>주차 : 장애인 주차장 있음(공영주차장 내부)_무장애 편의시설 무료이용 가능</li>
        <li>유모자 : 대여가능(2대,경포해변 관리본부)</li>
        </ul>
</body>
</html>
```

PROJ 6-3

프로젝트 | 책 홍보용 상세 페이지 만들기

다음은 CSS의 하위 선택자를 이용하여 책 홍보용 상세 페이지를 만드는 프로그램이다. 다음과 같은 실행 결과를 가져오도록 시작 파일을 텍스트 에디터로 편집하여 프로그램을 완성하시오.

◎ 브라우저 실행 결과

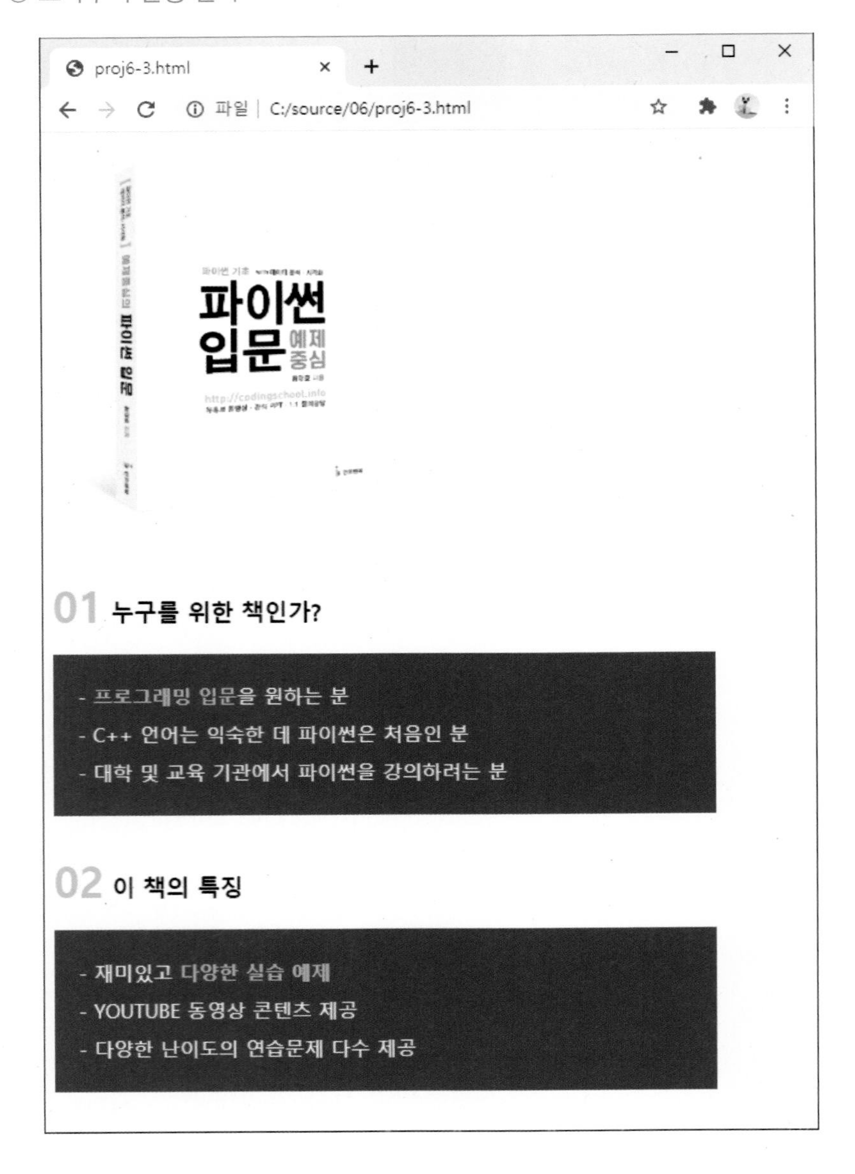

시작 파일 : proj6-3-start.html

```
<!DOCTYPE html>
<html>
<head>
<meta charset="utf-8">
<style>
___________ {                    /* 태그 선택자 : 전체 페이지 선택 */
        background-color: #f8f9f4;     /* 배경 색상 */
}
img {
        width: 300px;
}
___________ {                          /* 클래스 선택자 */
        color: orange;                 /* 글자 색상 */
        font-size: ___________;              /* 글자 크기 */
}
#main ___________ {                    /* 하위 산택자 */
        width: 500px;                  /* 너비 */
        ___________: #0f6878;          /* 배경 색상 */
        color: ___________;                  /* 글자 색상 : 흰색 */
        padding: ___________;          /* 패딩 */
        line-height: ___________;            /* 줄 간격 */
}
#main ___________ {                    /* 하위 산택자 */
        margin-top: ___________;
}
___________ {                          /* 클래스 선택자 */
        color: orange;
        font-weight: bold;
}
</style>
</head>
<body>
   <div id="main">
        <img src="./img/book_mockup.png">
        <h3><span class="orange">01</span> 누구를 위한
          책인가?</h3>
        <div>
          - <span class="orange_bold">프로그래밍 입문</span>을
          원하는 분<br>
          - C++ 언어는 익숙한 데 파이썬은 처음인 분<br>
          - 대학 및 교육 기관에서 파이썬을 강의하려는 분
        </div>
```

```
        <h3><span class="orange">02</span> 이 책의 특징</h3>
        <div>
        - 재미있고 <span class="orange_bold">다양한 실습
        예제</span><br>
        - YOUTUBE 동영상 콘텐츠 제공<br>
        - 다양한 난이도의 연습문제 다수 제공
        </div>
    </div>
</body>
</html>
```

연습문제 6장. CSS 선택자

1. CSS의 구조를 간단하게 도식화 한 다음 CSS 선택자의 역할에 대해 설명하시오.

2. 아이디 선택자에서 아이디 이름 앞에 붙는 기호는?

3. 클래스 선택자에서 클래스 이름 앞에 붙는 기호는?

4. 웹 페이지 전체를 선택하는 전체 선택자에 사용되는 기호는?

5. 태그 선택자 body는 어떤 역할을 수행하는가?

6. 그룹 선택자에서 각 선택자를 구분 짓는데 사용되는 기호는?

7. id 속성과 아이디 선택자에 대해 설명하시오.

8. class 속성과 클래스 선택자에 대해 설명하시오.

9. 아이디 선택자와 클래스 선택자의 차이점을 설명하시오.

10. 하위 선택자의 개념과 사용법을 예시를 들어 설명하시오.

CHAPTER 07

CSS 활용

7장에서는 CSS를 이용하여 배경 이미지를 다루는 방법, 테이블을 꾸미는 방법, HTML 요소를 브라우저 화면에 표시하는 방법 등을 배운다. 또한 3장에서 배운 테이블과 폼 양식에 CSS를 활용하는 방법에 대해서도 알아본다. 그리고 과일 쇼핑몰의 상품 목록 만들기, 드레스 샵 배너 만들기, 게시판 글쓰기 폼 만들기 등의 프로젝트를 통하여 HTML 문서에서 다양하게 CSS를 활용하는 방법을 익힌다.

7.1 배경 이미지

일반적으로 웹 페이지에 이미지를 삽입할 때는 <img> 태그를 이용한다. 이와 같이 이미지를 직접 삽입할 수도 있지만 CSS를 이용하면 HTML 요소에 배경으로 이미지를 삽입하는 것이 가능하다. 배경 이미지에서는 <img> 태그를 이용하여 이미지를 삽입했을 때와 달리 배경 이미지 위에 버튼이나 다른 HTML 요소를 쉽게 삽입할 수 있다.

7.1.1 배경 이미지 삽입

다음 예제를 통하여 CSS의 background-image 속성을 이용하여 웹 페이지에 배경 이미지를 삽입하는 방법에 대해 알아보자.

예제 7-1. 배경 이미지 삽입 ex7-1.html

```
1  <!DOCTYPE html>
2  <html>
3  <head>
4  <meta charset="utf-8">
5  <style>
6  body {
7     background-image: url("./img/texture_bg.png");
8  }
9  p {
10    width: 600px;
11    line-height: 180%;
12 }
13 </style>
14 </head>
15 <body>
16    <h3>배경 이미지 삽입</h3>
17    <p>웹 페이지에 배경 이미지를 삽입하는 데에는 background-image
         속성을 이용한다. 배경 이미지가 들어갈 영역보다 작을 때에는 배경
         이미지가 수평과 수직 방향으로 반복된다.</p>
18 </body>
19 </html>
```

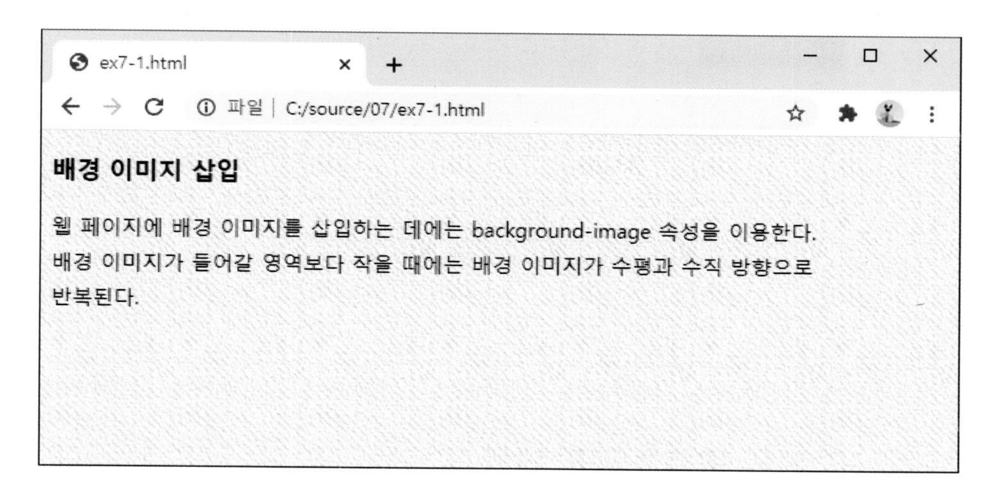

그림 7-1 ex7-1.html의 실행 결과

6행 body

태그 선택자 body는 〈body〉 태그의 영역, 즉 전체 페이지를 선택한다.

7행 background-image: url("./img/texture_bg.png");

6행에서 선택한 전체 페이지에 대해 background-image 속성을 이용하여 다음 그림 7-2의 배경 이미지(texture_bg.png)를 삽입한다.

그림 7-2 배경 이미지(texture_bg.png)

여기서 배경 이미지로 사용된 texture_bg.png의 크기는 100 X 100 픽셀로 매우 작은 이미지이다. 이와 같이 배경 이미지가 들어갈 영역보다 작을 경우에는 그림 7-1에서와 같이 배경 이미지가 여러번 반복 사용된다.

알아두기

배경 이미지의 반복

예제 7-1에서와 같이 배경 이미지가 삽입되는 영역보다 작을 경우에는 배경 이미지가 수평과 수직 방향으로 반복해서 삽입된다.

7.1.2 배경 이미지 반복

CSS의 background-repeat 속성을 사용하면 배경 이미지를 반복하지 않고 한 번만 사용하거나 수평 방향 또는 수직 방향으로만 반복하도록 설정할 수 있다.

다음 예제에서는 배경 이미지가 반복되지 않고 한 번만 사용된다.

예제 7-2. 배경 이미지 한 번만 사용

ex7-2.html

```
1  <!DOCTYPE html>
2  <html>
3  <head>
4  <meta charset="utf-8">
5  <style>
6  body {
7      background-image: url("./img/tree.png");
8      background-repeat: no-repeat;
9      background-position: right top;
10 }
11 p { width: 400px; line-height: 180%;}
12 </style>
13 </head>
14 <body>
15     <h3>나무</h3>
```

```
16     <p>나무가 무엇인지는 누구나 다 아는 것이지만, 정확하게 정의되지 않는
           식물이다. 넓은 의미의 나무는, 어느 정도 키를 가진 줄기가 나무
           기둥으로 된 식물을 뜻한다.
17   </p>
18   </body>
19   </html>
```

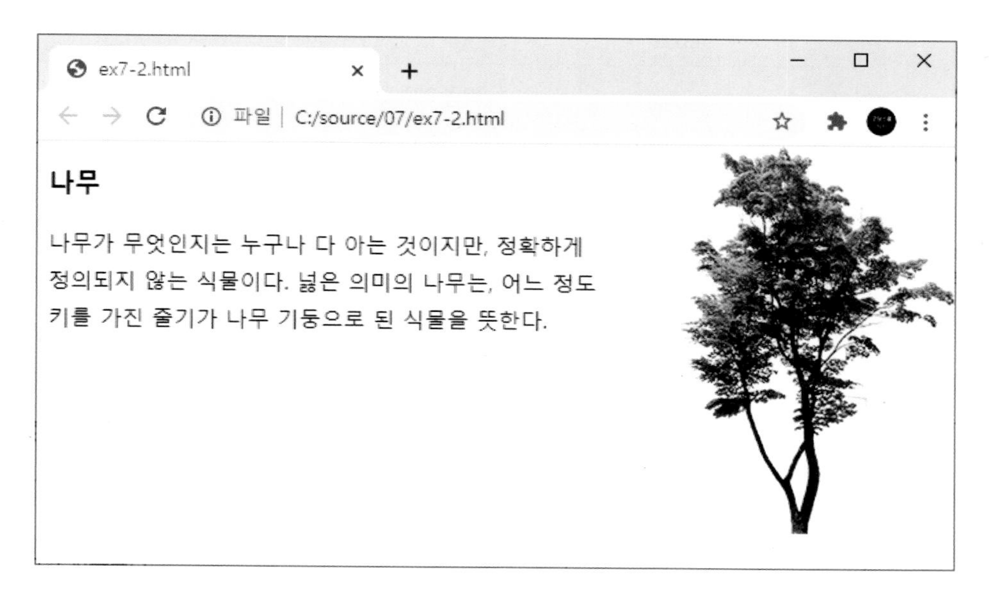

그림 7-3 ex7-2.html의 실행 결과

7행 background-image: url("./img/tree.png");

6행의 선택자 body에 의해 선택된 전체 페이지에 배경 이미지(tree.png)를 삽입한다.

8행 background-repeat: no-repeat;

background-repeat의 속성 값 no-repeat는 그림 7-3에 나타난 것과 같이 배경 이미지를 반복시키지 않고 한 번만 사용한다.

9행 background-position: right top;

background-position 속성은 삽입되는 배경 이미지의 위치를 설정할 때 사용한다. 속성 값 right top은 배경 이미지를 그림 7-3에서와 같이 우측 상단에 위치시킨다.

배경 이미지의 반복 설정에 사용된 background-repeat 속성 값을 정리하면 다음과 같다.

표 7-1 background-repeat 속성 값

속성 값	의미
no-repeat	배경 이미지가 반복되지 않음
repeat-x	배경 이미지가 수평(X축) 방향으로 반복됨
repeat-y	배경 이미지가 수직(Y축) 방향으로 반복됨

background-repeat 속성 값 no-repeat는 예제 7-2에서와 같이 배경 이미지를 반복시키지 않는다. 속성 값 repeat-x는 수평 방향인 X축 방향으로 배경 이미지를 반복시키고, repeat-y는 수직 방향인 Y축 방향으로 배경 이미지를 반복시킨다.

배경 이미지의 위치를 설정하는 background-position 속성을 표로 정리하면 다음과 같다.

표 7-2 background-position 속성 값

속성 값	의미
left top	배경 이미지를 좌측 상단에 배치
center top	배경 이미지를 중앙 상단에 배치
right top	배경 이미지를 우측 상단에 배치
left center	배경 이미지를 좌측 중앙에 배치
center center	배경 이미지를 한 가운데 배치
right center	배경 이미지를 우측 중앙에 배치
left bottom	배경 이미지를 좌측 하단에 배치
center bottom	배경 이미지를 중앙 하단에 배치
right bottom	배경 이미지를 우측 하단에 배치

7.2 테이블 꾸미기

3장에서는 <table> 태그를 이용하여 테이블을 만들고 셀을 병합하는 방법에 대해 알아보았다.

다음 예제에서와 같이 CSS를 이용하면 테이블의 너비를 설정하고, 경계선을 그리고, 셀 내의 글자를 정렬할 수 있다.

예제 7-3. CSS로 테이블 꾸미기

ex7-3.html

```
1  <!DOCTYPE html>
2  <html>
3  <head>
4  <meta charset="utf-8">
5  <style>
6  table {
7     border-collapse: collapse;
8  }
9  table, th, td {
10    border: solid 1px #cccccc;
11  }
12  table {
13    border-top: solid 3px orange;
14  }
15  th {
16    padding: 10px;
17    background-color: #eeeeee;
18  }
19  td {
20    padding: 10px;
21    text-align: center;
22  }
23  #col1, #col2, #col3 {
24    width: 100px;
25  }
```

```
26  #col4 {
27     width: 250px;
28  }
29  .bold {
30     font-weight: bold;
31  }
32  </style>
33  </head>
34  <body>
35     <h3>놀이공원 이용권</h3>
36     <table>
37           <tr><th id="col1">종류</th><th id="col2">대인</th>
               <th id="col3">소인</th><th id="col4">비고</th></tr>
38           <tr><td class="bold">주간권</td><td>20,000원</td>
             <td>10,000원</td><td rowspan="3">공원 입장 및 놀이시설
                 이용<br>(일부 놀이기구 별도 요금)</td>
39           </tr>
40           <tr><td class="bold">야간권</td><td>15,000원</td>
               <td>8,000원</td></tr>
41           <tr><td class="bold">2일권</td><td>30,000원</td>
           <td>15,000원</td></tr>
42     </table>
43  </body>
44  </html>
```

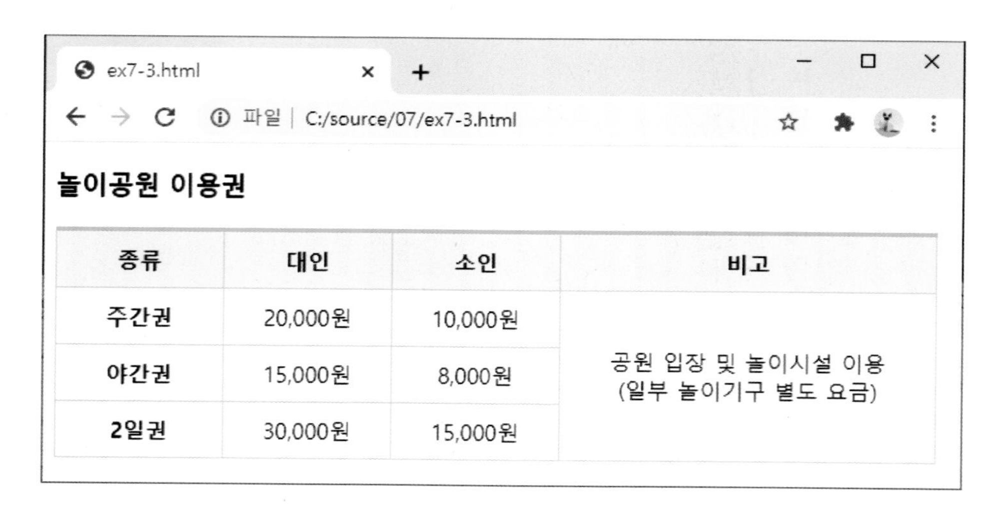

그림 7-4 ex7-3.html의 실행 결과

6~8행 table { border-collapse: collapse; }

border-collapse 속성은 그림 7-4에서와 같이 테이블에 단일 경계선을 그리는 데 사용된다. 'border-collapse : collapse'는 단일 경계선을 그린다. 이 속성의 속성 값을 seperate로 설정하면 이중 경계선이 그려진다.

9~11행 table, th, td { border: solid 1px #cccccc; }

그림 7-4에서와 같이 테이블의 경계선(실선, 1 픽셀 두께, 옅은 회색)을 그린다.

12~14행 table { border-top: solid 3px orange; }

테이블의 상단 경계선(실선, 3 픽셀 두께, 오렌지 색상)을 그린다.

15~18행 th { padding: 10px; background-color: #eeeeee; }

테이블의 첫 번째 행, 즉 테이블 제목 행의 배경 색상을 옅은 회색으로 칠한다.

19~22행 td { padding: 10px; text-align: center; }

셀의 패딩 값을 10 픽셀로 하고, 셀 내 글자를 중앙에 정렬한다.

23~25행 #col1, #col2, #col3 { width: 100px; }

29행의 아이디 col1, col2, col3는 각각 테이블 제목 행의 첫 번째, 두 번째, 세 번째 셀을 의미한다. 따라서 테이블에서 각 열의 너비를 100 픽셀로 설정한다.

26~28행 #col4 { width: 250px; }

26행의 아이디 col4는 테이블 제목 행의 네 번째 셀을 의미한다. 따라서 네 번째 열의 너비를 250 픽셀로 설정한다.

29~31행 .bold { font-weight: bold; }

38, 40, 41행에서 선언된 클래스 bold의 영역에 있는 '주간권', '야간권', '2일권' 글자를 볼드체로 설정한다.

위에서 테이블를 꾸미는 데 사용된 CSS의 속성과 속성 값을 정리하면 다음과 같다.

표 7-3 테이블 관련 속성과 의미

속성(속성 값)	의미
border-collapse : collapse	테이블의 단일 경계선 그리기
boder(border-top, border-bottom, border-left, border-right)	테이블의 경계선 그리기
width, height	테이블의 너비와 높이 설정
padding(padding-top, padding-bottom, padding-left, padding-right)	셀의 패딩 설정
text-align	셀 내 글자 정렬

7.3 디스플레이 방식

HTML 요소를 브라우저 화면에 표시하는 작업인 디스플레이 방식에는 인라인(Inline)과 블록(Block)이 있다. 이번 절에서는 인라인과 블록의 개념과 CSS의 display 속성을 이용하여 HTML 요소를 화면에 표시하는 방법에 대해 알아본다.

7.3.1 display 속성

인라인과 블록의 개념을 이해하기 위해 display 속성이 사용되는 다음의 예제를 살펴보자.

예제 7-4. display 속성의 사용 예 ex7-4.html

```
1  <!DOCTYPE html>
2  <html>
3  <head>
4  <meta charset="utf-8">
5  <style>
6  span {  color: red;  border: solid 1px red;  }
7  div {  background-color: #eeeeee;  }
8  #text1 {  display: inline;  }
9  #text2 {  display: block;  }
10 #text3 {  display: inline-block;  }
11 #text4 {  display: none;  }
12 </style>
13 </head>
14 <body>
15    <h1>display 속성</h1>
16    <h3>① display: inline</h3>
17    <div>
18               글자1 <span id="text1">안녕하세요!</span> 글자2
19    </div>
20
```

```
21      <h3>② display: block</h3>
22      <div>
23              글자1 <span id="text2">안녕하세요!</span> 글자2
24      </div>
25
26      <h3>③ display: inline-block</h3>
27      <div>
28              글자1 <span id="text3">안녕하세요!</span> 글자2
29      </div>
30
31      <h3>④ display: none</h3>
32      <div>
33              글자1 <span id="text4">안녕하세요!</span> 글자2
34      </div>
35
36      <h3>⑤ display 속성 사용안함</h3>
37      <div>
38              글자1 <span>안녕하세요!</span> 글자2
39      </div>
40    </body>
41    </html>
```

8행 **#text1 { display: inline; }**

CSS의 diplay 속성을 이용하여 18행의 아이디 text1의 글자 '안녕하세요!'의 화면 표시 방식을 인라인으로 설정한다. 인라인 방식에서는 그림 7-5 ①에 나타난 것과 같이 '안녕하세요!'가 '글자1' 바로 다음에 표시된다.

이와 같이 인라인 방식에서는 수평 방향으로 해당 요소를 화면에 표시하고 줄 바꿈이 일어나지 않는다.

그림 7-5 ex7-4.html의 실행 결과

알아두기

인라인이란?

인라인 방식에서는 HTML 요소를 브라우저 화면에 수평 방향으로 표시하고 줄 바꿈이 일어나지 않는다.

9행 #text2 { display: block; }

23행의 아이디 text2의 '안녕하세요!'의 화면 표시 방식을 블록으로 설정한다. 블록 방식에서는 그림 7-5 ②에 나타난 것과 같이 '안녕하세요!'가 전체 행을 차지한다.

이와 같이 블록 방식에서는 HTML 요소가 전체 행을 차지하기 때문에 앞 뒤로 자동 줄바꿈이 일어난다.

알아두기

블록이란?

블록 방식에서는 HTML 요소가 브라우저 화면에 표시될 때 전체 행을 차지하여 앞 뒤로 자동 줄 바꿈이 일어난다.

10행 #text3 { display: inline-block; }

28행에서 선언된 아이디 text3, '안녕하세요!'의 화면 표시 방식을 인라인-블록으로 설정한다. 인라인-블록에서는 인라인 방식과 블록 방식의 두 가지 특성을 모두 가진다. 브라우저 화면에 표시될 때는 인라인 방식의 특성에 맞추어 그림 7-5 ③에 나타난 것과 같이 '안녕하세요!'가 수평 방향으로 표시된다.

※ 인라인-블록의 세부적인 특징은 다음 절인 7.3.2절에서 좀 더 자세히 설명한다.

11행 #text4 { display: none; }

display 속성 값을 none으로 설정하면 그림 7-5 ④에서와 같이 아이디 text4의 '안녕하세요!'가 화면에 표시되지 않는다.

이와 같이 display 속성 값 none은 HTML 요소를 화면에서 감추는 데 사용된다.

38행 display 속성이 사용되지 않을 경우

38행의 〈span〉 태그에서는 CSS가 사용되지 않는다. 이 경우에는 〈span〉 태그 자체가 가지고 있는 기본 display 속성이 사용된다. 〈span〉 태그의 기본 설정은 인라인(inline)으로 정해져 있다. 따라서 그림 7-5 ⑤에 나타난 것과 같이 '안녕하세요!'가 수평 방향으로 '글자1' 다음에 표시된다. 이 결과는 ②의 경우와 동일하다.

〈span〉 태그의 예에서와 같이 모든 HTML 요소는 display 속성의 초기 값이 미리 설정되어 있어 설정된 대로 요소가 화면에 표시된다.

그리고 display 속성을 이용하면 해당 HTML 요소의 화면 표시 방식을 인라인, 블록, 또는 인라인-블록으로 변경할 수 있다.

HTML 태그 요소들의 display 속성의 기본 값을 표로 정리하면 다음과 같다.

표 7-4 인라인/블록의 기본 설정과 HTML 요소

인라인(inline)	블록(block)
〈span〉, 〈a〉, 〈img〉, 〈input〉, 〈textarea〉, 〈br〉, 〈button〉, 〈select〉, 〈option〉, 〈script〉 등	〈div〉, 〈p〉, 〈h1〉, 〈h2〉, 〈h3〉, 〈h4〉, 〈h5〉, 〈h6〉, 〈form〉, 〈table〉, 〈ul〉, 〈ol〉, 〈li〉, 〈video〉, 〈header〉, 〈footer〉,〈section〉 등

그리고 display 속성 값을 표로 정리하면 다음과 같다.

표 7-5 display 속성 값

속성 값	의미
inline	HTML 요소를 인라인(inline) 방식으로 설정
block	HTML 요소를 블록(block) 방식으로 설정
inline-block	HTML 요소를 인라인-블록(inline-block) 방식으로 설정
none	HTML 요소를 화면에 표시하지 않음

7.3.2 인라인과 블록

앞 절에서는 display 속성을 중심으로 화면에 요소를 표시할 때 사용되는 인라인과 블록 방식의 개념에 대해 알아보았다.

이번에는 다음 예제를 통하여 인라인과 블록 방식의 특징에 대해 좀 더 자세히 살펴보자.

예제 7-5. 인라인과 블록 방식 예 ex7-5.html

```
1  <!DOCTYPE html>
2  <html>
3  <head>
4  <meta charset="utf-8">
5  <style>
6  * {
7     margin: 0;
8     padding: 0;
9  }
10  span {
11     border: solid 1px black;
12     background-color: yellow;
13  }
14  #a {
15     width: 100px;
16     height: 100px;
17     margin: 20px;
18  }
19  #b {
20     display: block;
21     width: 100px;
22     height: 100px;
23     margin: 20px;
24  }
```

```
25  #c {
26      display: inline-block;
27      width: 100px;
28      height: 100px;
29      margin: 20px;
30  }
31  </style>
32  </head>
33  <body>
34      <h3>인라인과 블록</h3>
35      <p>
36          글자1 <span id="a">요소 A</span> 글자2
              <span id="b">요소 B</span> 글자3
              <span id="c">요소 C</span> 글자4
37      </p>
38  </body>
39  </html>
```

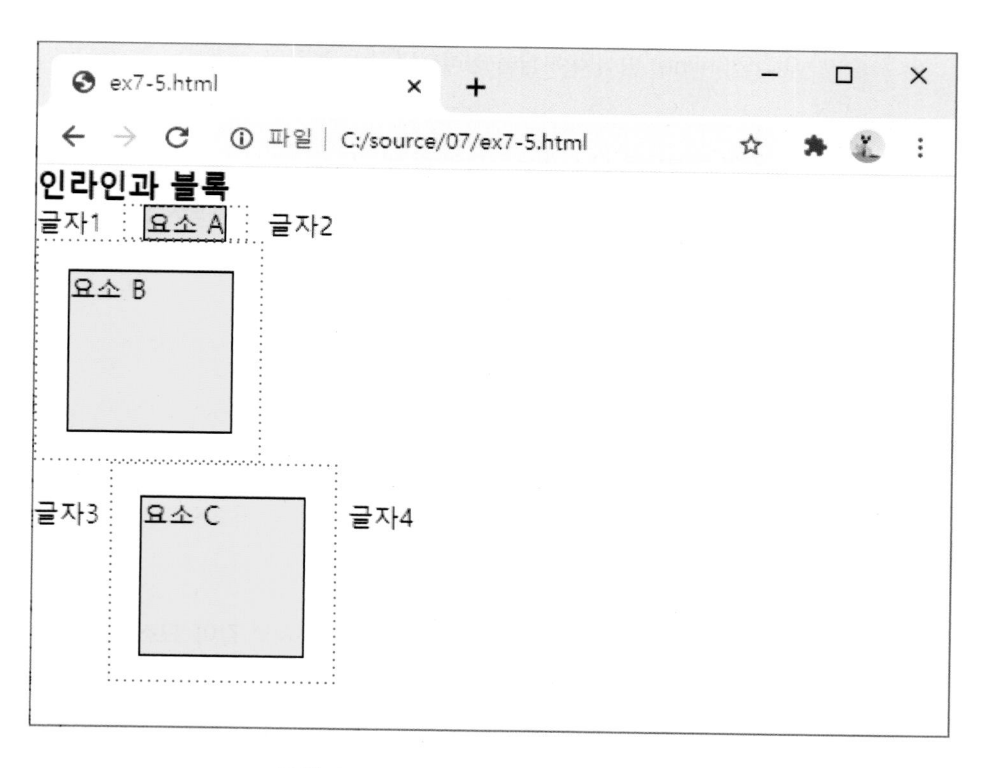

그림 7-6 ex7-5.html의 실행 결과

14~18행 display 속성이 사용되지 않음

36행의 아이디 a, 즉 '요소 A'에는 15~17행의 CSS 코드에서 display 속성이 사용되지 않았다. 따라서 표 7-4에서 설명한 것과 같이 <span> 태그의 기본 설정인 인라인 방식이 적용된다.

인라인 방식의 '요소 A'는 그림 7-6의 첫 번째 노란색 박스에 나타난 것과 같이 수평 방향으로 요소가 배치되고, 줄 바꿈이 적용되지 않기 때문에 '글자 1'과 '글자 2' 사이에 해당 요소가 위치하게 된다. 이것의 실행 결과를 보면 15~17행에서 사용한 width와 height 속성과 margin 속성의 상하단 마진이 적용되지 않고 있다. 이것을 통하여 인라인 방식에서는 요소의 크기를 변경하는 width와 height 속성과 상하단 마진이 적용되지 않는다는 것을 알 수 있다.

알아두기

인라인 방식의 특징

인라인(inline) 방식의 특징을 정리하면 다음과 같다.

(1) 수평 방향으로 요소가 배치되며 줄 바꿈이 적용되지 않는다.
(2) 박스의 크기를 설정하는 width와 height 속성이 적용되지 않는다.
(3) 상하단 마진인 margin-top과 margin-bottom 속성이 적용되지 않는다.

20행 display: block;

아이디 b, 즉 '요소 B'에는 20행에 의해 display 속성에 block 속성 값이 사용된다. 따라서 '요소 B'는 블록 방식으로 화면에 표시된다.

블록 방식의 '요소 B'는 그림 7-6의 두 번째 박스에서와 같이 '요소 B'의 앞 뒤에 자동 줄 바꿈이 일어나게 되어 새로운 줄에서 요소가 표시된다.

width(100 픽셀)와 height(100 픽셀)에 의해 박스의 너비와 높이가 각각 100 픽셀로 설정된다. 그리고 23행의 margin(20 픽셀)에 의해서 요소의 상하좌우에 20 픽셀의 마진이 설정된다.

이것을 통하여 블록 방식에서는 요소에 줄 바꿈이 자동으로 적용되어 새로운 줄에 요소가 표시되고, 박스의 크기 설정과 모든 마진이 사용 가능하다는 것을 알 수 있다.

알아두기

블록 방식의 특징

블록(block) 방식의 특징을 정리하면 다음과 같다.

(1) 해당 요소의 앞 뒤에 자동 줄 바꿈이 일어나 새로운 줄에 요소가 표시된다. 달리 말하면 수직 방향으로 요소가 배치된다.
(2) 박스의 크기를 설정하는 width와 height 속성이 적용된다.
(3) 모든 마진 설정이 가능하다.

26행 display: inline-block;

'요소 C'에는 inline-block 속성 값이 사용되었다. 따라서 '요소 C'는 인라인-블록 방식으로 화면에 표시된다.

인라인-블록 방식에서는 인라인의 특성과 블록의 특성을 모두 갖는다. 그림 7-6의 마지막 박스에 나타난 것과 같이 '요소 C'는 인라인 방식에서와 같이 수평 방향으로 배치가 진행되고, 줄 바꿈이 일어나지 않게 되어 '글자3'과 '글자4' 사이에 위치하게 된다.

그림 7-5의 '요소 C'의 박스에는 박스 크기가 설정되었고, 모든 마진이 적용되었다. 이를 통하여 인라인-블록 방식에서는 블록 방식에서 사용가능했던 박스의 크기 설정과 모든 마진의 설정이 가능하다는 것을 알 수 있다.

알아두기

인라인-블록 방식의 특징

인라인-블록(inline-block) 방식의 특징을 정리하면 다음과 같다.

(1) 인라인 방식에서와 같이 요소가 수평 방향으로 배치되고, 줄 바꿈은 일어나지 않는다.
(2) 블록 방식에서와 같이 박스의 크기 설정이 가능하다.
(3) 블록 방식에서와 같이 모든 마진 설정이 가능하다.

7.4 목록 꾸미기

HTML의 목록 태그(<ul>, <ol>, <li>)를 이용하면 간단하게 웹 페이지에서 목록을 만들 수 있다. 이번 절에서는 CSS를 이용하여 목록의 글머리 기호 설정, 글 머리 이미지 삽입, 그리고 수평 방향의 목록을 작성하는 방법에 대해 알아본다.

7.4.1 글머리 기호

다음 예제를 통하여 list-style-type 속성을 이용하여 목록의 글 머리 기호를 설정하는 방법을 익혀보자.

예제 7-6. 목록의 글 머리 기호 설정 ex7-6.html

```
1  <!DOCTYPE html>
2  <html>
3  <head>
4  <meta charset="utf-8">
5  <style>
6  li { list-style-type: square; }
7  </style>
8  </head>
9  <body>
10    <h3>곤충관 체험 프로그램</h3>
11    <p>서울대공원에서 한겨울에 나비와 함께하세요. 흰나비 등 나비 1,000여
        마리와 나비 번데기를 곤충관 내 유리 온실에 설치된 나비 전시장에서
        만나보실 수 있습니다.</p>
12    <ul>
13    <li>기  간 : 2023.12.21.(토) ~ 12.25.(수) 5일간</li>
14    <li>장  소 : 곤충관내 특별전시장</li>
15    <li>대  상 : 동물원 관람객 누구나</li>
16    </ul>
17  </body>
18  </html>
```

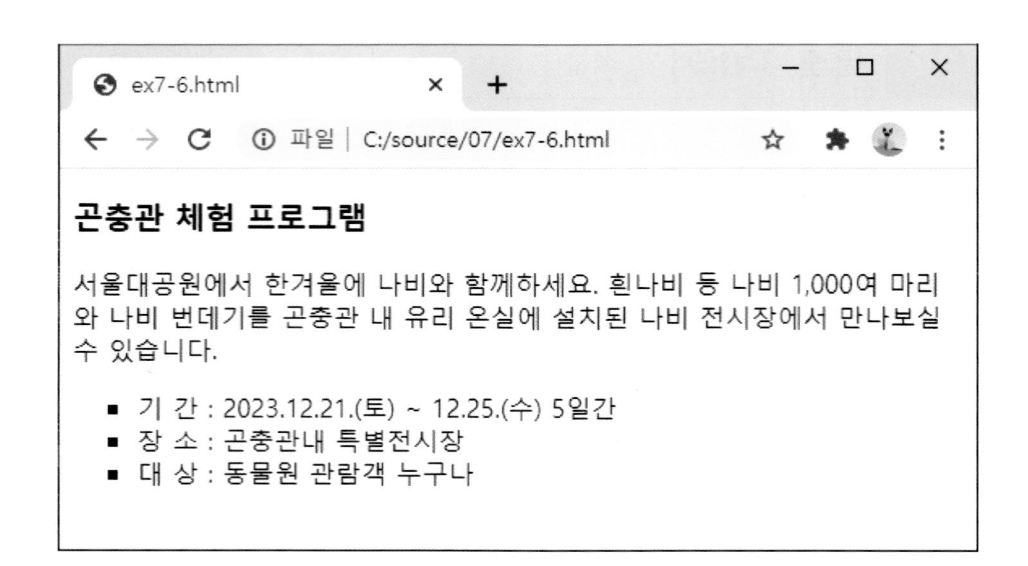

그림 7-7 ex7-6.html의 실행 결과

6행 **li { list-style-type: square; }**

태그 선택자 li를 이용하여 13~15행의 <li> 태그의 요소를 선택한 다음, list-style-type 속성 값을 square로 설정하여 그림 7-7에서와 같이 목록 제일 앞에 있는 글 머리 기호를 정사각형(■)으로 변경한다.

이와 같이 list-style-type 속성을 이용하면 목록의 글 머리 기호를 설정할 수 있다. list-style-type 속성 값을 표로 정리하면 다음과 같다.

표 7-6 list-style-type 속성 값

속성 값	의미
square	목록의 글 머리 기호를 정사각형(■)으로 표시
none	목록의 글 머리 기호를 표시하지 않음
circle	목록의 글 머리 기호를 빈 동그라미(○)로 표시
disc	목록의 글 머리 기호를 동그라미(●)로 표시 ※ list-style-type 속성의 기본 설정임

7.4.2 목록 이미지

다음의 그림 7-8에서와 같이 목록의 앞에 이미지를 삽입하려면 list-style-image 속성을 이용한다.

list-style-image 속성을 이용하여 목록 앞에 이미지를 삽입하는 다음의 예제를 살펴보자.

예제 7-7. 목록의 앞에 이미지 삽입

ex7-7.html

```
1  <!DOCTYPE html>
2  <html>
3  <head>
4  <meta charset="utf-8">
5  <style>
6  li { list-style-image: url("./img/icon.png"); }
7  </style>
8  </head>
9  <body>
10     <h3>곤충관 체험 프로그램</h3>
11     <p>서울대공원에서 한겨울에 나비와 함께하세요. 흰나비 등 나비 1,000여
         마리와 나비 번데기를 곤충관 내 유리 온실에 설치된 나비 전시장에서
         만나보실 수 있습니다.</p>
12     <ul>
13     <li>기  간 : 2023.12.21.(토) ~ 12.25.(수) 5일간</li>
14     <li>장  소 : 곤충관내 특별전시장</li>
15     <li>대  상 : 동물원 관람객 누구나</li>
16     </ul>
17  </body>
18  </html>
```

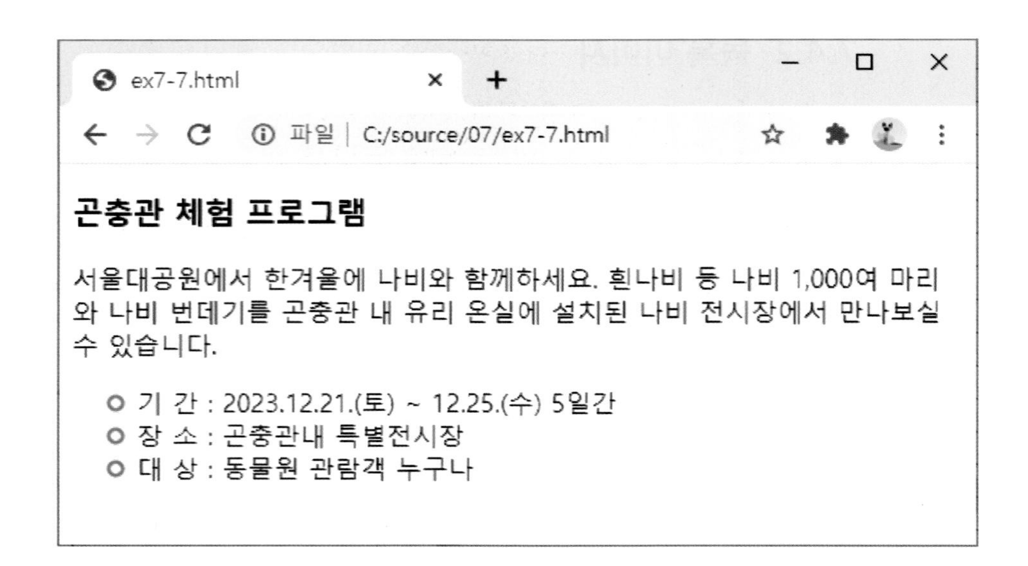

그림 7-8 ex7-7.html의 실행 결과

6행 **li { list-style-image: url("./img/icon.png"); }**

list-style-image 속성 값으로 url("./img/icon.png")을 사용하면 이미지 파일(icon.png)을 그림 7-8에서와 같이 목록의 글머리에 삽입한다.

이와 같이 list-style-image 속성을 이용하면 간단하게 목록의 앞에 이미지를 삽입할 수 있다. 이미지 파일, 즉 url의 괄호 안에 설정되는 이미지 파일명은 경로를 포함한다.

※ 이미지 파일명의 경로에 대한 자세한 설명은 2장의 53쪽을 참고한다.

7.4.3 수평 목록 만들기

웹 페이지에서 목록은 가장 많이 사용되는 HTML 요소 중의 하나이다. 목록에 사용되는 〈ul〉, 〈ol〉, 〈li〉 태그는 앞의 표 7-4에서 설명한 것과 같이 화면에 표시될 때 블록 방식으로 처리되기 때문에 일반적으로 앞의 예제 7-7에서와 같이 수직 방향으로 배치된다. 그러나 웹 페이지를 제작하다 보면 수평 방향으로 항목을 배치해야 하는 경우가 종종 발생한다.

다음 예제를 통하여 수평 방향의 목록를 만드는 방법에 대해 알아보자.

예제 7-8. 수평 방향의 목록 만들기 ex7-8.html

```
1  <!DOCTYPE html>
2  <html>
3  <head>
4  <meta charset="utf-8">
5  <style>
6  ul {
7      background-color: green;
8      padding: 10px;
9      text-align: center;
10     color: white;
11 }
12 li {
13     display: inline;
14     margin-left: 20px;
15 }
16 a:link, a:visited, a:active {
17     color: white;
18     text-decoration: none;
19 }
20 a:hover {
21     color: orange;
22     text-decoration: underline;
23 }
```

```
24 </style>
25 </head>
26 <body>
27    <h3>수평 방향의 목록 만들기</h3>
28    <ul>
29    <li><a href="#">회사 소개</a></li>
30    <li>|</li>
31    <li><a href="#">제품 소개</a></li>
32    <li>|</li>
33    <li><a href="#">고객 센터</a></li>
34    <li>|</li>
35    <li><a href="#">찾아 오시는 길</a></li>
36    </ul>
37 </body>
38 </html>
```

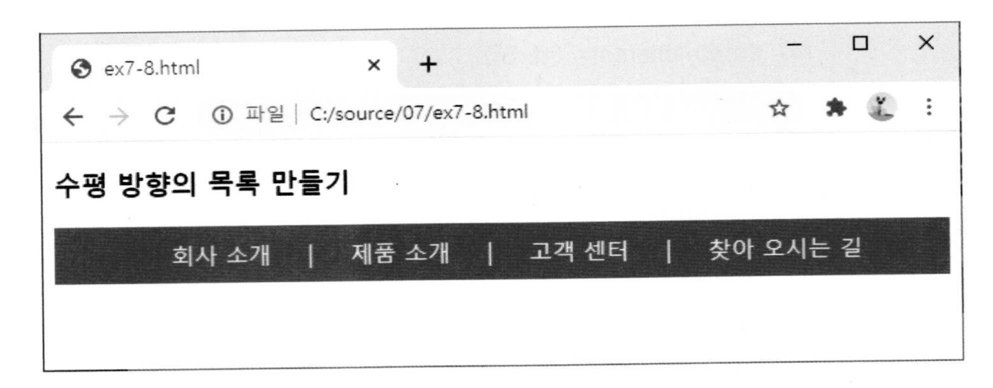

그림 7-9 ex7-8.html의 실행 결과

13행 **display: inline;**

12행의 태그 선택자 li에 의해 선택된 요소 <li> 태그는 표 7-4에서 설명한 것과 같이 기본적으로 블록 방식이기 때문에 수직 방향으로 목록의 항목들이 화면에 표시된다.

13행에서와 같이 display 속성 값을 inline으로 설정하면 〈li〉 태그의 요소가 화면에 표시될 때 인라인 방식이 적용된다.

인라인 방식에서는 앞의 7.3.1절에서 설명한 것과 같이 요소들이 수평 방향으로 배치되기 때문에 그림 7-9에서와 같이 목록의 항목들이 수평 방향으로 표시된다.

이와 같이 목록과 display 속성 값 inline을 사용하면 간단하게 웹 페이지에서 사용되는 수평 방향의 메뉴를 만들 수 있다.

16~23행 **링크 걸린 글자 꾸미기**

CSS 속성 a:link, a:visited, a:active, a:hover를 이용하면 〈a〉 태그로 링크가 걸린 글자 색상과 글자 스타일 등을 설정할 수 있다.

※ 링크가 걸린 글자를 꾸미는 것에 대한 자세한 설명은 4장의 138쪽을 참고하기 바란다.

7.5 폼 꾸미기

3장에서는 <form>, <input>, <select>, <textarea> 태그 등을 이용하여 텍스트 입력 창, 비밀번호 입력 창, 라디오 버튼, 체크 박스, 선택 박스, 다중 입력 창 등의 요소를 만드는 방법에 대해 공부하였다. 이번 절에서는 CSS를 이용하여 이러한 폼 양식을 꾸미는 방법에 대해 알아본다.

7.5.1 로그인 폼

다음 예제를 통하여 CSS를 이용하여 로그인 폼 양식을 꾸미는 방법에 대해 알아보자.

예제 7-9. 로그인 폼 꾸미기

ex7-9.html

```
1  <!DOCTYPE html>
2  <html>
3  <head>
4  <meta charset="utf-8">
5  <style>
6  #col1 {
7      width: 80px;
8  }
9  input {
10     width: 150px;
11     height: 25px;
12  }
13  button {
14     padding: 22px 22px;
15     margin-left: 3px;
16  }
17  </style>
18  </head>
```

```
19  <body>
20      <h3>로그인 폼</h3>
21      <form>
22              <table>
23              <tr >
24                      <td id="col1">아이디</td>
25                      <td><input type="text"></td>
26                      <td rowspan="2"><button>로그인</button></td>
27              </tr>
28              <tr>
29                      <td>비밀번호</td>
30                      <td><input type="password"></td>
31              </tr>
32              </table>
33      </form>
34  </body>
35  </html>
```

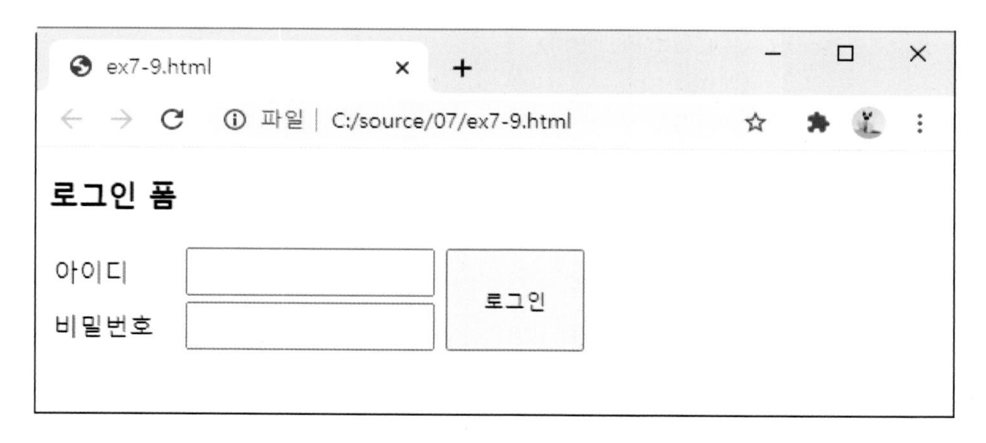

그림 7-10 ex7-9.html의 실행 결과

6~8행 열의 너비 설정

24행의 아이디 col1, 즉 테이블의 첫 번째 열 너비를 80 픽셀로 설정한다. 이렇게 하면 그림 7-10에서 '아이디'와 '비밀번호'의 셀 너비가 80 픽셀이 된다.

9~12행 **입력 창의 너비와 높이 설정**

〈input〉 태그의 요소인 텍스트 입력 창(25행)과 비밀번호 입력 창(30행)의 너비를 120 픽셀, 높이를 25 픽셀로 설정한다.

13~16행 **버튼의 패딩과 좌측 마진 설정**

26행의 〈button〉 태그의 요소인 '로그인' 버튼에 패딩(상하 22 픽셀, 좌우 22 픽셀)과 좌측 마진(3 픽셀)을 설정한다.

7.5.2 회원가입 폼

앞의 로그인 폼을 꾸미는 예제에서는 테이블에 CSS를 적용하였다. 이번에는 목록에 CSS를 적용하여 회원가입 폼을 만드는 방법에 대해 알아보자.

예제 7-10. 회원가입 폼 꾸미기 ex7-10.html

```
1  <!DOCTYPE html>
2  <html>
3  <head>
4  <meta charset="utf-8">
5  <style>
6  * {
7      margin: 0;
8      padding: 0;
9  }
10 li {
11     list-style-type: none;
12 }
13 h3, #join {
14     margin: 20px 0 0 30px;
15 }
16 #join {
17     border-top: solid 1px #cccccc;
18     border-bottom: solid 1px #cccccc;
```

```
19     padding: 20px;
20     width: 480px;
21   }
22   .cols {
23     padding: 5px;
24   }
25   .cols li {
26     display: inline-block;
27   }
28   .col1 {
29     width: 120px;
30   }
31   .col2 input, select {
32     width:200px;
33     height: 28px;
34   }
35   .email input {
36     width:100px;
37     height: 25px;
38   }
39   textarea {
40     width: 328px;
41     height: 100px;
42   }
43   .hello {                          /* vertical-align(수직방향 정렬) */
44     vertical-align: top;            /* 속성 값 : top, center, bottom */
45   }
46   #buttons {
47     width: 510px;
48     text-align: right;
49   }
50   #buttons button {
51     padding: 8px 20px;
52     margin-top: 20px;
53   }
54   </style>
55   </head>
```

```
56  <body>
57     <h3>회원가입 폼</h3>
58     <form>
59         <ul id="join">
60             <li>
61                 <ul class="cols">
62                     <li class="col1">아이디</li>
63                     <li class="col2"><input type="text"></li>
64                 </ul>
65             </li>
66             <li>
67                 <ul class="cols">
68                     <li class="col1">비밀번호</li>
69                     <li class="col2"><input type="password"></li>
70                 </ul>
71             </li>
72             <li>
73                 <ul class="cols">
74                     <li class="col1">비밀번호 확인</li>
75                     <li class="col2"><input type="password"></li>
76                 </ul>
77             </li>
78             <li>
79                 <ul class="cols">
80                     <li class="col1">이름</li>
81                     <li class="col2"><input type="text"></li>
82                 </ul>
83             </li>
84             <li>
85                 <ul class="cols">
86                     <li class="col1">이메일</li>
87                     <li class="email"><input type="text"> @ </li>
88                     <li>
89                         <select>
90                             <option>직접 입력</option>
91                             <option>naver.com</option>
92                             <option>hanmail.net</option>
93                             <option>gmail.com</option>
94                         </select>
```

```
95                          </li>
96                      </ul>
97              </li>
98              <li>
99                  <ul class="cols">
100                     <li class="col1">이메일 수신</li>
101                     <li><input type="radio" name="email" checked>
                            비수신  
102                         <input type="radio" name="email"> 수신
103                     </li>
104                 </ul>
105             </li>
106             <li>
107                 <ul class="cols">
108                     <li class="col1">가입 경로</li>
109                     <li><input type="checkbox" name="route1">
                             친구추천  
110                         <input type="checkbox" name="route2">
                             인터넷검색  
111                       <input type="checkbox" name="route3"
                             checked> 기타  
112                     </li>
113                 </ul>
114             </li>
115             <li>
116                 <ul class="cols">
117                     <li class="col1 hello">인사말</li>
118                     <li><textarea></textarea></li>
119                 </ul>
120             </li>
121         </ul>
122             <div id="buttons">
123                 <button type="submit">저장하기</button>
                    <button type="reset">취소하기</button>
124             </div>
125     </form>
126 </body>
127 </html>
```

그림 7-11 ex7-10.html의 실행 결과

6~9행 마진과 패딩의 초기화

페이지 전체에 있는 HTML 요소들의 마진과 패딩을 0으로 초기화한다.

10~12행 목록의 글머리 기호 삭제

태그 선택자 li에 대해 'list-style-none:none'을 적용하여 목록의 글머리 기호를 삭제한다.

13~15행 글 제목과 아이디 join에 마진 설정

57행의 글 제목 '회원가입 폼'과 59행의 아이디 join에 상단과 좌측 마진을 설정한다.

16~21행 아이디 join에 상하단 경계선, 패딩, 너비 설정

59행의 아이디 join에 상하단 경계선(실선, 1 픽셀 두께, 옅은 회색)을 그리고, 패딩(20 픽셀)과 너비(480 픽셀)를 설정한다.

22~24행 클래스 cols에 패딩 설정

61, 67, 73, 79, 85, 99, 107, 116행의 클래스 cols에 패딩(5 픽셀)을 설정한다.

25~27행 클래스 cols 하위의 li 요소를 인라인-블록으로 설정

클래스 cols의 하위에 있는 <li> 태그의 요소에 대해 display 속성을 inline-block으로 설정한다. 이렇게 하면 '아이디'(62행)와 텍스트 입력 창(63행)이 수평 방향으로 배치되고 요소의 너비를 설정할 수 있게 된다.

※ 하위 선택자에 대한 자세한 설명은 6장의 203쪽을 참고하고, 인라인-블록(inline-block)에 대한 설명은 앞의 7.3.2절을 참고하기 바란다.

28~30행 클래스 col1에 너비 설정

62, 68, 74, 80, 86, 100, 108, 117행에 있는 클래스 col1의 너비(150 픽셀)를 설정한다.

31~34행 input 요소와 select 요소에 너비와 높이 설정

63, 69, 75, 81, 87행에 있는 클래스 col2의 하위에 있는 <input> 태그의 요소와 89행의 <select> 태그의 요소, 즉 선택 박스에 너비(200 픽셀)와 높이(28 픽셀)를 설정한다.

35~38행 클래스 email의 하위 input 요소에 너비와 높이 설정

87행에 있는 클래스 email의 하위에 있는 <input> 태그의 요소에 너비(100 픽셀)와 높이(28 픽셀)를 설정한다.

39~42행 textarea 요소에 너비와 높이 설정

118행에 있는 textarea 요소, 즉 다중 입력 창의 너비(328 픽셀)와 높이(100 픽셀)를 설정한다.

43~45행 클래스 hello를 수직 정렬

117행에 있는 클래스 hello, 즉 '인사말'에 'vertical-align:top'을 적용하여 수직 방향으로 상단에 정렬한다.

46~49행 아이디 buttons의 너비와 정렬

122행의 아이디 buttons의 너비(510 픽셀)를 설정하고 우측에 정렬한다.

50~53행 button 요소의 패딩과 상단 마진 설정

123행에 있는 두 개의 버튼 요소의 패딩(상하단 8 픽셀, 좌우측 20 픽셀)과 상단 마진(20 픽셀)을 설정한다.

이와 같은 과정을 거쳐 그림 7-11의 회원가입 폼을 완성할 수 있다.

PROJ 7-1

프로젝트 | 과일 쇼핑몰 상품 목록 만들기

다음은 목록과 CSS를 이용하여 과일 쇼핑몰의 신상품 목록을 만드는 프로그램이다. 다음과 같은 실행 결과를 가져오도록 시작 파일을 텍스트 에디터로 편집하여 프로그램을 완성하시오.

◎ 브라우저 실행 결과

시작 파일 : proj7-1-start.html

```
<!DOCTYPE html>
<html>
<head>
<meta charset="utf-8">
<style>
* {
        margin: 0;                              /* 마진 초기화 */
        padding: 0;                             /* 패딩 초기화 */
}
h2 {
        margin: 40px 0 0 30px ;                 /* 마진 */
}
ul {
        margin: 30px;                           /* 마진 */
        width: 430px;                           /* 너미 */
        border: solid 1px _______;              /* 경계선 */
}
li {
        _______________: none;                  /* 글머리 기호 삭제 */
        padding: 5px 20px;                      /* 패딩 */
}
.row1 img {
        width: 400px;                           /* 너비 */
}
.row2 {
        _______________: solid 1px #dddddd;     /* 상단 경계선 */
        _______________: bold;                  /* 볼드체 */
        _______________: 18px;                  /* 글자 크기 */
        padding-top: 20px;                      /* 상단 패딩 */
}
.row3 {
        font-weight: ______;                    /* 볼드체 */
}
.row4 {
        margin-top: 10px;                       /* 상단 마진 */
        line-height: ______;                    /* 줄 간격 */
}
.row5 {
        ____________: 10px;                     /* 상단 마진 */
        ____________: 10px;                     /* 하단 마진 */
        ____________: 150%;                     /* 줄 간격 */
}
```

```
.row5 span {
        color: ____________;                          /* 글자 색상 */
}
</style>
</head>
<body>
        <h2>과일 신상품</h2>
        <ul>
        <li class="row1"><img src="./img/fruits4.jpg"></li>
        <li class="row2">프리미엄 파인애플 바구니 세트 ...</li>
        <li class="row3">25,000원</li>
        <li class="row4">판매자가 직접키운 파인애플입니다. 집들이, 기념일, 병문안, 생일
등 특별한 날에 상큼한 파인애플과 함께...</li>
        <li class="row5">리뷰 <span>130</span> · 평점 <span>4.9/5</span></li>
        </ul>
</body>
</html>
```

프로젝트 | 드레스 샵 배너 만들기

다음은 파란색 배경 이미지 파일과 CSS를 활용하여 드레스 샵의 배너를 만드는 프로그램이다. 다음과 같은 실행 결과를 가져오도록 시작 파일을 텍스트 에디터로 편집하여 프로그램을 완성하시오.

◎ 브라우저 실행 결과

시작 파일 : proj7-2-start.html

```
<!DOCTYPE html>
<html>
<head>
<meta charset="utf-8">
<style>
* {
        margin: 0;                                        /* 마진 초기화 */
        padding: 0;                                       /* 패딩 초기화 */
}
#dress {
        width: 600px;                                     /* 너비 */
        height: 855px;                                    /* 높이 */
        margin: 30px;                                     /* 마진 */
        ________________: url("./img/blue_bg.png");       /* 배경 이미지 */
        color: #fed45a;                                   /* 글자 색상 */
        font-size: 18px;                                  /* 글자 크기 */
        font-family: "돋움";                              /* 글자 폰트 */
        ____________: ________;                           /* 글자 중앙 정렬 */
        ____________: 5px 5px 10px #888888;               /* 박스 그림자 */
}
img {
        width: 400px;                                     /* 너비 */
}
h1 {
        font-family: "맑은고딕";                          /* 글자 폰트 */
        font-size: 60px;                                  /* 글자 크기 */
        color: #fed45a;                                   /* 글자 색상 */
        _____________: 3px 3px 10px black;                /* 글자 그림자 */
        padding-top: 20px;                                /* 상단 패딩 */
}
#eng {
        _________: __________;                            /* 블록 방식 설정 */
        font-size: 30px;                                  /* 글자 크기 */
        color: #fed45a;                                   /* 글자 색상 */
        margin: 10px 0;                                   /* 마진 */
        text-align: center;                               /* 글자 중앙 정렬 */
}
p {
        margin: 30px 60px;                                /* 마진 */
        line-height: 150%;                                /* 줄 간격 */
        text-align: center;                               /* 글자 중앙 정렬 */
        color: __________;                                /* 글자 색상 */
}
```

```
ul {
        margin-top: 20px;                       /* 상단 마진 */
}
li {
        text-align: ______;
/* 글자 좌측 정렬 */
        ______________: ________;               /* 글 머리 기호 : 사각형 */
        margin-left: 120px;                     /* 좌측 마진 */
        padding: 10px 0 0 15px;                 /* 패딩 */
        line-height: 150%;                      /* 줄 간격 */
}
#button {
        _______________: #fed45a;               /* 배경 색상 */
        padding: 20px;                          /* 패딩 */
        margin: 40px 100px;                     /* 마진 */
        color: #13214d;                         /* 글자 색상 */
        font-size: 30px;                        /* 글자 크기 */
        ______________: bold;                   /* 볼드체 */
}
</style>
</head>
<body>
        <div id="dress">
                <h1>스페셜 드레스 샵</h1>
                <span id="eng">Special Dress Shop</span>
                <p>생일, 결혼기념일, 만난 기념일 등 특별한 날에 스페셜 드레스를 입고
                   포토존에서 멋진 추억의 사진을 남겨보세요.</p>
                <img src="./img/dress.png">

                <ul>
                <li>기간 : 매주 토/일요일<br>
            <span>13:00 ~ 마감시간 전까지</span></li>
                <li>장소 : 기념품 판매점 옆 스페셜 드레스<br>
                ※ 키즈, 커플 드레스도 입고 되었어요!</li>
                </ul>

                <div id="button">
                        <a>이용요금 및 이용방법</a>
                </div>
        </div>
</body>
</html>
```

PROJ 7-3

프로젝트 | 게시판 글쓰기 폼 만들기

다음은 폼 양식, 테이블, CSS를 이용하여 게시판 글쓰기 폼을 만드는 프로그램이다. 다음과 같은 실행 결과를 가져오도록 시작 파일을 텍스트 에디터로 편집하여 프로그램을 완성하시오.

◎ 브라우저 실행 결과

시작 파일 : proj7-3-start.html

```
<!DOCTYPE html>
<html>
<head>
<meta charset="utf-8">
<style>
table {
        ______________: collapse;        /* 단일 경계선 */
        ____________: solid 3px black;   /* 상단 경계선 */
}
```

```
td {
        _____________: solid 1px #cccccc; /* 하단 경계선 */
        padding:10px;                          /* 패딩 */
}
.col1 {
        width: 80px;                                  /* 너비 */
}
input {
        width: 500px;                          /* 너비 */
        height: 25px;                                 /* 높이 */
}
textarea {
        _________: 500px;                             /* 너비 */
        _________: 100px;                             /* 높이 */
}
#buttons {
        width: 620px;                          /* 너비 */
        _____________: _________;              /* 우측 정렬 */
        margin-top: 20px;                             /* 상단 마진 */
}
button {
        padding: 5px 20px;                            /* 패딩 */
        _____________: 3px;                           /* 좌측 마진 */
}
</style>
</head>
<body>
   <h3>게시판 글쓰기 폼</h3>
   <table>
        <tr><td class="col1">이름</td><td>홍길동</td></tr>
        <tr><td>제목</td><td><input type="text"></td></tr>
        <tr><td>글 내용</td><td><textarea></textarea></td></tr>
        <tr><td>파일</td><td><input type="file"></td></tr>
   </table>
   <div id="buttons">
      <button>저장하기</button> <button>목록보기</button>
   </div>
</body>
</html>
```

연습문제 7장. CSS 활용

1. 배경 이미지를 삽입하는 데 사용되는 CSS 속성은?

2. 배경 이미지의 반복 방식을 설정하는 데 사용되는 CSS 속성은?

3. 배경 이미지의 위치를 설정하는 데 사용되는 CSS 속성은?

4. 웹 페이지에 배경 이미지를 삽입할 때 배경 이미지를 한번만 사용하게 하는 CSS 명령(속성과 속성 값)은?

5. 테이블에 단일 경계선을 그리는 데 사용되는 CSS 명령(속성과 속성 값)은?

6. 테이블에서 셀 내 글자를 정렬하는 데 사용되는 CSS 속성은?

7. 목록에서 글머리 기호를 삭제하는 데 사용되는 CSS 명령(속성과 속성 값)은?

8. 목록에서 글머리 이미지를 삽입하는 데 사용되는 CSS 속성은?

9. 웹 페이지의 요소를 브라우저 화면에 표시할 때 사용되는 인라인과 블록 방식의 차이점에 대해 자세히 설명하시오.

10. display 속성 값 inline-block의 특징에 대해 자세히 설명하시오.

11. 텍스트 입력 창, 선택 박스, 다중 입력 창의 너비와 높이를 설정하는 데 사용되는 CSS 속성은?

PART 3
웹 페이지 제작 편

PART 3 웹 페이지 제작 편

CHAPTER 08

웹 페이지 레이아웃

레이아웃은 HTML 요소들을 브라우저 화면에 배치하는 작업을 말한다. 8장에서는 먼저 박스 요소를 화면 중앙에 배치하는 방법을 익힌 다음 레이아웃할 때 가장 유용하면서도 널리 사용되는 float 속성과 clear 속성의 사용법을 익힌다. 그리고 HMTL5에서 추가된 <header>, <footer>, <section>, <nav> 태그 등을 이용한 웹 페이지의 레이아웃 방법과 요소의 위치를 지정하는 position 속성의 사용법을 배운다.

8.1 박스 요소의 중앙 배치

HTML 요소를 웹 페이지에 배치하는 작업은 기본적으로 화면의 상단에서부터 시작하여 좌측에서 우측 방향으로 진행된다. 이런 식으로 하단까지 작업이 완료되면 전체 레이아웃이 완성된다.

레이아웃을 진행하다 보면 <div> 태그와 같은 박스형 요소를 브라우저 화면의 중앙에 배치한 다음에 그 박스 안에서 세부적인 레이아웃 작업을 진행하는 경우가 종종 발생한다.

다음 예제를 통하여 박스 요소를 중앙에 배치하는 방법에 대해 알아보자.

예제 8-1. 박스 요소의 중앙 배치

ex8-1.html

```
1  <!DOCTYPE html>
2  <html>
3  <head>
4  <meta charset="utf-8">
5  <style>
6  #box1, #box2, #box3 {
7      width: 400px;
8      margin: 0 auto;
9      border: solid 1px red;
10     padding: 20px;
11  }
12  #box2 {    text-align: right;  }
13  #box3 {    text-align: center;  }
14  </style>
15  </head>
16  <body>
17     <div id="box1">
18             안녕하세요.
19     </div>
```

```
20      <div id="box2">
21              안녕하세요.
22      </div>
23      <div id="box3">
24              <img src="./img/orange.jpg">
25      </div>
26  </body>
27  </html>
```

그림 8-1 ex8-1.html의 실행 결과

8행 **margin: 0 auto;**

상하단 마진은 0, 좌우측 마진은 auto로 설정한다. 이와 같이 margin-left와 margin-right 속성 값을 auto로 설정하면, 7행에 의해 설정된 400 픽셀 너비의 박스에 대해 좌측과 우측의 여백을 균등하게 나누게 된다. 이 결과 그림 8-1에 나타난 것과 같이 박스들이 중앙에 배치된다.

12행 **text-align: right;**

그림 8-1에서와 같이 21행의 글자 '안녕하세요.'를 박스 내에서 우측에 정렬한다.

13행 text-align: center;

24행의 이미지(orange.jpg)가 박스의 가운데 정렬된다.

알아두기

박스의 중앙 배치

<div> 태그와 같은 박스 요소를 중앙에 배치할 때는 다음과 같이 좌우측 마진을 auto로 설정한다.

```
margin: 0 auto;
```

알아두기

글자나 이미지의 중앙 정렬

박스 내에 있는 글자나 이미지를 중앙에 정렬할 때에는 다음과 같이 text-align 속성의 속성 값 center를 사용한다.

```
text-align: center;
```

8.2 float 속성을 이용한 레이아웃

CSS의 float 속성을 이용하면 웹 페이지의 요소를 공중에 띄워서 화면의 좌측 또는 우측에 배치할 수 있다. float는 우리말로 하면 '(물 위나 공중에서)떠가다, 뜨다, 부유하다' 등의 뜻을 가진다. float 속성을 이용한 레이아웃 방식은 직관적이고 사용법이 간단하기 때문에 요소를 원하는 곳에 쉽게 배치할 수 있다.

8.2.1 float 속성

다음의 예제에서는 float 속성을 이용하여 박스 요소를 화면의 좌측과 우측에 배치하고 있다. 이 예제를 통하여 float 속성의 사용법을 익혀보자.

예제 8-2. float 속성의 사용 예

ex8-2.html

```
1  <!DOCTYPE html>
2  <html>
3  <head>
4  <meta charset="utf-8">
5  <style>
6  div {
7     width: 100px;
8     height: 50px;
9     margin: 10px;
10    color: white;
11    text-align: center;
12 }
13 #a, #b {
14    background-color: green;
15 }
16 #c {
17    float: right;
18    background-color: red;
19 }
```

```
20  #d {
21     float: left;
22     background-color: blue;
23  }
24  </style>
25  </head>
26  <body>
27     <div id="a">요소 A</div>
28     <div id="b">요소 B</div>
29
30     <div id="c">요소 C</div>
31     <div id="d">요소 D</div>
32  </body>
33  </html>
```

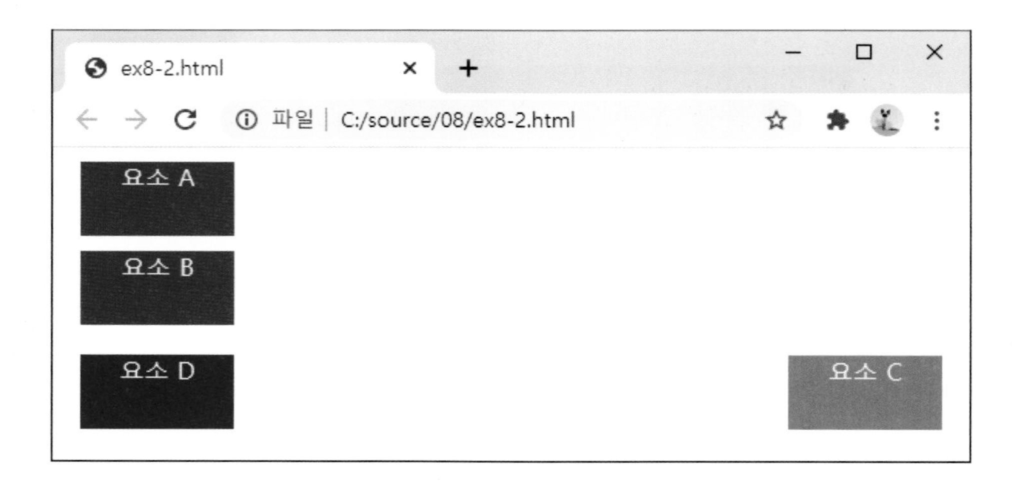

그림 8-2 ex8-2.html의 실행 결과

13~15행 float 속성이 적용되지 않은 경우

13~15행에서는 아이디 a(요소 A)와 아이디 b(요소 B)에 float 속성이 적용되지 않았다. 이 경우에는 당연히 요소 A와 요소 B에 사용된 <div> 태그에 대한 display 속성의 기본값인 블록(block) 방식이 적용된다.

블록 방식에서는 그림 8-2에 나타난 것과 같이 초록색 박스로 표시된 요소 A와 요소 B가 수직 방향으로 배치된다.

※ 디스플레이의 블록 방식에 대해서는 7장의 227쪽을 참고하기 바란다.

17행 **float: right;**

float 속성의 속성 값 right는 아이디 c(요소 C)를 공중에 띄워 우측에 배치한다.

21행 **float: left;**

float 속성의 속성 값 left는 아이디 d(요소 D)를 공중에 띄워 좌측에 배치한다.

float 속성 값을 표로 정리하면 다음과 같다.

표 8-1 float 속성 값

속성	의미
left	해당 요소를 부유 요소로 만들어 좌측에 배치
right	해당 요소를 부유 요소로 만들어 우측에 배치

8.2.2 clear 속성

앞 절에서 CSS의 float 속성은 요소를 공중에 띄워 좌측 또는 우측에 배치한다고 설명하였다.

하나의 요소에 float 속성이 적용되면 그 다음에 오는 요소들도 계속해서 float 속성의 영향을 받게 된다. float 속성이 적용된 요소 다음에 오는 요소를 float 속성의 영향을 받지 않고 새로운 줄에 배치하고자 할 때에는 clear 속성을 사용한다.

다음의 예제에서는 이미지를 담은 박스에 float 속성이 적용되면, 그 다음에 오는 글 제목과 단락은 이미지 우측에 배치된다.

예제 8-3. float 속성이 적용된 요소의 다음 요소 배치 ex8-3.html

```
1  <!DOCTYPE html>
2  <html>
3  <head>
4  <meta charset="utf-8">
5  <style>
6  div {  float: left;  }
7  </style>
8  </head>
9  <body>
10     <div><img src="./img/orange.jpg"></div>
11     <h3 style="border: solid 1px red;">오렌지</h3>
12     <p style="border: solid 1px red;">인도가 원산지인 오렌지는
           비타민 C가 풍부하고 달콤한 향기가 나고 남녀노소 누구나 좋아하는
           과일이다.</p>
13  </body>
14  </html>
```

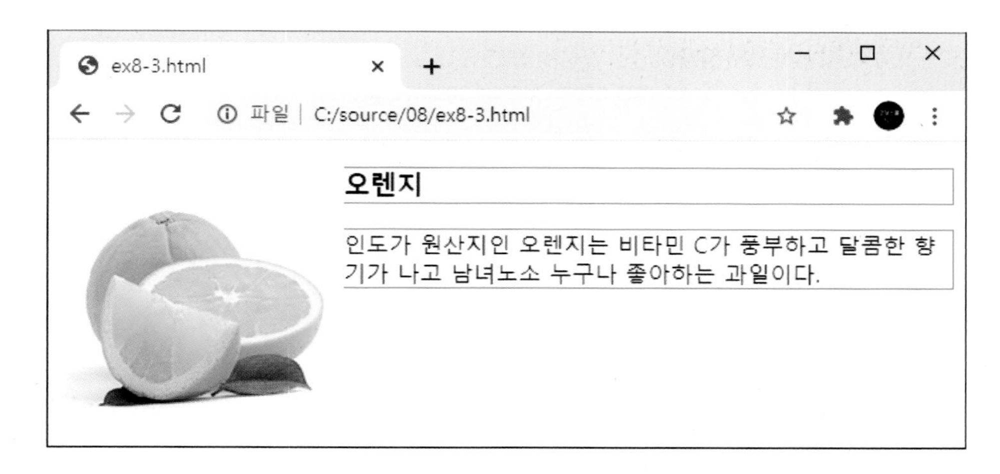

그림 8-3 ex8-3.html의 실행 결과

6행 div { float: left; }

10행의 이미지를 담은 박스인 div 요소는 'float: left'에 의해 공중에 띄워져 좌측에 배치된다. 따라서 그림 8-3에 나타난 것과 같이 11행과 12행의 글 제목 '오렌지'와 단락은 이미지 우측으로 이어서 배치된다.

이번에는 위의 예제 8-3에서 글 제목에 clear 속성을 사용하는 다음의 예제를 살펴보자.

예제 8-4. clear 속성을 사용한 경우 ex8-4.html

```
1  <!DOCTYPE html>
2  <html>
3  <head>
4  <meta charset="utf-8">
5  <style>
6  div {  float: left;  }
7  h3 {  clear: left;  }
8  </style>
9  </head>
```

```
10  <body>
11      <div><img src="./img/orange.jpg"></div>
12      <h3 style="border: solid 1px red;">오렌지</h3>
13      <p style="border: solid 1px red;">인도가 원산지인 오렌지는 비타민
            C가 풍부하고 달콤한 향기가 나고 남녀노소 누구나 좋아하는
            과일이다.</p>
14  </body>
15  </html>
```

그림 8-4 ex8-4.html의 실행 결과

7행 h3 { clear: left; }

12행의 h3 요소('오렌지')에 'clear:left'가 적용된다. 이것은 6행에서 사용된 'float: left'를 해제한다. 따라서 그림 8-4에서와 같이 글 제목 '오렌지'와 단락이 이미지 박스 다음의 새로운 줄에서 시작된다.

정리하면 요소에 clear 속성을 사용하면 그 이전에 적용된 float 속성이 해제되어 clear 속성이 적용된 요소는 새로운 줄에 배치된다.

float 속성을 해제하는 clear 속성의 속성 값을 표로 정리하면 다음과 같다.

표 8-2 clear 속성 값

속성 값	의미
left	이전에 사용된 'float:left'의 기능을 해제함
right	이전에 사용된 'float:right'의 기능을 해제함
both	이전에 사용된 float 속성 값 left와 right의 기능을 둘 다 해제함

8.3 웹 페이지 레이아웃

웹 페이지를 제작할 때는 먼저 구획을 나누어 몇 개의 큰 박스를 화면에 배치한 다음 각 박스 안에서 세부적인 내부 요소들의 배치가 이루어진다. 이와 같이 웹 페이지의 전체적인 윤곽을 잡는 작업을 웹 페이지 레이아웃이라고 한다. 이번 절을 통하여 웹 페이지 레이아웃 방법을 익혀보자.

8.3.1 div 요소 레이아웃

다음 예제에서는 div 태그와 float 속성을 이용하여 웹 페이지의 레이아웃 작업을 수행한다.

예제 8-5. div 요소를 이용한 웹 페이지 레이아웃 ex8-5.html

```
1  <!DOCTYPE html>
2  <html>
3  <head>
4  <meta charset="utf-8">
5  <style>
6  #wrap {
7     width: 800px;
8     margin: 0 auto;
9  }
10  #header {
11     height: 60px;
12     background-color: #dddddd;
13  }
14  #sidebar {
15     width: 200px;
16     height: 300px;
17     float: left;
18     background-color: orange;
19  }
```

```
20  #section {
21     width: 600px;
22     height: 300px;
23     float: right;
24     background-color: skyblue;
25  }
26  #footer {
27     clear: both;
28     height: 60px;
29     background-color: #dddddd;
30  }
31  #header, #sidebar, #section, #footer {
32     font-size: 20px;
33     text-align: center;
34     padding-top: 30px;
35  }
36  </style>
37  </head>
38  <body>
39     <div id="wrap">
40             <h2>div 요소를 이용한 레이아웃</h2>
41             <div id="header">
42                     상단 헤더
43             </div>
44             <div id="sidebar">
45                     사이드바
46             </div>
47             <div id="section">
48                     메인 섹션
49             </div>
50             <div id="footer">
51                     하단 푸터
52             </div>
53     </div> <!-- wrap -->
54  </body>
55  </html>
```

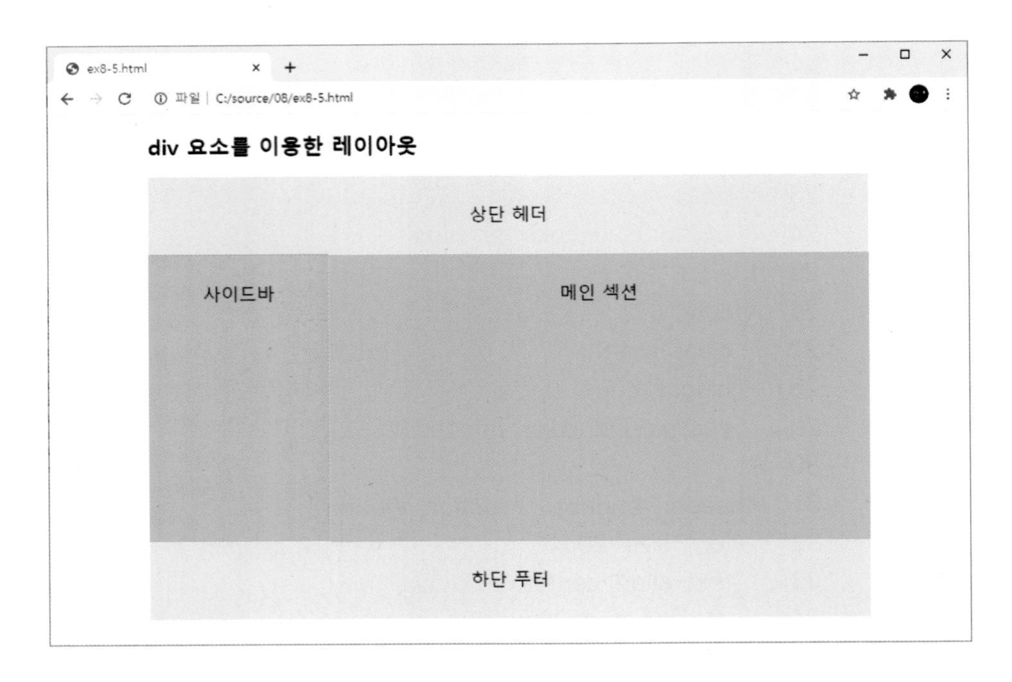

그림 8-5 ex8-5.html의 실행 결과

6~9행 전체 페이지를 감싸는 박스의 중앙 배치

아이디 wrap(39~53행)은 전체 페이지의 요소들을 감싸는 박스이다. 박스의 너비를 800 픽셀로 설정하고 'magin: 0 auto'를 이용하여 박스를 중앙에 배치한다. 이렇게 함으로써 그림 8-5에 나타난 것과 같이 페이지의 전체 요소들을 중앙에 배치할 수 있게 된다.

※ 박스를 중앙에 배치하는 것에 대한 자세한 설명은 앞의 8.1절 266쪽을 참고하기 바란다.

10~13행 상단 헤더 설정

아이디 header(41~43행)는 상단 헤더 영역을 나타내는 박스이다. 헤더 박스의 너비를 60픽셀로 하고 배경색을 옅은 회색(색상코드:#dddddd)으로 칠한다.

선택자 #header에서는 너비를 설정하지 않았다. 이와 같이 div 요소에 너비를 설정하지 않으면, div 요소의 기본 디스플레이 설정인 블록(block) 방식에 의해 아이디 header는 전체 행을 꽉 채우게 된다.

※ div 요소의 기본 디스플레이 설정에 대해서는 7장 231쪽의 표 7-4를 참고하기 바란다.

14~19행 사이드바 설정

아이디 sidebar(44~46행)는 웹 페이지에서 사이드바 영역을 의미하는 박스이다. 사이드바는 웹 페이지의 메인 섹션, 즉 메인 콘텐츠의 좌측이나 우측 옆에 위치하는 박스형의 요소를 의미한다. 아이디 sidebar의 너비를 200 픽셀, 높이를 300 픽셀로 설정하고, 'float: left'를 이용하여 사이드바를 좌측에 배치하고, 배경색은 오렌지색으로 설정한다.

20~25행 메인 섹션 설정

아이디 section(47~49행)은 메인 섹션, 즉 메인 콘텐츠 영역을 나타내는 박스이다. 메인 섹션은 너비를 600 픽셀, 높이를 300 픽셀, 배경색을 하늘색으로 설정된다.

26~30행 하단 푸터 설정

아이디 footer(50~52행)는 페이지의 하단 끝에 위치하여 웹 사이트의 주인인 개인이나 기관의 주소와 연락처, 저작권 표시, 하단 메뉴 등이 삽입되는 영역을 나타낸다.

'clear: both'를 이용하여 17행과 23행에서 적용된 float 속성을 해제한다. 이렇게 함으로써 하단 푸터는 메인 섹션 다음의 새로운 줄에서 시작된다.

하단 푸터의 높이는 60 픽셀, 배경색은 옅은 회색(색상코드:#dddddd)으로 칠한다.

8.3.2 HTML 레이아웃 요소

앞의 예제 8-5에서와 같이 div 요소를 이용하여 웹 페이지를 레이아웃하게 되면 <div> 태그가 필연적으로 많이 사용된다. 페이지 내에 산재되어 있는 <div> 태그들은 웹 페이지의 구조를 복잡하게 만들고 웹 페이지의 가독성이 떨어진다. 이렇게 되면 웹 페이지의 유지보수가 어렵고 작업자 이외에는 문서를 이해하기 어려워 공동 작업에도 어려움이 따른다.

이러한 단점을 보완하기 위해 2014년 제정된 HTML5 버전에서는 웹 페이지의 레이아웃을 위해 <header>, <footer>, <section>, <sidebar>, <nav>, <article> 등의 태그들을 추가하였다. 이렇게 함으로써 태그 이름을 보면 요소가 가지고 있는 의미를 쉽게 파악할 수 있게 하였다.

이것을 HTML5의 시멘틱(Semantic)이라고 한다. 'Semantic'은 '의미의, 의미론적인'이란 뜻이다. HTML 태그 자체가 그 의미를 가지게 된다는 것을 뜻한다. 예를 들어 HTML 문서에서 <header> 태그를 보면, '아! 이 부분은 전체 페이지의 상단 헤더 부분이구나.'라고 직관적으로 알 수 있게 된다.

다음 예제는 앞의 예제 8-5에서 <div> 태그 대신에 HTML5에서 추가된 레이아웃 태그를 사용한 예이다.

예제 8-6. HTML5의 레이아웃 태그 사용 예 ex8-6.html

```
1  <!DOCTYPE html>
2  <html>
3  <head>
4  <meta charset="utf-8">
5  <style>
6  #wrap {
7      width: 800px;
8      margin: 0 auto;
9  }
```

```
10 header {
11     height: 60px;
12     background-color: #dddddd;
13 }
14 aside {
15     width: 200px;
16     height: 300px;
17     float: left;
18     background-color: pink;
19 }
20 section {
21     width: 600px;
22     height: 300px;
23     float: right;
24     background-color: yellow;
25 }
26 footer {
27     clear: both;
28     height: 60px;
29     background-color: #dddddd;
30 }
31 header, aside, section, footer {
32     font-size: 20px;
33     text-align: center;
34     padding-top: 30px;
35 }
36 </style>
37 </head>
38 <body>
39     <div id="wrap">
40             <h2>HTML5의 레이아웃 태그</h2>
41             <header>
42                     상단 헤더(&lt;header&gt; 태그)
43             </header>
44             <aside>
45                     사이드바<br>(&lt;aside&gt; 태그)
46             </aside>
```

```
47              <section>
48                      메인 콘텐츠(&lt;section&gt; 태그)
49              </section>
50              <footer>
51                      하단 푸터(&lt;footer&gt; 태그)
52              </footer>
53      </div> <!-- wrap -->
54  </body>
55  </html>
```

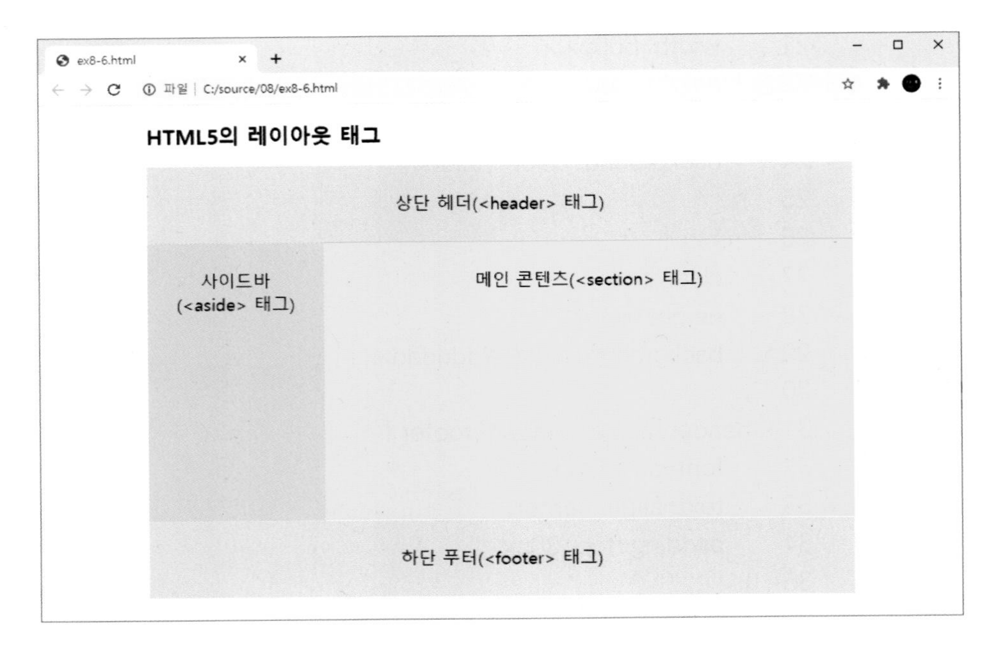

그림 8-6 ex8-6.html의 실행 결과

41행 <header> 태그

<header> 태그는 웹 페이지의 상단에 위치한 로고, 상단 메뉴, 메인 메뉴 등이 들어가는 헤더를 정의할 때 사용한다.

44행 〈aside〉 태그

〈aside〉 태그는 'aside'란 단어의 의미대로 메인 콘텐츠가 아닌 부가적인 요소의 영역을 나타낸다. aside 요소는 웹에서 흔히 말하는 사이드바(Sidebar)와 유사한 개념이다.

일반적으로 aside 요소는 메인 콘텐츠의 좌측 또는 우측 옆에 위치하여 메뉴, 사이트 링크, 배너, 공지 글 목록 등의 요소를 포함하는 영역을 나타낸다.

47행 〈section〉 태그

〈section〉 태그는 웹 페이지에서 메인 콘텐츠와 같이 독립적인 구획, 즉 섹션을 나타낼 때 사용된다.

section 요소를 어떤 영역에 사용해야 하는지는 명확하게 정의되어 있지는 않다. 페이지에서 독립적인 영역인데 이름을 붙이기 애매한 부분이 존재하면 그런 곳에 〈section〉 태그를 사용하면 된다.

50행 〈footer〉 태그

〈footer〉 태그는 웹 페이지의 하단 끝에 위치하며, 일반적으로 footer 요소는 하단 메뉴, 회사나 기관의 주소, 연락처, 저작권 표시 등의 요소를 포함한다.

HTML5의 레이아웃 태그에는 위에서 설명한 〈header〉, 〈aside〉, 〈section〉, 〈footer〉 태그 외에도 내비게이션 메뉴에 사용하는 〈nav〉, 블로그의 포스트 등의 글 영역에 사용되는 〈article〉 태그 등이 있다. 이 외에도 몇 가지 레이아웃 태그가 더 존재하지만 많이 사용되지 않기 때문에 설명은 생략한다.

다음 그림은 HTML5의 레이아웃 태그로 구성한 웹 페이지 레이아웃의 한 예이다.

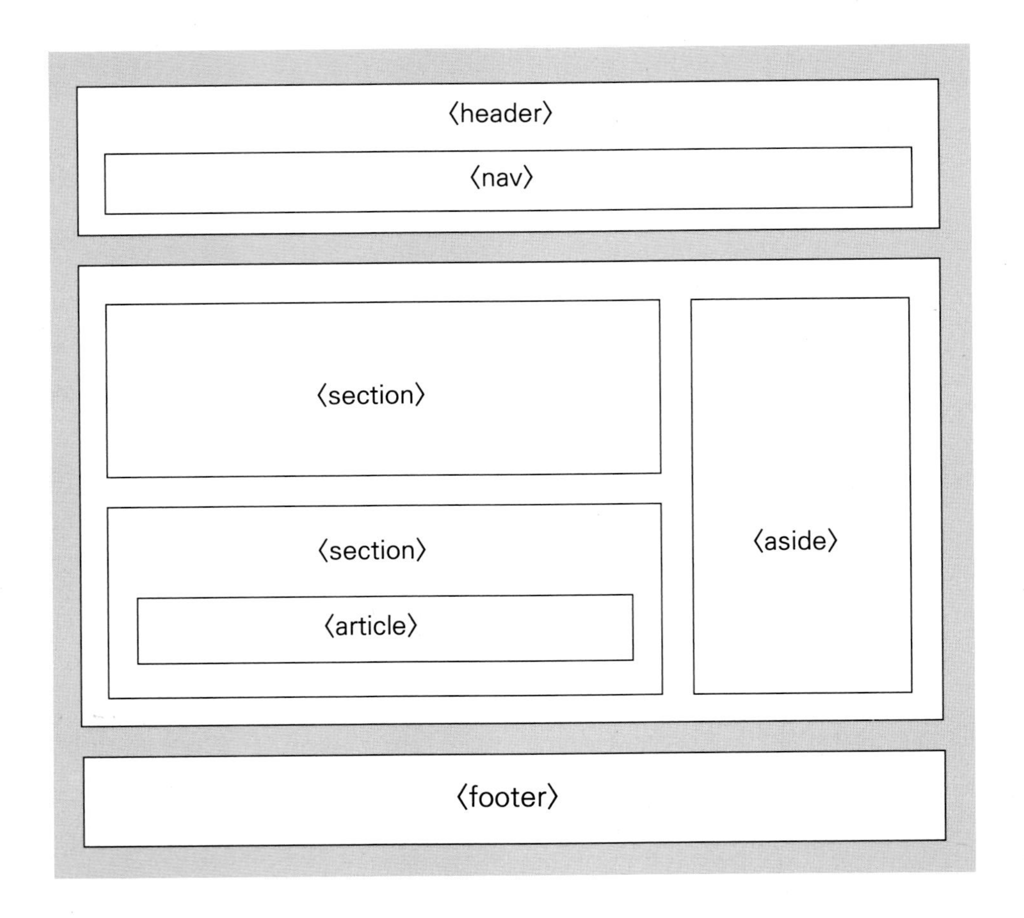

그림 8-7 HTML5 레이아웃 태그의 사용 예

위의 그림 8-7에서 사용된 HTML5의 레이아웃 태그를 표로 정리하면 다음과 같다.

표 8-3 HTML5의 레이아웃 태그

태그명	의미
〈header〉	상단 헤더의 영역에 사용
〈nav〉	내비게이션 링크인 메인 메뉴, 상단 메뉴, 하단 메뉴 등에 사용 사용
〈section〉	독립적인 구획(섹션)에 사용
〈article〉	원래는 블로그 포스트 등의 글 영역을 위해 만들어졌는데 섹션 내의 독립적인 공간에 많이 사용
〈aside〉	섹션의 좌측 또는 우측의 사이드바에 사용
〈footer〉	하단 푸터에 사용

8.4 요소의 위치 지정

float 속성이 요소를 화면의 좌측 또는 우측에 배치하는 데 사용되는 반면 position 속성은 HTML 요소의 위치를 지정하는 데 사용된다. postion 속성의 속성 값에는 relative, absolute, fixed 등이 있다. 이번 절을 통하여 position 속성의 사용법에 대해 알아보자.

1 상대 위치 지정 – relative

다음 예제를 통하여 요소의 상대 위치를 지정하는 position 속성의 속성 값 relative에 대해 알아보자.

예제 8-7. 요소의 상대 위치 지정

ex8-7.html

```
1  <!DOCTYPE html>
2  <html>
3  <head>
4  <meta charset="utf-8">
5  <style>
6  #b {
7      position: relative;
8      left: 60px;
9      top: 30px;
10  }
11  #a, #b, #c {
12      width: 100px;
13      height: 60px;
14      background-color: yellow;
15      border: solid 1px black;
16  }
17  </style>
18  </head>
```

```
19  <body>
20    <h3>상대 위치 지정(position: relative)</h3>
21    <div id="a">요소 A</div>
22    <div id="b">요소 B</div>
23    <div id="c">요소 C</div>
24  </body>
25  </html>
```

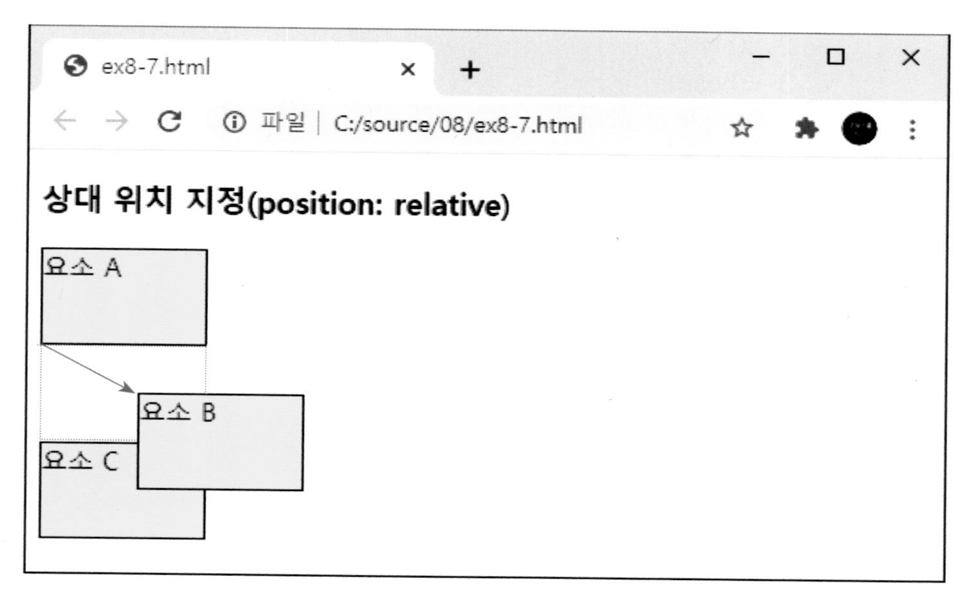

그림 8-8 ex8-7.html의 실행 결과

7행 **position: relative;**

position 속성 값 relative는 아이디 b, 즉 '요소 B'의 원래 위치에서 left(60 픽셀)와 top(30 픽셀) 속성에서 지정한 대로 요소를 이동시킨다. 따라서 '요소 B' 박스는 그림 8-8에 나타난 것과 같이 원래 위치에서 좌측으로부터 60 픽셀, 상단에서 30 픽셀 떨어진 지점으로 이동하게 된다.

이와 같이 position 속성 값 relative는 원래 있어야 할 지점을 기준으로 상대적인 위치로 요소를 이동시킨다.

2 절대 위치 지정 - absolute

다음의 예제에서 사용되는 pisition 속성 값 absolute는 요소의 절대 위치를 지정하는 데 사용된다.

예제 8-8. 요소의 절대 위치 지정

ex8-8.html

```
1  <!DOCTYPE html>
2  <html>
3  <head>
4  <meta charset="utf-8">
5  <style>
6  #b {
7      position: absolute;
8      left: 80px;
9      top: 50px;
10 }
11 #a, #b, #c {
12     width: 100px;
13     height: 60px;
14     background-color: yellow;
15     border: solid 1px black;
16 }
17 </style>
18 </head>
19 <body>
20     <h3>절대 위치 지정(position: absolute)</h3>
21     <div id="a">요소 A</div>
22     <div id="b">요소 B</div>
23     <div id="c">요소 C</div>
24 </body>
25 </html>
```

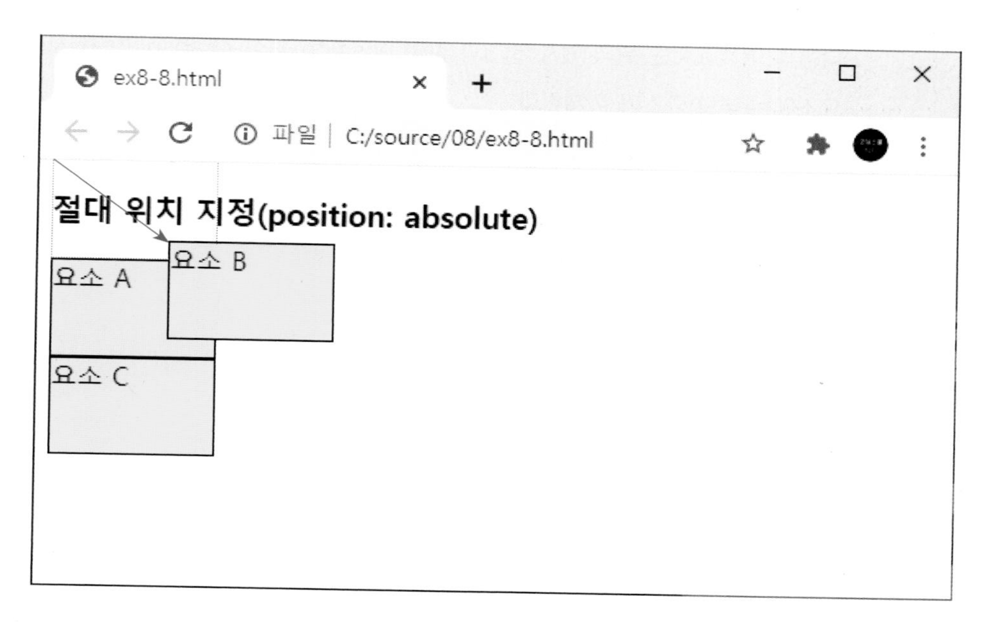

그림 8-9 ex8-8.html의 실행 결과

7행 position: absolute;

position 속성 값 absolute가 사용된 22행의 '요소 B'는 그림 8-9에 나타난 것과 같이 브라우저의 좌측 상단 시작점(기본 마진 제외)에서 좌측으로부터 80 픽셀(8행), 상단으로부터 50 픽셀(9행) 떨어진 지점으로 이동한다.

이와 같이 position 속성 값 absolute는 브라우저의 원점인 절대 위치를 기준으로 요소를 배치한다.

다음의 예제에서는 위의 예제 8-8과 같이 position 속성 값 absolute가 사용되지만 이 요소에는 부모 요소가 존재한다.

예제 8-9. 부모 요소가 존재하는 경우의 absolute 사용 예 ex8-9.html

```
1  <!DOCTYPE html>
2  <html>
3  <head>
4  <meta charset="utf-8">
5  <style>
6  #parent {
7     width: 350px;
8     height: 200px;
9     position: relative;
10    border: solid 1px red;
11    padding: 90px 0 0 60px;
12 }
13 #b {
14    position: absolute;
15    left: 30px;
16    top: 30px;
17 }
18 #a, #b, #c {
19    width: 100px;
20    height: 60px;
21    background-color: yellow;
22    border: solid 1px black;
23 }
24 </style>
25 </head>
26 <body>
27    <h3>절대 위치 지정(position: absolute, 부모 요소가 있는 경우)</h3>
28    <div id="parent">
29          <div id="a">요소 A</div>
30          <div id="b">요소 B</div>
31          <div id="c">요소 C</div>
32    </div>
33 </body>
34 </html>
```

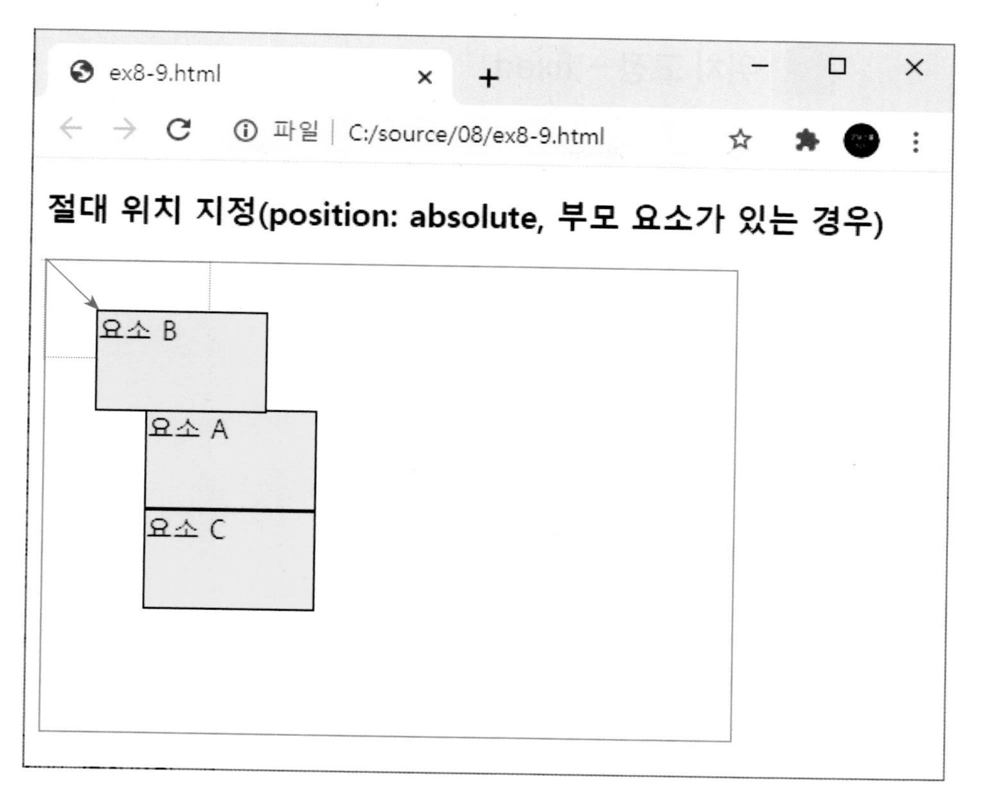

그림 8-10 ex8-9.html의 실행 결과

14행 **position: absolute;**

30행의 '요소 B'의 부모는 28행의 아이디 parent이다. 이 경우에 '요소 B'의 position 속성 값 absolue가 사용되면 그림 8-10에 나타난 것과 같이 부모 요소, 즉 아이디 parent(빨간색 박스)의 원점을 기준으로 요소가 배치된다.

이렇게 되기 위한 선제 조건은 부모 요소의 position 속성 값이 relative, absolute, fixed 중의 하나이어야 한다. 여기서는 부모 요소인 아이디 parent가 9행에 의해 relative 속성 값을 가지고 있다.

따라서 '박스 B' 요소는 left(30 픽셀)와 top(30 픽셀) 속성에 의해 아이디 parent의 원점으로부터 좌측에서 30 픽셀, 상단에서 30 픽셀 떨어진 곳에 위치하게 된다.

3 위치 고정 - fixed

이번에는 요소를 웹 페이지의 특정 위치에 고정시키는 position 속성 값 fixed에 대해 알아보자.

예제 8-10. 요소의 위치 고정 ex8-10.html

```
1  <!DOCTYPE html>
2  <html>
3  <head>
4  <meta charset="utf-8">
5  <style>
6  #box {
7      width: 10px;
8      height: 1000px;
9      background-color: green;
10  }
11  #a {
12      position: fixed;
13      top: 20px;
14      right:20px;
15      background-color: red;
16      padding: 10px 20px;
17      color: white;
18  }
19  </style>
20  </head>
21  <body>
22      <h3>위치 고정(position: fixed)</h3>
23      <div id="box"></div>
24      <div id="a">요소 A</div>
25  </body>
26  </html>
```

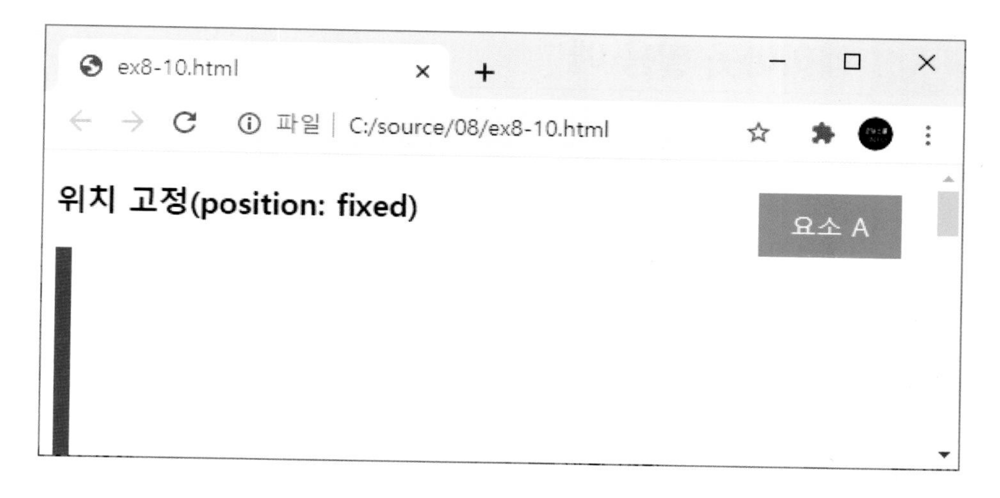

그림 8-11 ex8-10.html의 실행 결과

12행 **position: fixed;**

그림 8-11의 빨간색 박스인 24행의 '요소 A'는 웹 페이지의 우측 상단에 고정되어 있다. 스크롤 바를 아래로 내리더라도 이 요소는 브라우저 화면의 기존 위치에 고정되어 있다. 이와 같이 요소를 브라우저 화면의 특정 위치에 고정시키려면 position 속성 값 fixed를 사용하면 된다.

웹 페이지에서 요소의 위치를 지정하는 position 속성의 속성 값을 표로 정리하면 다음과 같다.

표 8-4 position 속성 값

태그명	의미
relative	요소가 원래 있는 자리를 기준으로 상대 위치를 지정
absolute	브라우저 화면의 원점(또는 부모 요소의 원점)을 기준으로 한 절대 위치를 지정
fixed	브라우저 화면의 특정 위치에 요소를 고정

8.5 레이아웃 활용 예

이번 절에서는 앞에서 배운 float, clear, position 등의 CSS 속성을 이용하여 웹 사이트에서 자주 사용되는 사이트 맵과 배너 목록을 배치하는 방법에 대해 알아본다.

8.5.1 사이트 맵 레이아웃

사이트 맵은 다음 그림 8-12에 나타난 것과 같은 네비게이션 메뉴의 모음이다. 사이트 맵에 있는 각 메뉴를 클릭하면 해당 웹 페이지로 이동할 수 있다.

다음 예제를 통하여 사이트 맵을 만드는 방법에 대해 알아보자.

예제 8-11. 사이트 맵 만들기 ex8-11.html

```
1  <!DOCTYPE html>
2  <html>
3  <head>
4  <meta charset="utf-8">
5  <style>
6  * {
7      margin: 0;
8      padding: 0;
9  }
10 li { list-style-type: none; }
11 section {
12     height: 250px;
13     background-color: #1b9c9e;
14     color: white;
15 }
16 #sitemap {
17     width: 800px;
18     margin: 0 auto;
19 }
```

```
20  .items {
21      float: left;
22      margin: 50px 40px;
23  }
24  .items li {  margin-top: 10px;  }
25  </style>
26  </head>
27  <body>
28  <section>
29      <div id="sitemap">
30              <div class="items">
31                      <h3>병원 소개</h3>
32                      <ul>
33                      <li>인사말</li>
34                      <li>병원 네트워크</li>
35                      <li>조직도</li>
36                      <li>찾아오시는 길</li>
37                      </ul>
38              </div>
39
40              <div class="items">
41                      <h3>감기 클리닉</h3>
42                      <ul>
43                      <li>기침 감기</li>
44                      <li>코 감기</li>
45                      <li>목 감기</li>
46                      <li>몸살 감기</li>
47                      </ul>
48              </div>
49
50              <div class="items">
51                      <h3>비염 클리닉</h3>
52                      <ul>
53                      <li>알레르기 비염</li>
54                      <li>축농증</li>
55                      <li>코막힘 비염</li>
56                      </ul>
57              </div>
```

```
58
59              <div class="items">
60                  <h3>온라인 상담</h3>
61                  <ul>
62                  <li>공지사항</li>
63                  <li>자주하는 질문</li>
64                  <li>질문과 답변</li>
65                  <li>자료실</li>
66                  </ul>
67              </div>
68      </div>  <!-- sitemap -->
69  </section>
70  </body>
71  </html>
```

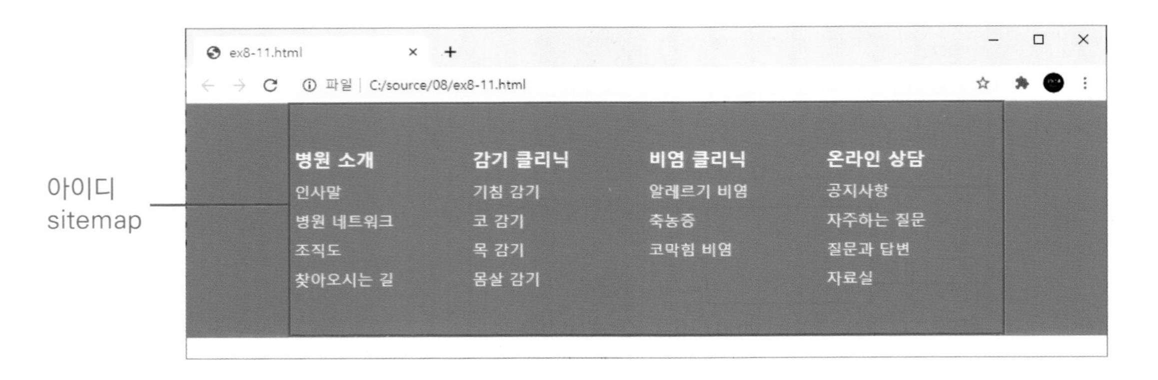

그림 8-12 ex8-11.html의 실행 결과

11~15행 **section 요소의 설정**

사이트 맵 전체를 의미하는 28행의 section 요소의 높이를 250 픽셀, 배경 색상을 코발트색(색상코드:#1b9c9e), 글자 색상을 흰색으로 설정한다.

<section> 태그의 display 속성의 기본 값이 블록(block)이기 때문에 여기에서와 같이 width 속성을 설정하지 않으면 전체 행을 꽉 채우게 된다.

※ display 속성과 블록 특성에 대한 설명은 7장의 7.3절 227쪽을 참고하기 바란다.

16~19행 아이디 sitemap 설정

그림 8-12에서 빨간색 박스로 표시된 29행의 아이디 sitemap의 너비를 800 픽셀로 설정하고 중앙에 배치한다.

※ 박스 요소를 중앙에 배치하는 방법에 대해서는 앞의 266쪽을 참고하기 바란다.

20~23행 클래스 items 설정

30행, 40행, 50행, 59행의 클래스 items는 사이트 맵의 각각의 메뉴 그룹를 의미한다. 'float:left'를 이용하여 각 메뉴 그룹 박스를 좌측에서부터 수평 방향으로 하나씩 배치한다. 그리고 각 박스에 대해 상하단 마진(50 픽셀)과 좌우측 마진(40 픽셀)을 설정한다.

8.5.2 배너 목록 레이아웃

다음의 예제는 수제 초콜릿 전문점의 배너 목록을 만드는 프로그램이다. 이 예제를 통하여 이미지와 글자로 구성된 박스 요소들을 웹 페이지에 수평 방향으로 배치하는 방법에 대해 알아보자.

예제 8-12. 배너 목록 만들기 ex8-12.html

```
1  <!DOCTYPE html>
2  <html>
3  <head>
4  <meta charset="utf-8">
5  <style>
6  * { margin: 0; padding: 0; }
7  li { list-style-type: none; }
8  h2 { margin: 20px 0  0 30px; }
9  .items {
10     width: 300px;
11     border: solid 1px #cccccc;
12     padding: 30px 0 0 30px;
13     margin: 30px 0 10px 30px;
14     float: left;
15 }
```

```
16  .i1 img {  width: 300px; }
17  .i2 {
18     margin-top: 20px;
19     font-size: 16px;
20     color: #908076;
21  }
22  .i3 {
23     margin-top: 10px;
24     font-size: 23px;
25     font-weight: bold;
26  }
27  .i4 {
28     margin-top: 20px;
29     margin-bottom: 10px;
30  }
31  .i4 div {
32     border-top: solid 1px black;
33     padding: 15px 0;
34     font-size: 16px;
35  }
36  .i4 .s1 {  color: #908076; }
37  .i4 .s2 {  margin-left: 80px; }
38  </style>
39  </head>
40  <body>
41     <h2>수제 초콜릿 전문점</h2>
42     <div class="items">
43              <ul>
44              <li class="i1"><img src="./img/choco1.jpg"></li>
45              <li class="i2">초콜릿 스타일링</li>
46              <li class="i3">간식용 수제 초콜릿 1</li>
47              <li class="i4">
48                        <div><span class="s1">2023.03.10</span>
49                        <span class="s2">좋아요 3 · 추천 5</span></div>
50              </li>
51              </ul>
52     </div>
```

```
53      <div class="items">
            <ul>
55          <li class="i1"><img src="./img/choco2.jpg"></li>
56          <li class="i2">초콜릿 스타일링</li>
57          <li class="i3">간식용 수제 초콜릿 2</li>
58          <li class="i4">
59              <div><span class="s1">2023.03.10</span>
60              <span class="s2">좋아요 3 · 추천 5</span></div>
61          </li>
62          </ul>
63      </div>
64      <div class="items">
65          <ul>
66          <li class="i1"><img src="./img/choco3.jpg"></li>
67          <li class="i2">초콜릿 스타일링</li>
68          <li class="i3">간식용 수제 초콜릿 3</li>
69          <li class="i4">
70              <div><span class="s1">2023.03.10</span>
71              <span class="s2">좋아요 3 · 추천 5</span></div>
72          </li>
73          </ul>
74      </div>
75      <div class="items">
76          <ul>
77          <li class="i1"><img src="./img/choco4.jpg"></li>
78          <li class="i2">초콜릿 스타일링</li>
79          <li class="i3">간식용 수제 초콜릿 4</li>
80          <li class="i4">
81              <div><span class="s1">2023.03.10</span>
82              <span class="s2">좋아요 3 · 추천 5</span></div>
83          </li>
84          </ul>
85      </div>
86      <div class="items">
87          <ul>
88          <li class="i1"><img src="./img/choco5.jpg"></li>
89          <li class="i2">초콜릿 스타일링</li>
90          <li class="i3">간식용 수제 초콜릿 5</li>
```

```
 91             <li class="i4">
 92                     <div><span class="s1">2023.03.10</span>
 93                     <span class="s2">좋아요 3 · 추천 5</span></div>
 94             </li>
 95             </ul>
 96     </div>
 97     <div class="items">
 98             <ul>
 99             <li class="i1"><img src="./img/choco6.jpg"></li>
100             <li class="i2">초콜릿 스타일링</li>
101             <li class="i3">간식용 수제 초콜릿 6</li>
102             <li class="i4">
103                     <div><span class="s1">2023.03.10</span>
104                     <span class="s2">좋아요 3 · 추천 5</span></div>
105             </li>
106             </ul>
107     </div>
108 </body>
109 </html>
```

9~15행 **클래스 items 설정**

42행, 53행, 64행, 75행, 86행, 97행의 클래스 items는 그림 8-13의 회색 경계선으로 된 각각의 박스를 의미한다. 이 박스의 너비, 경계선, 패딩, 마진을 설정한다. 그리고 'float:left'에 의해 이 박스들은 좌측에서부터 수평 방향으로 하나씩 차례대로 배치된다.

16행 **이미지 너비 설정**

클래스 i1의 하위 요소인 이미지의 너비를 300 픽셀로 설정한다.

17~21행 **클래스 i2 설정**

클래스 i2는 그림 8-13의 '초콜릿 스타일링' 글자가 들어가는 여섯 군데의 li 요소를 의미한다. 이 각각의 영역에 대해 상단 마진(20 픽셀), 글자 크기(16 픽셀), 글자 색상(#908076)을 설정한다.

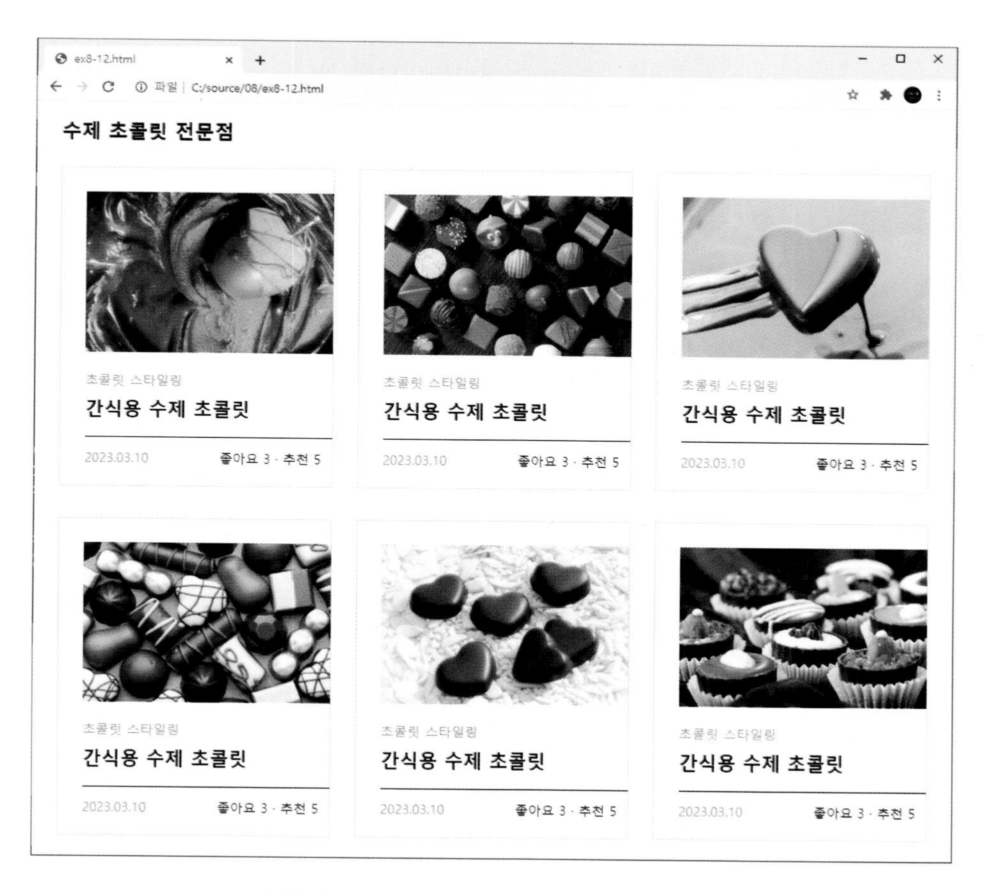

그림 8-13 ex8-12.html의 실행 결과

22~26행 클래스 i3 설정

클래스 i3는 그림 8-13의 '간식용 수제 초콜릿' 글자가 들어가는 li 요소를 의미한다. 이 항목에 상단 마진과 글자 크기를 설정하고, 글자를 볼드체로 변경한다.

31~35행 클래스 i4 하위의 div 요소 설정

클래스 i4 하위에 있는 div 요소의 상단에 검정색 선을 그리고, 패딩과 글자 크기를 설정한다.

PROJ 8-1

프로젝트 | 기업 연혁 만들기

다음은 float 속성을 이용하여 기업의 연혁을 만드는 프로그램이다. 다음과 같은 실행 결과를 가져오도록 시작 파일을 텍스트 에디터로 편집하여 프로그램을 완성하시오.

◎ 브라우저 실행 결과

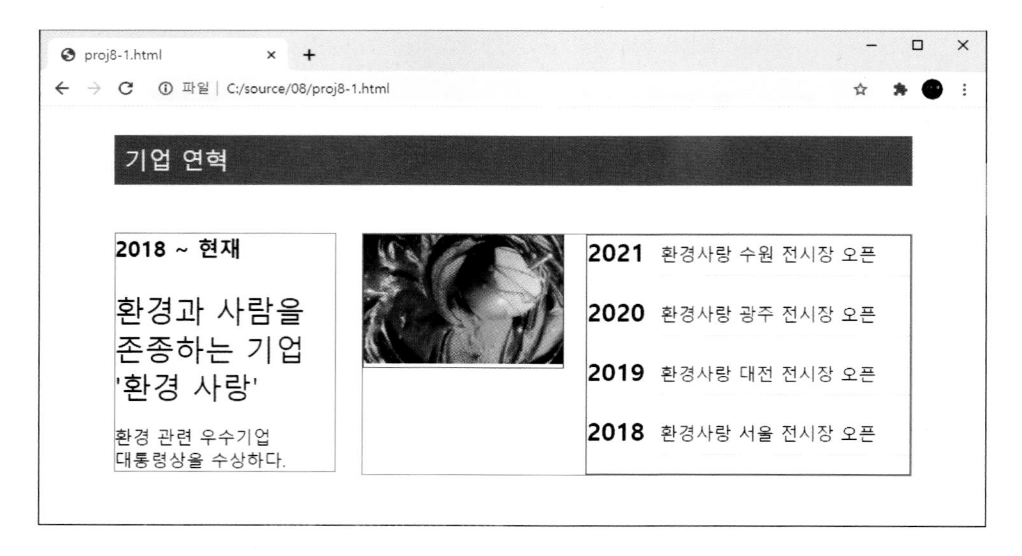

시작 파일 : proj8-1-start.html

```
<!DOCTYPE html>
<html>
<head>
<meta charset="utf-8">
<style>
* {
        margin: 0;
        padding: 0;
}
```

```
li { list-style-type: none; }
#story {
        width: 800px;
        ____________________            /* 박스 중앙 배치 */
}
#story h2 {
        margin-top: 30px;
        padding: 10px;
        font-weight: normal;
        color: white;
        background-color: green;
}
.col1 {
        width: 220px;
        _____________                   /* 부유 요소로 좌측에 배치 */
        margin-top: 50px;
        border: solid 1px red;
}
.col2 {
        width: 550px;
        _____________                   /* 부유 요소로 우측에 배치 */
        margin-top: 50px;
        border: solid 1px red;
}
#story h3 { font-size: 22px; }
#moto {
        margin-top: 30px;
        font-size: 30px;
}
#prize {
        margin-top: 20px;
        font-size: 18px;
}
.image {
        _____________                   /* 부유 요소로 좌측에 배치 */
        border: solid 1px blue;
}
.text {
        _____________                   /* 부유 요소로 우측에 배치 */
        border: solid 1px blue;
}
.image img { width: 200px; }
```

```
.items li {
        ______________________    /* 인라인-블록 설정하기 */
}
.date {
        font-size: 25px;
        font-weight: bold;
}
.comment {      width: 250px;
        font-size: 18px;
        margin: 0 0 20px 10px;
        border-bottom: solid 1px #dddddd;
        padding-bottom: 10px;
}
</style>
</head>
<body>
<section>
   <div id="story">
        <h2> 기업 연혁</h2>
        <div class="col1">
                <h3>2018 ~ 현재</h3>
                <p id="moto">환경과 사람을<br> 존중하는 기업<br> '환경 사랑'</p>

                <p id="prize">환경 관련 우수기업<br> 대통령상을 수상하다.</p>
        </div> <!-- col1 -->

        <div class="col2">
                <div class="image">
                        <img src="./img/choco1.jpg"></li>
                </div> <!-- image -->
                <div class="text">
                   <ul>
                        <li class="items">
                           <ul>
                           <li class="date">2021</li>
                           <li class="comment"> 환경사랑 수원 전시장 오픈</li>
                           </ul>
                        </li>
```

```
                    <li class="items">
                              <ul>
                              <li class="date">2020</li>
                              <li class="comment"> 환경사랑 광주 전시장 오픈</li>
                              </ul>
                    </li>
                    <li class="items">
                              <ul>
                              <li class="date">2019</li>
                              <li class="comment"> 환경사랑 대전 전시장 오픈</li>
                              </ul>
                    <li class="items">
                              <ul>
                              <li class="date">2018</li>
                              <li class="comment"> 환경사랑 서울 전시장 오픈</li>
                              </ul>
                    </li>
                    </ul>
               </div> <!-- text -->
          </div> <!-- col2 -->
     </div> <!-- story -->
</section>
</body>
</html>
```

PROJ 8-2

프로젝트 | 메뉴를 비정형으로 배치하기

다음은 position 속성을 이용하여 메뉴를 비정형적으로 배치하는 프로그램이다. 시작 파일을 텍스트 에디터로 편집하여 프로그램을 완성하시오.

◎ 브라우저 실행 결과

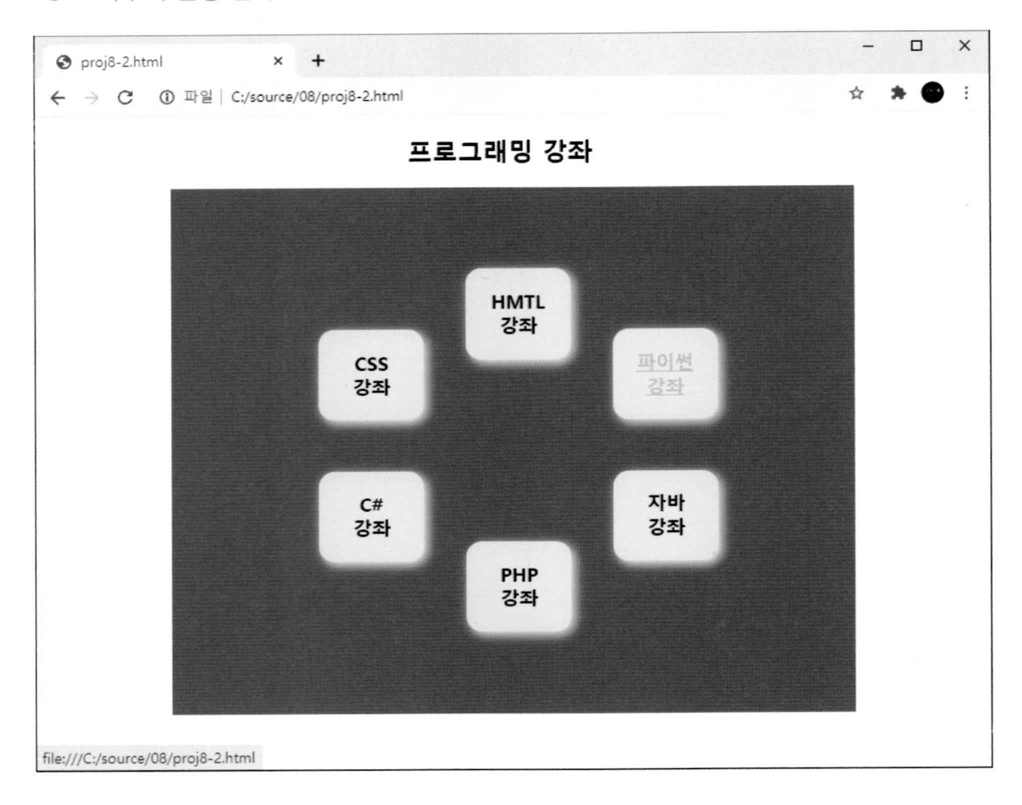

시작 파일 : proj8-2-start.html

```
<!DOCTYPE html>
<html>
<head>
<meta charset="utf-8">
<style>
h2 {
        width: 200px;
        margin: 20px auto;
}
#box {
        background-color: green;
        width: 650px;
        height: 520px;
        margin: 0 auto;
        position: relative;
}
#box div {
        background-color: yellow;
        width: 100px;
        height: 70px;
        box-shadow: 3px 3px 10px white;
        padding-top: 20px;
        border-radius: 15px;
        text-align: center;
        position: ______________;                    /* 절대 위치 지정 */
}
#box a:link, #box a:visited, #box a:active {
        color: black;
        font-weight: bold;
        text-decoration: none;
        font-size: 18px;
}
#box a:hover {
        color: orange;
        font-weight: bold;
        text-decoration: underline;
        font-size: 18px;
}
```

```
#menu1 { left: _________; top: 80px; }
#menu2 { left: _________; top: 140px; }
#menu3 { left: _________; top: 140px; }
#menu4 { left: _________; top: 280px; }
#menu5 { left: _________; top: 280px; }
#menu6 { left: _________; top: 350px; }
</style>
</head>
<body>
        <h2>프로그래밍 강좌</h2>
        <div id="box">
                <div id="menu1">
                        <a href="">HMTL<br>강좌</a>
                </div>
                <div id="menu2">
                        <a href="">CSS<br>강좌</a>
                </div>
                <div id="menu3">
                        <a href="">파이썬<br>강좌</a>
                </div>
                <div id="menu4">
                        <a href="">C#<br>강좌</a>
                </div>
                <div id="menu5">
                        <a href="">자바<br>강좌</a>
                </div>
                <div id="menu6">
                        <a href="">PHP<br>강좌</a>
                </div>
        </div> <!-- box -->
</section>
</body>
</html>
```

연습문제 8장. 웹 페이지 레이아웃

1. 박스 요소를 중앙에 배치할 때 사용하는 CSS 명령(속성과 속성 값)은?

2. 박스 요소 안에 있는 글자나 이미지를 중앙에 정렬할 때 사용되는 CSS 명령(속성과 속성 값)은?

3. 요소를 공중에 띄워 웹 페이지의 좌측 또는 우측에 배치하는 데 사용되는 CSS 속성은?

4. float 속성을 해제하여 요소를 새로운 줄에 배치하는 CSS 속성은?

5. HTML5에서 추가된 레이아웃 태그로써 상단 헤더 영역에 사용되는 태그는?

6. HTML5에서 추가된 레이아웃 태그로써 하단 푸터 영역에 사용되는 태그는?

7. HTML5에서 추가된 레이아웃 태그로써 독립적인 구획에 사용되는 태그는?

8. HTML5에서 내비게이션 링크인 각종 메뉴에 사용되는 레이아웃 태그는?

9. position 속성 값 중에서 상대 위치를 지정하는 데 사용되는 속성 값은?

10. position 속성 값 중에서 절대 위치를 지정하는 데 사용되는 속성 값은?

11. position 속성 값 중에서 요소를 웹 페이지의 특정 위치에 고정시키는 속성 값은?

CHAPTER 09

실전! 웹 페이지 제작

9장에서는 1장~8장을 통해 배운 지식을 총 동원하여 실전에 바로 활용할 수 있는 웹 페이지를 제작한다. 먼저 전체 페이지에 대해 구획을 나누고 레이아웃을 잡는다. 작업 순서는 레이아웃의 상단에서 하단 방향으로 각 영역을 하나씩 만들어 나가게 된다. 상단 헤더부터 시작하여 메인 이미지, 사이드바, 메인 섹션, 하단 푸터 순으로 작업한 다음 전체 파일을 하나로 합쳐 웹 페이지를 완성한다.

9.1 전체 페이지 레이아웃

이번 장을 통하여 제작하게 될 웹 사이트의 메인 페이지는 다음 그림과 같다. 이러한 페이지를 제작하기 위해서는 먼저 페이지의 각 요소들이 갖는 의미와 물리적 위치를 고려하여 박스 형태로 구획을 나누어야 한다.

그림 9-1 실습 사이트의 메인 페이지

그림 9-1에 나타난 것과 같이 구획은 빨간색 박스로 표시된 것과 같이 다섯 개의 영역으로 나누어 볼 수 있다.

각 영역에 이름을 붙여 도식화하면 다음 그림과 같다.

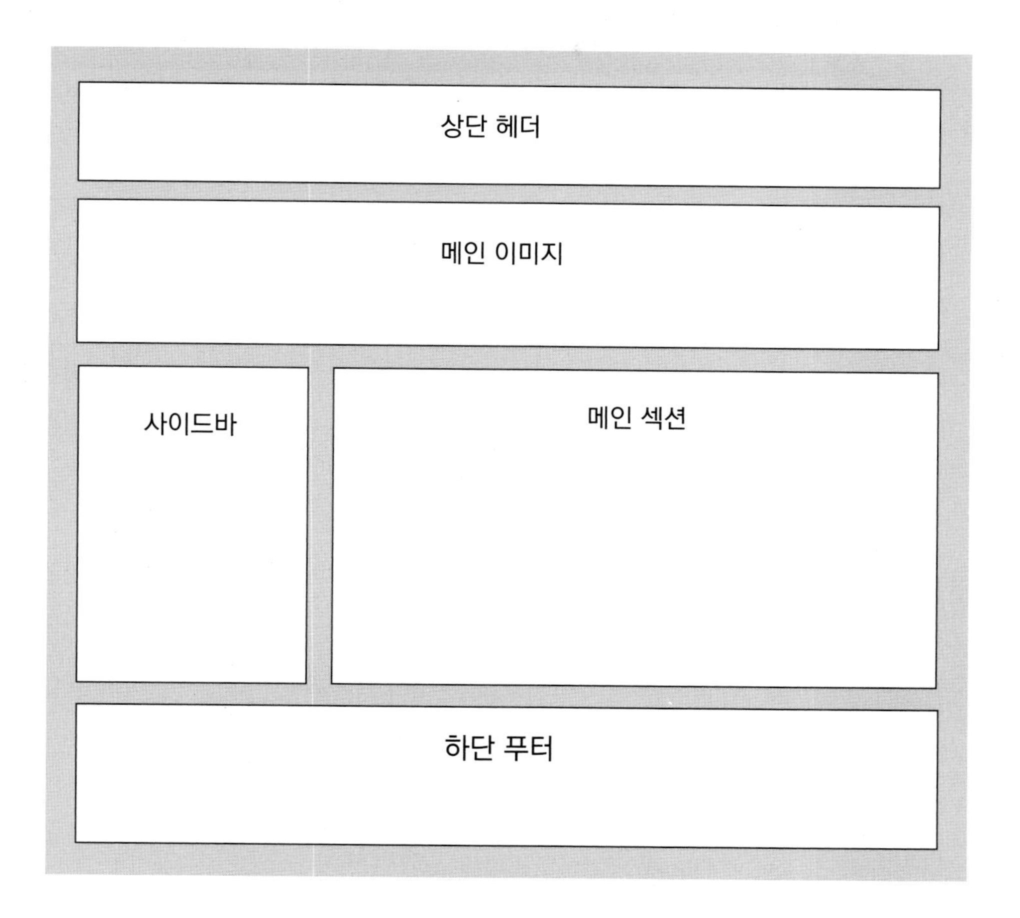

그림 9-2 메인 페이지(그림 9-1)의 구성도

위의 그림 9-2를 보면 웹 페이지가 상단 헤더, 메인 이미지, 사이드바, 메인 섹션, 하단 푸터의 다섯 개 영역으로 구성되어 있음을 알수 있다.

다음 절부터 그림 9-2의 각 모듈을 상단에서 부터 하나씩 제작하게 되는데 실습에서 사용되는 프로그램 소스 파일을 표로 정리하면 다음과 같다.

표 9-1 실습에서 사용되는 프로그램 소스 파일

파일명	의미	책의 설명
layout.html	전체 페이지 레이아웃	9.1 절
header.html	상단 헤더	9.2.1 절
mainimage.html	메인 이미지	9.2.2 절
header-mainimage.html	헤더 + 메인 이미지	9.2.2 절
sidebar.html	사이드바	9.3 절
main.html	메인 섹션	9.4 절
footer.html	하단 푸터	9.5 절
index.html	완성된 웹 페이지	9.6 절

그림 9-2를 참고하여 이전에 배운 HTML5 레이아웃 태그와 CSS를 이용하여 실제로 레이아웃 작업을 해보자.

예제 9-1. 메인 페이지 레이아웃

layout.html

```
1  <!DOCTYPE html>
2  <html>
3  <head>
4  <meta charset="utf-8">
5  <style>
6  * {
7     margin: 0;
8     padding: 0;
9     text-align: center;
10 }
11 header {
12    height: 130px;
13    border: solid 1px red;
14 }
15 .box {
16    width: 1100px;
17    margin: 0 auto;
18    border: solid 1px blue;
19 }
20 #main_image {
21    height: 200px;
22    border: solid 1px red;
23 }
24 aside {
25    width: 220px;
26    height: 300px;
27    float: left;
28    border: solid 1px green;
29 }
30 #main {
31    width: 840px;
32    height: 300px;
33    float: right;
34    border: solid 1px green;
35 }
```

```
36  footer {
37      clear: both;
38      height: 120px;
39      border: solid 1px red;
40  }
41  </style>
42  </head>
43  <body>
44      <header>
45              <div class="box">
46                      상단 헤더
47              </div> <!-- box -->
48      </header>
49
50      <section id="main_image">
51              메인 이미지
52      </section> <!-- main_image -->
53
54      <div class="box">
55              <aside>
56                      사이드바
57              </aside> <!-- aside -->
58              <section id="main">
59                      메인 섹션
60              </section> <!-- main -->
61      </div> <!-- box -->
62
63      <footer>
64              <div class="box">
65                      하단 푸터
66              </div> <!-- box -->
67      </footer> <!-- footer -->
68  </body>
69  </html>
```

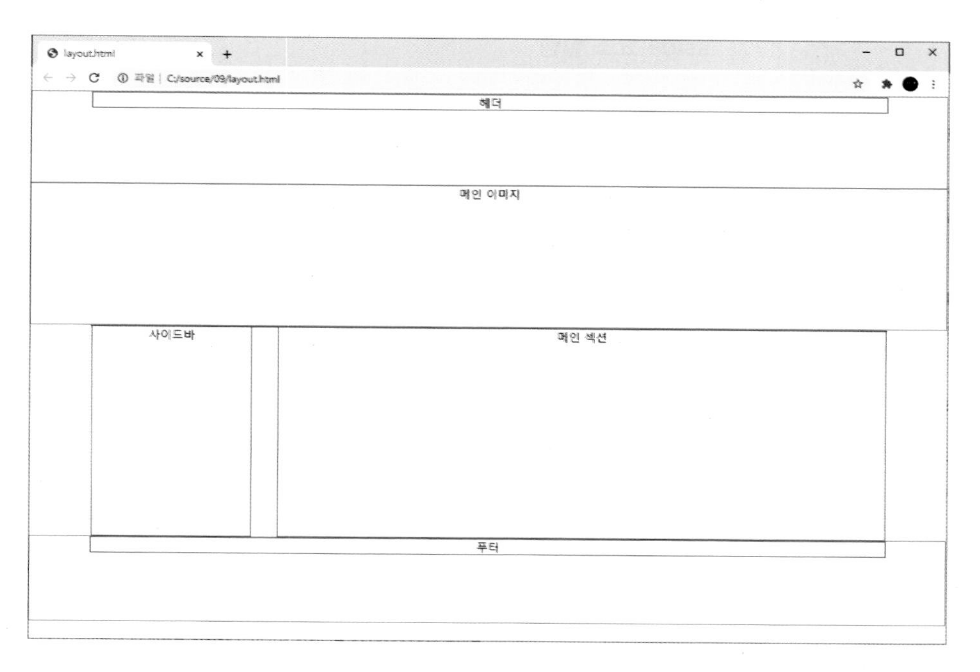

그림 9-3 layout.html(예제 9-1)의 실행 결과

6~10행 마진 패딩 초기화

페이지의 모든 태그 요소들에 대해 마진과 패딩을 0으로 초기화한다.

11~14행 header 요소의 높이 설정

44행 header 요소의 높이를 130 픽셀로 설정한다. 여기서 설정되는 header 요소의 높이는 레이아웃 작업의 편의을 위해 적당한 값으로 선택된 것이다. 이 값은 다음 절에서 헤더에 대한 세부 작업이 진행될 때 정확한 값으로 대체될 것이다.

15~19행 클래스 box의 너비 설정과 중앙 배치

45, 54, 64행 클래스 box에 대해 너비를 1100 픽셀로 설정한 다음, 'margin: 0 auto'를 이용하여 요소를 중앙에 배치한다.

20~23행 아이디 main_image의 높이 설정

50행 아이디 main_image의 높이를 200 픽셀로 설정한다. 이 값도 다음 절에서 실제 이미지 삽입 작업을 할 때 정확한 값으로 대체될 것이다.

24~29행 aside 요소 설정

55행 aside 요소는 그림 9-3의 중앙 좌측에 있는 사이드 바를 의미한다. 사이드바의 너비를 220 픽셀로 설정한 다음, 'float:left'를 이용하여 공중에 띄워 좌측에 배치한다. 여기서의 높이 설정도 헤더나 메인 이미지에서와 마찬가지로 레이아웃 편의를 위에 적당한 값으로 정한 것이다.

30~35행 아이디 main 설정

58행 아이디 main은 메인 페이지의 메인 섹션 영역이다. 이 요소의 너비를 840 픽셀로 설정한 다음, 'float:right'를 이용하여 공중에 띄워 우측에 배치한다.

36~40행 footer 요소 설정

63행 footer 요소에 대해서는 'clear:both' 명령을 이용하여 27행과 33행에서 사용된 float 속성을 해제한다. 이렇게 함으로써 footer 요소가 새로운 줄에서 시작된다.

※ clear 속성에 대한 자세한 설명은 8장 279쪽을 참고한다.

9.2 상단 헤더와 메인 이미지

이번 절에서는 앞의 그림 9-3의 레이아웃에서 제일 상단에 위치한 상단 헤더와 메인 이미지를 만드는 방법에 대해 배운다.

9.2.1 상단 헤더

먼저 상단 헤더를 만들어 보자. 상단 헤더는 다음 그림에 나타난 것과 같이 로고, 상단 메뉴, 메인 메뉴로 구성된다.

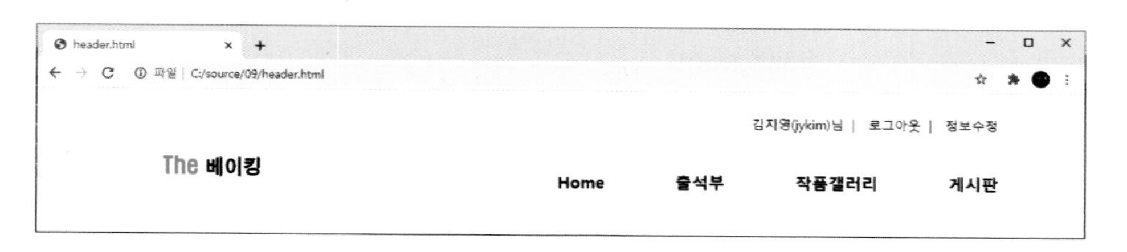

그림 9-4 상단 헤더(header.html)

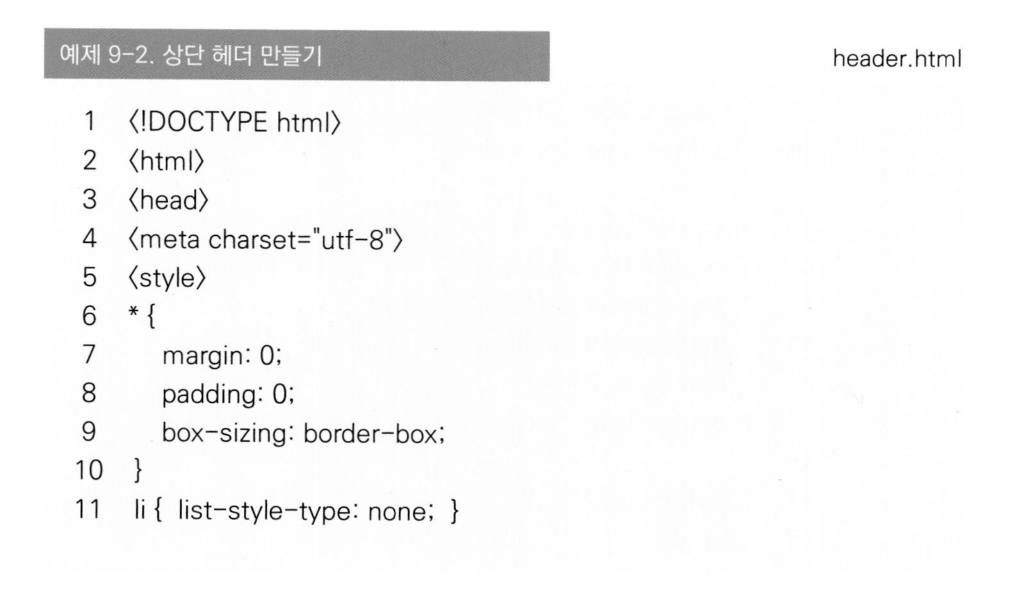

예제 9-2. 상단 헤더 만들기 header.html

```
1  <!DOCTYPE html>
2  <html>
3  <head>
4  <meta charset="utf-8">
5  <style>
6  * {
7      margin: 0;
8      padding: 0;
9      box-sizing: border-box;
10 }
11 li { list-style-type: none; }
```

```
12  header {
13     height: 166px;
14  /*border: solid 1px red;  */
15  }
16  .box {
17     width: 1100px;
18     margin: 0 auto;
19  /*border: solid 1px red;  */
20  }
21  #logo {
22     float: left;
23     margin: 80px 0 0 60px;
24  /*border: solid 1px red;  */
25  }
26  #menu {
27     float: right;
28     text-align: right;
29     margin-right: 20px;
30  /*border: solid 1px red;  */
31  }
32  #menu li {
33     display: inline-block;
34  /*border: solid 1px red;  */
35  }
36  #top_menu li {
37     margin: 30px 0 0 10px;
38  /*border: solid 1px red;  */
39  }
40  #main_menu li {
41     margin: 50px 0 0 80px;
42     font-family: "맑은고딕";
43     font-weight: bold;
44     font-size: 20px;
45  /*border: solid 1px red;  */
46  }
47  </style>
48  </head>
```

```
49 <body>
50   <header>
51         <div class="box">
52               <div id="logo">
53                     <img src="./img/logo.png">
54               </div> <!-- logo -->
55               <nav id="menu">
56                     <ul id="top_menu">
57                     <li>김지영(jykim)님</li><li>|</li>
58                     <li>로그아웃</li><li>|</li>
59                     <li>정보수정</li>
60                     </ul>
61                     <ul id="main_menu">
62                     <li>Home</li>
63                     <li>출석부</li>
64                     <li>작품갤러리</li>
65                     <li>게시판</li>
66                     </ul>
67               </nav> <!-- menu -->
68         </div> <!-- box -->
69   </header>
70 </body>
71 </html>
```

7~8행 마진 패딩 초기화

웹 페이지의 모든 태그 요소에 대해 마진과 패딩을 0으로 초기화한다.

9행 box-sizing : border-box;

웹 페이지를 만들 때 요소의 너비(width 속성)와 높이(height)를 특정 크기로 설정하여도 요소에 패딩과 경계선이 적용되게 되면 박스의 크기가 커지게 된다. 이렇게 되면 요소를 정확한 크기로 만드는 데 어려움이 따른다.

이러한 문제를 해결해주는 것이 box-sizing 속성이다. box-sizing 속성에 속성 값 border-box를 적용하면 패딩과 경계선 설정이 요소에 사용되더라도 width와 height 속성에 의해 설정된 박스의 크기는 그대로 유지된다.

알아두기

box-sizing 속성이란?

다음의 예제를 통하여 앞의 예제 9-2의 9행에서 사용된 border-box 속성에 대해 좀 더 자세히 알아보자.

box-sizing.html

```
1  <!DOCTYPE html>
2  <html>
3  <head>
4  <meta charset="utf-8">
5  <style>
6  #a {
7     width: 200px;   height: 100px;
8     border: solid 10px green;
9     padding: 30px;
10 }
11  #b {
12    width: 200px;   height: 100px;
13    box-sizing: border-box;
14    border: solid 10px blue;
15    padding: 30px;
16 }
17  </style>
18  </head>
19  <body>
20    <div id="a">
21              요소 A
22    </div>
23    <div id="b">
24              요소 B
25    </div>
26  </body>
27  </html>
```

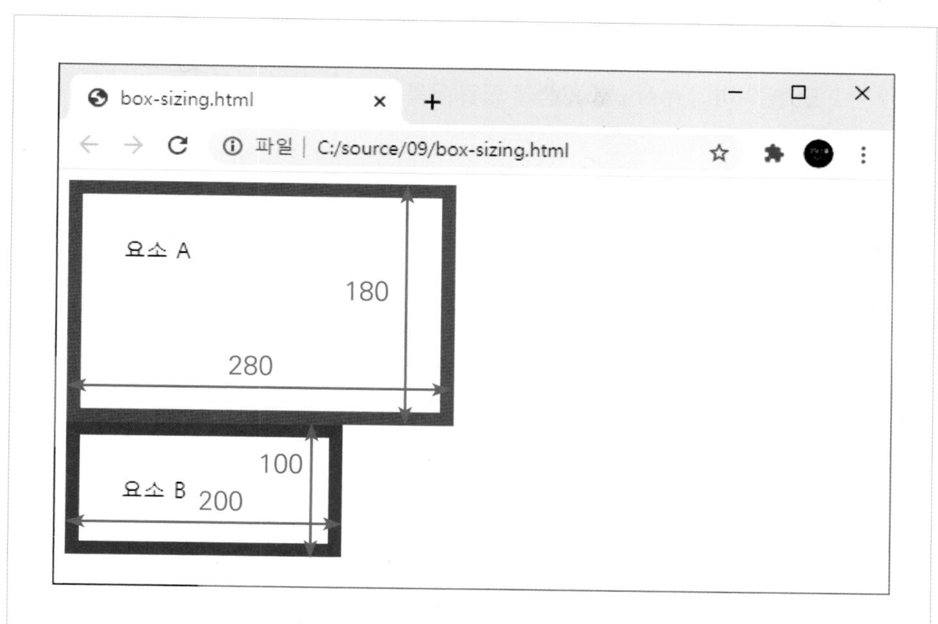

그림 9-5 box-sizing.html의 실행 결과

그림 9-5에서 '요소 A'의 경우에는 7행에서 설정된 width(200픽셀)와 height(100픽셀) 속성에 의해 설정된 박스의 크기는 8행과 9행에서 설정된 경계선(10픽셀)과 패딩(30픽셀)에 영향을 받아 180 x 280으로 크기가 된다.

그러나 '요소 B'에서는 13행의 'box-sizing: borer-box'에 의해 패딩과 경계선이 모두 width와 height에 포함되기 때문에, 12행에서 설정된 너비(200픽셀)와 높이(100픽셀)가 그대로 유지된다.

16~20행 **클래스 box의 높이 설정과 중앙 배치**

예제 9-2의 51행에서 사용된 클래스 box의 너비를 1100 픽셀로 설정한 다음, 요소를 중앙에 배치한다.

21~25행 **아이디 logo 배치와 마진 설정**

52행 아이디 logo를 공중에 띄워 좌측에 배치하고 마진을 설정한다.

26~31행 아이디 menu 설정

55행 아이디 menu를 공중에 띄워 우측에 배치하고 마진을 설정한다.

32~35행 아이디 menu 하위 li 요소의 디스플레이 설정

아이디 menu의 li 요소(57~59행, 62~65행)의 display 속성을 inline-block으로 설정한다. 따라서 li 요소, 즉 메뉴의 각 항목은 수평 방향으로 배치된다.

※ display 속성 값 inline-block에 대한 자세한 설명은 7장의 235쪽을 참고하기 바란다.

9.2.2 메인 이미지

이번에는 상단 헤더 바로 아래에 있는 메인 이미지를 만드는 방법에 대해 알아보자.

예제 9-3. 메인 이미지 만들기 mainimage.html

```
1   <!DOCTYPE html>
2   <html>
3   <head>
4   <meta charset="utf-8">
5   <style>
6   * {
7       margin: 0;
8       padding: 0;
9       box-sizing: border-box;
10  }
11  #main_image {
12      height: 312px;
13      background-image: url("./img/main_bg.png");
14      background-repeat: no-repeat;
15      background-position: top center;
16      text-align: center;
17      padding: 230px 0 0 750px;
18  }
19  </style>
20  </head>
```

```
21  <body>
22    <section id="main_image">
23              <a href="#"><img src="./img/btn_class.png"></a>
24    </section> <!-- main_image -->
25  </body>
26  </html>
```

그림 9-6 메인 이미지(mainimage.html)

11~18행 아이디 main_image 설정

22행 아이디 main_image의 높이를 배경 이미지와 같은 높이인 312 픽셀로 설정한 다음, 배경 이미지를 반복시키지 않고 상단 중앙에 배치한다.

'text-align:center'와 'padding: 230px 0 0 750px'을 이용하여 그림 9-6의 우측 하단에 있는 빨간색 '신청하러 가기' 버튼을 배경 이미지 위에 배치한다.

13행에서 사용된 배경이미지(main_bg.png)는 다음 그림과 같다.

그림 9-7 배경 이미지 파일(main_bg.png)

그림 9-7에 나타난 배경 이미지의 해상도는 2100 x 312 픽셀이다. 이와 같이 배경 이미지를 브라우저 화면에 수평 방향으로 꽉 채우려면 너비가 넓은 배경 이미지를 사용하면 된다

알아두기

배경 이미지를 브라우저 화면에 꽉 채우기

그림 9-6에서와 같이 배경 이미지가 브라우저 화면의 행에 꽉 차게 하려면, 그림 9-7의 배경 이미지에서와 같이 배경 이미지를 2100 픽셀 이상으로 만든다. 이렇게 하면 웹 페이지를 접속하는 사용자가 가로 해상도 2048 픽셀인 큰 모니터를 사용할 경우에도 배경 이미지에 꽉 차게 된다.

예제 9-2(header.html)와 예제 9-3(mainimage.html)을 하나의 파일에 합쳐서 정리하면 다음 그림에 나타난 것과 같이 상단 헤더와 메인 이미지 부분을 완성하게 된다.

그림 9-8 완성된 상단 헤더와 메인 이미지(header-mainimage.html)

※ 그림 9-8의 프로그램 소스(header-mainimage.html)는 헤더(header.html)와 메인 이미지(mainimage.html)를 거의 그대로 합친 것이기 때문에 설명은 생략한다.

9.3 사이드바

이번에는 그림 9-8의 메인 이미지 아래 메인 섹션 좌측에 있는 다음 그림에 나타난 사이드바를 만드는 방법에 대해 알아보자.

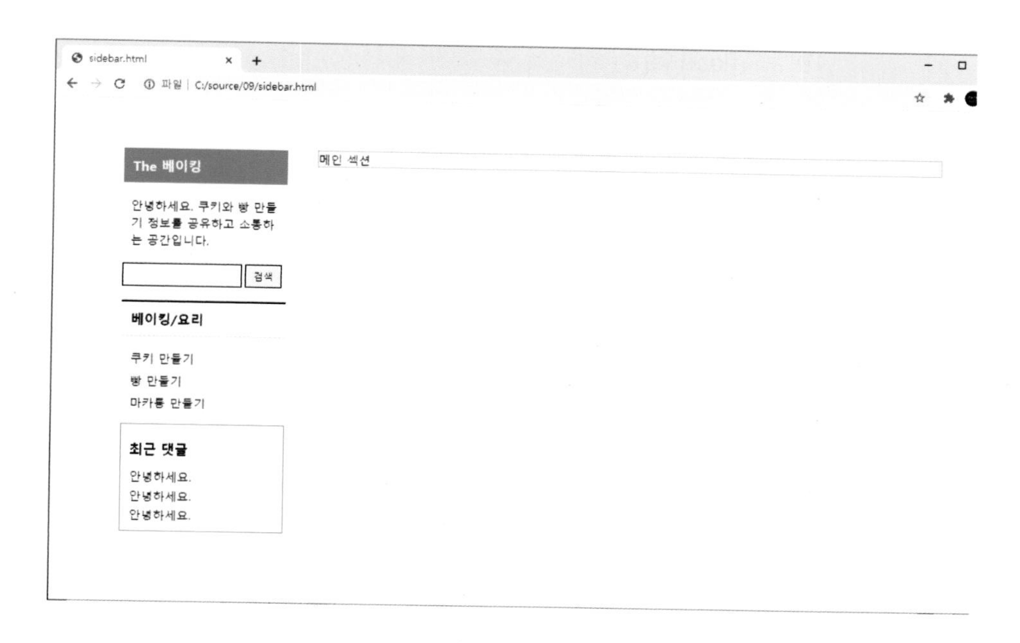

그림 9-9 사이드바(sidebar.html)

예제 9-4. 사이드바 만들기

sidebar.html

```
1  <!DOCTYPE html>
2  <html>
3  <head>
4  <meta charset="utf-8">
5  <style>
6  * {
7     margin: 0;
8     padding: 0;
9     box-sizing: border-box;
10 }
11 li { list-style-type: none; }
```

```
12  .box {
13      width: 1100px;
14      margin: 0 auto;
15  /* border: solid 1px red; */
16  }
17  aside {
18      width: 220px ;
19      float: left;
20      margin: 70px 0;
21  /* border: solid 1px red; */
22  }
23  aside .title1 {
24      padding: 12px;
25      background-color: #0ca9a3;
26      color: white;
27      font-size: 18px;
28  }
29  aside .comment {
30      padding: 20px 10px;
31      line-height: 150%;
32  }
33  aside .search input {
34      width: 160px;
35      height: 32px;
36      border: solid 1px black;
37      vertical-align: top;
38  }
39  aside .search button {
40      margin-left: 5px;
41      padding: 6px 10px;
42      border: solid 1px black;
43  }
44  /* 베이킹/요리 */
45  aside .title2 {
46      margin-top: 20px;
47      padding: 12px;
48      border-top: solid 2px black;
```

```
49      border-bottom: solid 1px #cccccc;
50      font-size: 18px;
51   }
52   aside .list {
53      margin: 20px 0;
54   }
55   aside .list li {
56      margin: 10px 12px;
57   }
58   /* 최근 댓글 */
59   aside .ripple {
60      border: solid 1px #0ca9a3;
61      padding: 12px;
62   }
63   aside .ripple h2 {
64      font-size: 18px;
65      margin: 10px 0 15px 0;
66   }
67   aside .ripple li {
68      margin-top: 6px;
69   }
70   #main {
71      width: 840px;
72      float: right;
73      margin: 70px 0;
74      border: dotted 1px red;
75   }
76   </style>
77   </head>
78   <body>
79      <div class="box">
80               <aside>
81                        <h2 class="title1">The 베이킹</h2>
82                        <p class="comment">안녕하세요. 쿠키와 빵 만들기
                              정보를 공유하고 소통하는 공간입니다.</p>
83                        <div class="search">
84                                 <input type="text"><button>검색</button>
85                        </div> <!-- search -->
86
```

```
87                          <h2 class="title2">베이킹/요리</h2>
88                          <ul class="list">
89                                  <li>쿠키 만들기</li>
90                                  <li>빵 만들기</li>
91                                  <li>마카롱 만들기</li>
92                          </ul> <!-- list -->
93
94                          <div class="ripple">
95                                  <h2>최근 댓글</h2>
96                                  <ul>
97                                          <li>안녕하세요.</li>
98                                          <li>안녕하세요.</li>
99                                          <li>안녕하세요.</li>
100                                 </ul>
101                         </div> <!-- ripple -->
102                 </aside>
103
104                 <section id="main">
105                         메인 섹션
106                 </section> <!-- main_image -->
107         </div> <!-- box -->
108 </body>
109 </html>
```

17~22행 **aside 요소 설정**

80행의 aside 요소인 사이드바의 너비를 200 픽셀로 설정하고, 공중에 띄워 좌측에 배치한다.

23~28행 **클래스 title1 설정**

81행의 글 제목 'The 베이킹'의 배경 색상(청녹색: #0ca9a3), 글자 색상(흰색), 글자 크기(18 픽셀)를 설정한다.

33~38행 input 요소 설정

84행 input 요소의 너비(160 픽셀)와 높이(32 픽셀)를 설정하고, 경계선(실선, 1 픽셀, 검정색)을 그리고, 요소를 수직 방향으로 상단에 배치한다.

알아두기

vertical-align 속성

vertical-align 속성은 요소를 수직 방향으로 정렬한다. 속성 값 top, middle, bottom은 각각 요소를 수직 방향으로 상단, 중간, 하단에 배치한다.

45~51행 클래스 title2 설정

87행 클래스 tilte2의 글 제목 '베이킹/요리'의 상단 경계선(실선, 2 픽셀, 검정색)과 하단 경계선(실선, 1 픽셀, 옅은 회색:#cccccc)을 그린다.

59~62행 클래스 ripple 설정

94행 클래스 ripple의 경계선(실선, 1 픽셀, 청록색:#0ca9a3)을 그리고 패딩(12 픽셀)을 설정한다.

9.4 메인 섹션

이번 절에서는 다음 그림 9-10에서 나타난 사이드바 우측의 메인 섹션을 만드는 방법에 대해 알아보자.

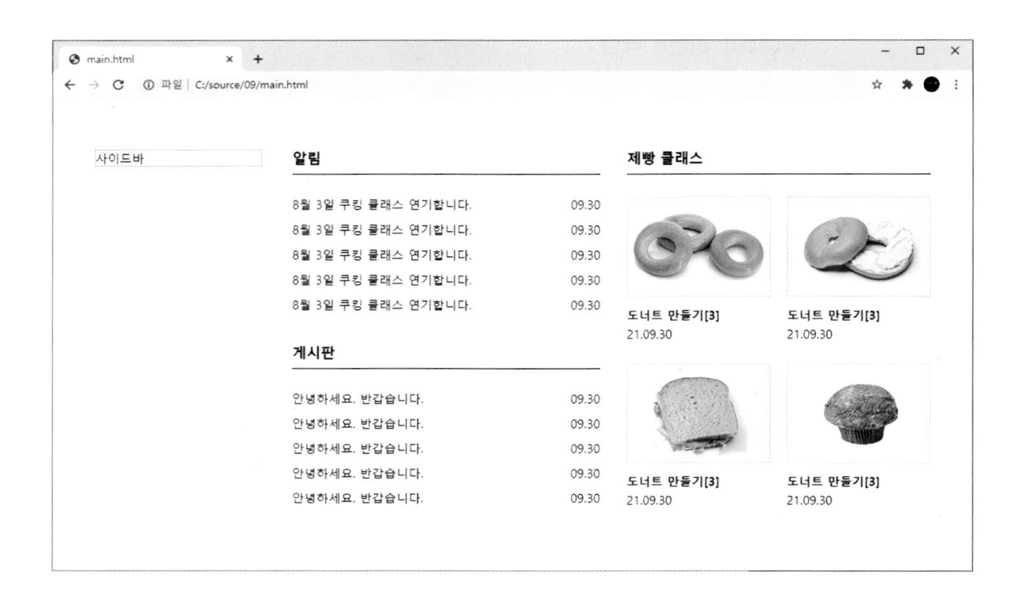

그림 9-10 메인 섹션(main.html)

예제 9-5. 메인 섹션 만들기

main.html

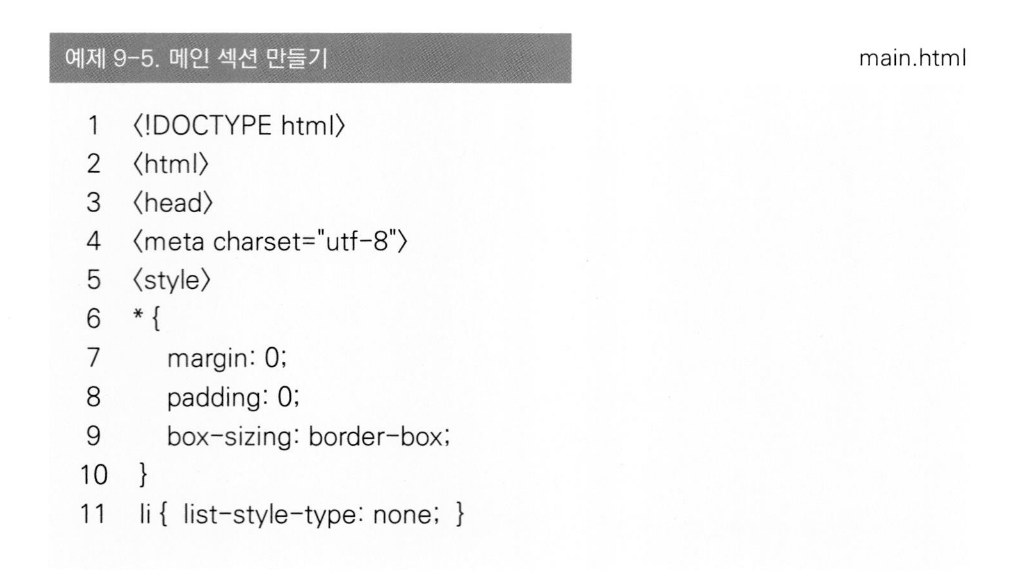

```
1  <!DOCTYPE html>
2  <html>
3  <head>
4  <meta charset="utf-8">
5  <style>
6  * {
7     margin: 0;
8     padding: 0;
9     box-sizing: border-box;
10 }
11 li { list-style-type: none; }
```

```
12  .box {
13     width: 1100px;
14     margin: 0 auto;
15  /*border: solid 1px red;  */
16  }
17  /* 메인 섹션 : main1 + main2 */
18  #main {
19     width: 840px;
20     float: right;
21     margin: 70px 0;
22  /*border: solid 1px red; */
23  }
24  /* 알림과 게시판 */
25  #main1 {
26     width: 405px;
27     float: left;
28  }
29  #main1 .title1 {
30     padding-bottom: 8px;
31     border-bottom: solid 1px black;
32  }
33  #main1 .latest {
34     margin-top: 30px;
35  }
36  #main1 .items {
37     position: relative;
38     height: 34px;
39  }
40  #main1 .items .subject {
41     position: absolute;
42     left:0;
43     top: 0;
44  }
45  #main1 .items .date {
46     position: absolute;
47     right:0;
48     top: 0;
49  }
```

```
50  #main1 .title2 {
51      margin-top: 30px;
52      padding-bottom: 8px;
53      border-bottom: solid 1px black;
54  }
55  /* 제빵 클래스 */
56  #main2 {
57      width: 400px;
58      float: right;
59  }
60  #main2 .title1 {
61      padding-bottom: 8px;
62      border-bottom: solid 1px black;
63  }
64  #main2 .item1 {
65      clear: both;
66      width: 189px;
67      float: left;
68      margin-top: 30px;
69  }
70  #main2 .item2 {
71      width: 189px;
72      float: right;
73      margin-top: 30px;
74  }
75  #main2 .subject {
76      margin-top:10px;
77      font-weight: bold;
78      font-size: 16px;
79  }
80  #main2 .date {
81      margin-top:5px;
82  }
83  /* 좌측 사이드바 */
84  aside {
85      width: 220px ;
86      float: left;
87      margin: 70px 0;
```

```
88      border: dotted 1px red;
89  }
90  </style>
91  </head>
92  <body>
93      <div class="box">
94          <aside>
95                  사이드바
96          </aside>
97
98          <section id="main">
99              <div id="main1">
100                 <h3 class="title1">알림</h3>
101                 <ul class="latest">
102                 <li class="items">
103                     <div class="subject">쿠킹 클래스 연기합니다.</div>
104                     <div class="date">09.30</div>
105                 </li>
106                 <li class="items">
107                     <div class="subject">쿠킹 클래스 연기합니다.</div>
108                     <div class="date">09.30</div>
109                 </li>
110                 <li class="items">
111                     <div class="subject">쿠킹 클래스 연기합니다.</div>
112                     <div class="date">09.30</div>
113                 </li>
114                 <li class="items">
115                     <div class="subject">쿠킹 클래스 연기합니다.</div>
116                     <div class="date">09.30</div>
117                 </li>
118                 <li class="items">
119                     <div class="subject">쿠킹 클래스 연기합니다.</div>
120                     <div class="date">09.30</div>
121                 </li>
122                 </ul> <!-- lastest -->
123
124                 <h3 class="title2">게시판</h3>
125                 <ul class="latest">
```

```
126                 <li class="items">
127                         <div class="subject">안녕하세요. 반갑습니다.</div>
128                         <div class="date">09.30</div>
129                 </li>
130                 <li class="items">
131                         <div class="subject">안녕하세요. 반갑습니다.</div>
132                         <div class="date">09.30</div>
133                 </li>
134                 <li class="items">
135                         <div class="subject">안녕하세요. 반갑습니다.</div>
136                         <div class="date">09.30</div>
137                 </li>
138                 <li class="items">
139                         <div class="subject">안녕하세요. 반갑습니다.</div>
140                         <div class="date">09.30</div>
141                 </li>
142                 <li class="items">
143                         <div class="subject">안녕하세요. 반갑습니다.</div>
144                         <div class="date">09.30</div>
145                 </li>
146                 </ul> <!-- latest -->
147             </div> <!-- main1 -->
148             <div id="main2">
149                 <h3 class="title1">제빵 클래스</h3>
150                 <ul class="item1">
151                 <li><img src="./img/bread1.png"></li>
152                 <li class="subject">도너트 만들기[3]</li>
153                 <li class="date">21.09.30</li>
154                 </ul>
155                 <ul class="item2">
156                 <li><img src="./img/bread2.png"></li>
157                 <li class="subject">도너트 만들기[3]</li>
158                 <li class="date">21.09.30</li>
159                 </ul>
160                                 <ul class="item1">
161                                 <li><img src="./img/bread3.png"></li>
162                                 <li class="subject">도너트 만들기[3]</li>
163                                 <li class="date">21.09.30</li>
164                                 </ul>
```

```
165                             <ul class="item2">
166                             <li><img src="./img/bread4.png"></li>
167                             <li class="subject">도너트 만들기[3]</li>
168                             <li class="date">21.09.30</li>
169                             </ul>
170                     </div> <!-- main2 -->
171             </section> <!-- main -->
172     </div> <!-- box -->
173 </body>
174 </html>
```

18~23행 아이디 main 설정

98행 아이디 main의 너비를 840 픽셀로 설정하고, 공중에 띄워 우측에 배치한다.

25~28행 아이디 main1 설정

99행 아이디 main1의 너비를 405 픽셀로 설정하고, 공중에 띄워 좌측에 배치한다.

29~32행 클래스 title1 설정

100행 클래스 title1, 즉 글 제목 '알림'에 대해 하단 경계선(실선, 1 픽셀, 검정색)을 그리고 글자와 경계선 사이의 패딩(8 픽셀)을 설정한다.

36~39행 클래스 items 설정

102, 106, 110, 114, 118, 126, 130, 134, 138, 142행에서 정의된 클래스 items의 position 속성 값을 relative로 설정하고, 요소의 높이(34 픽셀)를 설정한다.

40~44행 클래스 subject 설정

103, 107, 111, 115, 119, 127, 131, 135, 139, 143행에서 정의된 클래스 subject의 position 속성 값을 absolute로 설정한다.

따라서 클래스 subject는 부모 요소인 클래스 items의 좌측 상단 시작점을 기준으로 하여 요소를 배치한다. left와 top 속성 값이 0이기 때문에 이 요소는 클래스 items 좌측 상단 시작점에 배치된다.

※ position 속성을 이용하여 요소를 배치하는 방법에 대해서는 8장의 286쪽을 참고한다.

45~49행 클래스 date 설정

104, 108, 112, 116, 120, 128, 132, 136, 140, 144행에서 정의된 클래스 date의 position 속성을 absolute로 설정한다.

따라서 클래스 date는 부모 요소인 클래스 items의 좌측 상단 시작점을 기준으로 한다. right와 top 속성 값이 0이기 때문에 이 요소는 클래스 items의 우측 상단 끝 점에 배치된다.

50~54행 클래스 title2 설정

124행 클래스 title2의 글 제목 '게시판'에 대해 29행의 클래스 title1에서와 같은 방식으로 하단 경계선을 그린다.

56~59행 아이디 main2 설정

148행 아이디 main2의 너비를 400 픽셀로 설정하고, 요소를 공중에 띄워 우측에 배치한다.

60~63행 클래스 title1 설정

149행 클래스 title1의 글 제목 '제빵 클래스'에 하단 경계선(실선, 1 픽셀, 검정색)을 그리고 글자와 경계선 사이에 패딩(8 픽셀)을 설정한다.

64~69행 클래스 item1 설정

150, 160행의 클래스 item1에 대해 CSS를 설정한다. 'clear: both'로 이전에 설정된 float 속성을 해제하여 이 요소는 새로운 줄에서 시작된다. 그리고 요소의 너비를 189 픽셀로 설정한 다음 공중에 띄워 좌측에 배치한다.

70~74행 클래스 item2 설정

155, 165행의 클래스 item2는 클래스 item1과 같은 방식으로 너비를 189 픽셀로 설정하여 공중에 뛰워 우측에 배치한다.

9.5 하단 푸터

이번 절에서는 다음 그림 9-11에 나타난 메인 섹션 아래에 있는 하단 푸터를 만드는 방법을 익혀보자.

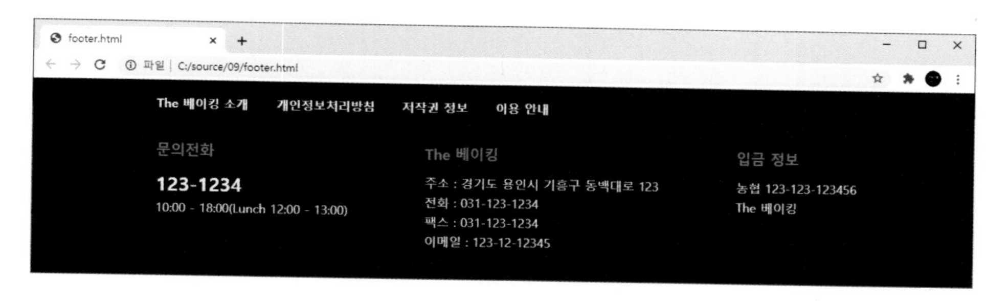

그림 9-11 하단 푸터(footer.html)

예제 9-6. 하단 푸터 만들기

footer.html

```
1  <!DOCTYPE html>
2  <html>
3  <head>
4  <meta charset="utf-8">
5  <style>
6  * {
7     margin: 0;
8     padding: 0;
9     box-sizing: border-box;
10 }
11 li { list-style-type: none; }
12 .box {
13    width: 1100px;
14    margin: 0 auto;
15 /* border: solid 1px red; */
16 }
17 footer {
18    height: 260px;
19    background-color: #05354e;
20    color: white;
21 }
```

```
22  #bottom_menu ul {
23      padding: 20px 0 0 100px;
24      font-weight: bold;
25  }
26  #bottom_menu li {
27      display: inline;
28      margin-right: 30px;
29  }
30  footer .items {
31      float: left;
32      margin: 40px 0 0 100px;
33  }
34  footer h3 {  color:#0ca9a3;  }
35  footer .items ul {  margin-top: 15px;  }
36  footer .items li {    margin-top: 5px;  }
37  footer .phone {
38      font-size: 25px;
39      font-weight: bold;
40  }
41  </style>
42  </head>
43  <body>
44      <footer>
45          <div class="box">
46              <nav id="bottom_menu">
47                      <ul>
48                      <li>The 베이킹 소개</li>
49                      <li>개인정보처리방침</li>
50                      <li>저작권 정보</li>
51                      <li>이용 안내</li>
52                      </ul>
53              </nav>
54              <div class="items">
55                      <h3>문의전화</h3>
56                      <ul>
57                      <li class="phone">123-1234</li>
58                      <li>10:00 - 18:00(Lunch 12:00 - 13:00)</li>
59                      </ul>
60              </div> <!-- items -->
```

```
61                  <div class="items">
62                          <h3>The 베이킹</h3>
63                          <ul>
64                          <li>주소 : 경기도 용인시 기흥구 동백대로 123</li>
65                          <li>전화 : 031-123-1234</li>
66                          <li>팩스 : 031-123-1234</li>
67                          <li>이메일 : 123-12-12345</li>
68                          </ul>
69                  </div> <!-- items -->
70                  <div class="items">
71                          <h3>입금 정보</h3>
72                          <ul>
73                          <li>농협 123-123-123456</li>
74                          <li>The 베이킹</li>
75                          </ul>
76                  </div> <!-- items -->
77              </div> <!-- box -->
78      </footer>
79  </body>
80  </html>
```

17~21행 **footer 요소 설정**

44행 footer 요소의 높이를 260 픽셀로 설정하고, 배경색(청녹색: #05354e)과 글자 색상(흰색)을 설정한다.

26~29행 **li 요소 설정**

46행 아이디 bottom_menu의 하위 요소인 48~51행의 li 요소에 대해 display 속성을 inline으로 설정한다. 이렇게 함으로써 그림 9-11의 상단에 나타난 메뉴들이 수평 방향으로 정렬된다.

30~33행 **클래스 items 설정**

55, 61, 70행 클래스 items를 공중에 띄워 좌측에 차례로 배치하고 상단 마진(40 픽셀)과 좌측 마진(100 픽셀)을 설정한다.

9.6 웹 페이지 완성하기

지금까지 작업한 상단 헤더(header.html), 메인 이미지(mainimage.html), 사이드바(sidebar.html), 메인 섹션(main.html), 하단 푸터(footer.html) 등을 하나로 합쳐서 완성된 웹 페이지를 만들어보자.

예제 9-7. 완성된 메인 페이지

index.html

```
1  <!DOCTYPE html>
2  <html>
3  <head>
4  <meta charset="utf-8">
5  <link rel="stylesheet" type="text/css" href="style.css">
6  </head>
7  <body>

<!-- 생략 -->

175  </body>
176  </html>
```

5행에서는 HTML 문서에 포함된 CSS 코드를 분리하여 style.css 파일에 저장한 다음 <link> 태그를 이용하여 style.css 파일을 불러와서 CSS를 사용하고 있다.

※ CSS 파일을 HTML 문서에 불러와서 CSS를 사용하는 방법에 대해서는 4장의 114쪽을 참고하기 바란다.

mystyle.css 파일 내에 있는 CSS 코드들은 header.html, mainimage.html, sidebar.html, main.html, footer.html 등에 산재해 있는 CSS 코드 들를 단순하게 하나로 합쳐서 정리한 것이기 때문에 이에 대한 설명은 생략한다.

그림 9-12 완성된 웹 페이지(index.html)

PROJ 9-1

프로젝트 | 포털 사이트 메인 페이지 레이아웃 잡기

다음 그림에 나타난 네이버 메인 페이지를 제작하기 위해 먼저 전체 페이지에 대한 레이아웃 작업을 진행하려고 한다. 브라우저 실행 결과를 참고하여 시작 파일을 텍스트 에디터로 편집하여 프로그램을 완성하시오.

- 네이버(http://naver.com) 사이트의 메인 페이지 캡처 화면

◎ 브라우저 실행 결과

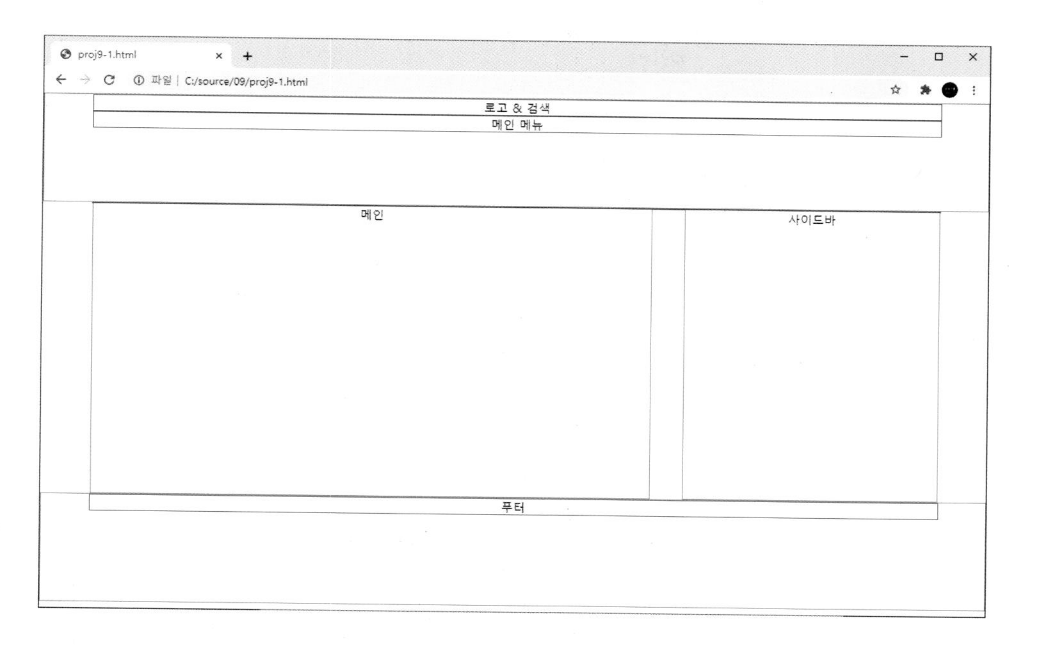

시작 파일 : proj9-1-start.html

```
<!DOCTYPE html>
<html>
<head>
<meta charset="utf-8">
<style>
* {
        margin: 0;
        padding: 0;
        box-sizing: border-box;
        text-align: center;
}
.box {
        width: 1130px;
        margin: 0 auto;
        border: solid 1px blue;
}
header {
/* 여기에 CSS 코드 입력해 주세요. */
        border: solid 1px red;
}
```

```
#main {
/* 여기에 CSS 코드 입력해 주세요. */
        border: solid 1px red;
}
aside {
/* 여기에 CSS 코드 입력해 주세요. */
        border: solid 1px red;
}
footer {
/* 여기에 CSS 코드 입력해 주세요. */
        border: solid 1px red;
}
</style>
</head>
<body>
        <header>
                <div class="box">
                        <div id="logo">
                                로고 & 검색
                        </div>
                </div> <!-- box -->
                <div class="box">
                        <nav id="main_menu">
                                메인 메뉴
                        </nav>
                </div> <!-- box -->
        </header>
        <section>
                <div class="box">
                        <div id="main">
                                메인
                        </div>
                        <aside>
                                사이드바
                        </aside>
                </div> <!-- box -->
        </section>
        <footer>
                <div class="box">
                        푸터
                </div> <!-- box -->
        </footer>
</body>
</html>
```

프로젝트 | 쇼핑몰 상품 진열 페이지 레이아웃 잡기

이번 프로젝트에서는 옥션 쇼핑몰의 상품 진열 페이지에 대해 전체적인 레이아웃을 잡으려고 한다. 브라우저 실행 결과를 참고하여 시작 파일을 텍스트 에디터로 편집하여 프로그램을 완성하시오.

- 옥션(http://auction.co.kr) 쇼핑몰의 상품 진열 페이지 캡처 화면

◎ 브라우저 실행 결과

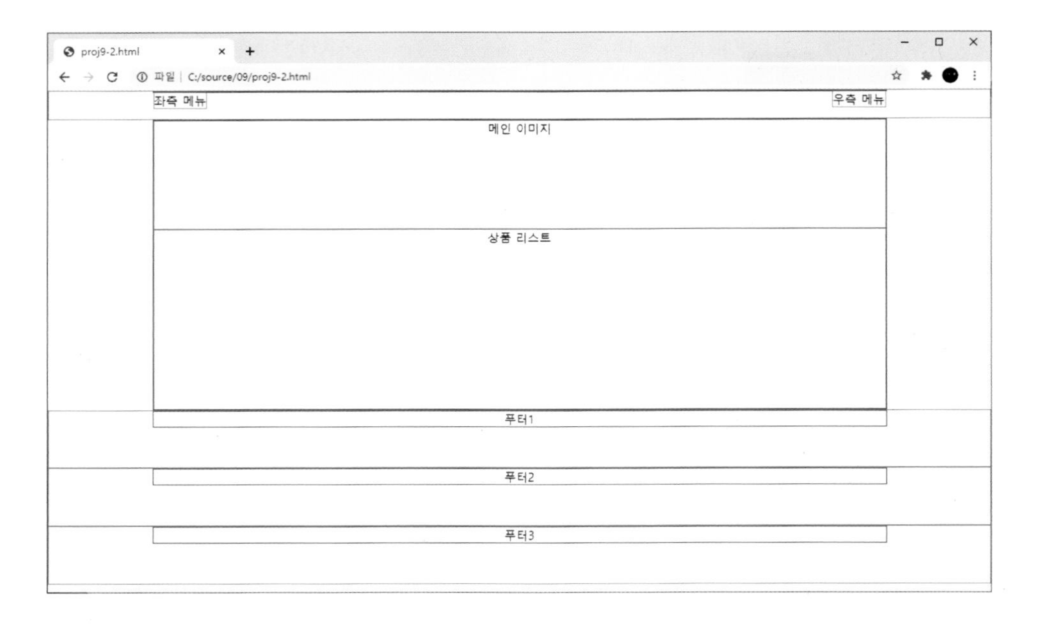

시작 파일 : proj9-2-start.html

```
<!DOCTYPE html>
<html>
<head>
<meta charset="utf-8">
<style>
* {
        margin: 0;
        padding: 0;
        box-sizing: border-box;
        text-align: center;
}
.box {
        width: 980px;
        margin: 0 auto;
        border: solid 1px blue;
}
header {
/* 여기에 CSS 코드 입력해 주세요. */
        border: solid 1px red;
}
```

```
header #left_menu {
/* 여기에 CSS 코드 입력해 주세요. */
        border: solid 1px red;
}
header #right_menu {
/* 여기에 CSS 코드 입력해 주세요. */
        border: solid 1px red;
}
section #main_image {
/* 여기에 CSS 코드 입력해 주세요. */
        border: solid 1px red;
}
section #product_list {
/* 여기에 CSS 코드 입력해 주세요. */
        border: solid 1px red;
}
footer #footer1 {
/* 여기에 CSS 코드 입력해 주세요. */
        border: solid 1px red;
}
footer #footer2 {
/* 여기에 CSS 코드 입력해 주세요. */
        border: solid 1px red;
}
footer #footer3 {
/* 여기에 CSS 코드 입력해 주세요. */
        border: solid 1px red;
}
</style>
</head>
<body>
        <header>
                <div class="box">
                        <nav id="left_menu">
                                좌측 메뉴
                        </nav>
                        <nav id="right_menu">
                                우측 메뉴
                        </nav>
                </div> <!-- box -->
        </header>
```

```
        <section>
                <div class="box">
                        <div id="main_image">
                                메인 이미지
                        </div>
                        <div id="product_list">
                                상품 리스트
                        </div>
                </div> <!-- box -->
        </section>
        <footer>
                <div id="footer1">
                        <div class="box">
                                푸터1
                        </div> <!-- box -->
                </div>
                <div id="footer2">
                        <div class="box">
                                푸터2
                        </div> <!-- box -->
                </div>
                <div id="footer3">
                        <div class="box">
                                푸터3
                        </div> <!-- box -->
                </div>
        </footer>
</body>
</html>
```

프로젝트 | 박물관 메인 페이지 레이아웃

다음에 나타난 박물관 사이트의 메인 페이지에 대한 전체 레이아웃 작업을 진행하려고 한다. 브라우저 실행 결과를 참고하여 시작 파일을 텍스트 에디터로 편집하여 프로그램을 완성하시오.

- 서대문 자연사 박물관(http://namu.sdm.go.kr/) 사이트의 메인 페이지 캡처 화면

◎ 브라우저 실행 결과

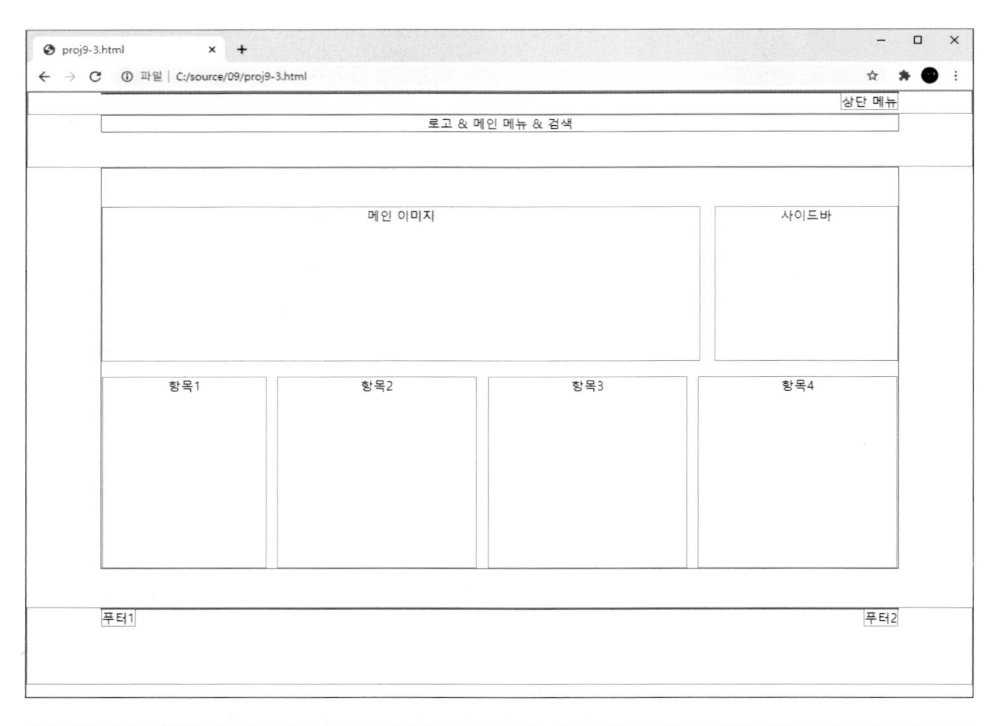

시작 파일 : proj9-3-start.html

```
<!DOCTYPE html>
<html>
<head>
<meta charset="utf-8">
<style>
* {
	margin: 0;
	padding: 0;
	box-sizing: border-box;
	text-align: center;
}
li { list-style-type: none; }
.box {
/* 여기에 CSS 코드 입력해 주세요. */
	border: solid 1px blue;
}
header {
	height: 100px;
	border: solid 1px red;
}
```

```
header #top {
            height: 30px;
            border: solid 1px red;
}
header #top_menu {
/* 여기에 CSS 코드 입력해 주세요. */
            border: solid 1px red;
}
section #main_image {
/* 여기에 CSS 코드 입력해 주세요. */
            margin-top: 50px;
            border: solid 1px red;
}
section aside {
/* 여기에 CSS 코드 입력해 주세요. */
            margin-top: 50px;
            border: solid 1px red;
}
#main {  clear: both;  }
#main li {
            margin-top: 20px;
            display: inline-block;
}
#main .item1 {
/* 여기에 CSS 코드 입력해 주세요. */
            border: solid 1px red;
}
#main .item2 {
/* 여기에 CSS 코드 입력해 주세요. */
            margin-left: 8px;
            border: solid 1px red;
}
footer {
/* 여기에 CSS 코드 입력해 주세요. */
            border: solid 1px red;
}footer #footer1 {
/* 여기에 CSS 코드 입력해 주세요. */
            border: solid 1px red;
}
footer #footer2 {
/* 여기에 CSS 코드 입력해 주세요. */
            border: solid 1px red;
}
</style>
</head>
```

```
<body>
        <header>
                <nav id="top">
                        <div class="box">
                                <nav id="top_menu" >
                                        상단 메뉴
                                </nav>
                        </div> <!-- box -->
                </nav>
                <div class="box">
                        <nav id="main_menu" >
                                로고 & 메인 메뉴 & 검색
                        </nav>
                </div> <!-- box -->
                </nav>
        </header>
        <section>
                <div class="box">
                        <div id="main_image">
                                메인 이미지
                        </div>
                        <aside>
                                사이드바
                        </aside>
                        <div id="main">
                                <ul>
                                <li class="item1">항목1</li>
                                <li class="item2">항목2</li>
                                <li class="item2">항목3</li>
                                <li class="item2">항목4</li>
                                </ul>
                        </div>
                </div> <!-- box -->
        </section>
        <footer>
                <div class="box">
                        <div id="footer1">
                                푸터1
                        </div>
                        <div id="footer2">
                                푸터2
                        </div>
                </div> <!-- box -->
        </footer>
</body>
</html>
```

연습문제 9장. 실전! 웹 페이지 제작

1. 다음은 금융기관의 금융 상품 배너을 만드는 것에 관한 문제이다. 프로그램 소스 중 밑줄 친 곳을 채워 프로그램을 완성하시오.

09/banking.html

```
<!-- 생략 -->
<style>
* {
        margin: 0;
        padding: 0;
        box-sizing: ________________;
}
li { list-style-type: none; }
section {
        height: 440px;
        padding-top: 38px;
}
.box {
        width: 1020px;
        margin: ________________;
/*      border: solid 1px red; */
}
.item {
        width: 320px;
        height: 360px;
```

```
        _______________: left;
        margin-right: 20px;
        border: solid 1px #cccccc;
}
.item h3 {
        padding: 15px;
        text-align: _______________;
}
.item p {
        line-height: 150%;
        text-align: _______________;
}
.item img {
        display: block;
}
</style>
</head>
<body>
<section>
        <div class="box">
                <div class="item">
                        <img src="./img/wallet.png">
                        <h3>머니 플랜</h3>
                        <p>은행, 보험, 증권, 신용카드, 채권<br>
                                모든 금융 정보를 한 눈에
                        </p>
                </div>
                <div class="item">
                        <img src="./img/coin.png">
                        <h3>머니 플랜</h3>
                        <p>은행, 보험, 증권, 신용카드, 채권<br>
                                모든 금융 정보를 한 눈에
                        </p>
                </div>
                <div class="item">
                        <img src="./img/calculator.png">
                        <h3>머니 플랜</h3>
                        <p>은행, 보험, 증권, 신용카드, 채권<br>
                                모든 금융 정보를 한 눈에
                        </p>
                </div>
        </div> <!-- box -->
</section>
</body>
</html>
```

2. 다음은 금융기관 웹 페이지의 공지와 이벤트 게시판의 최근 글 목록을 만드는 것에 관한 문제이다. 프로그램 소스 중 밑줄 친 곳을 채워 프로그램을 완성하시오.

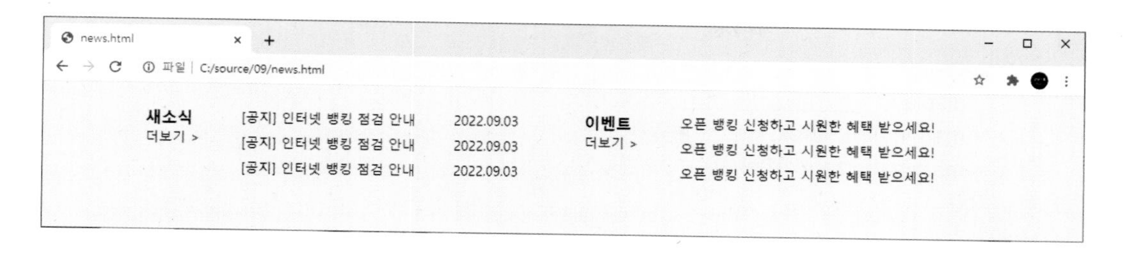

09/news.html

```
<!-- 생략 -->
<style>
* {
        margin: 0;
        padding: 0;
        box-sizing: border-box;
}
li { list-style-type: none; }
section {
        height: 180px;
        ________________: #eeeeee;
}
.box {
        width: 1000px;
        ________________: 0 auto;
/*      border: solid 1px red; */
}
#news {
        width: 475px;
        float: ________________;
        padding-top: 30px;
}
#event {
        width: 475px;
        float: ________________;
        padding-top: 30px;
}
section .title {
        float: ________________;
}
```

```
section .list {
        float: ____________________;
        margin-left: 10px;
}
section .item li {
        display: ____________________;
        margin-left: 40px;
        margin-bottom: 10px;
}
</style>
</head>
<body>
<section>
        <div class="box">
                <div id="news">
                        <div class="title">
                                <h3>새소식</h3>
                                <span>더보기 &gt;</span>
                        </div>
                        <ul class="list">
                        <li>
                                <ul class="item">
                                <li>[공지] 인터넷 뱅킹 점검 안내</li>
                                <li>2022.09.03</li>
                                </ul>
                        </li>
                        <li>
                                <ul class="item">
                                <li>[공지] 인터넷 뱅킹 점검 안내</li>
                                <li>2022.09.03</li>
                                </ul>
                        </li>
                        <li>
                                <ul class="item">
                                <li>[공지] 인터넷 뱅킹 점검 안내</li>
                                <li>2022.09.03</li>
                                </ul>
                        </li>
                        </ul>
                </div> <!-- news -->
                <div id="event">
                        <div class="title">
                                <h3>이벤트</h3>
                                <span>더보기 &gt;</span>
                        </div>
```

```
                <ul class="list">
                <li>
                    <ul class="item">
                    <li>오픈 뱅킹 신청하고 시원한 혜택 받으세요!</li>
                    </ul>
                </li>
                <li>
                    <ul class="item">
                    <li>오픈 뱅킹 신청하고 시원한 혜택 받으세요!</li>
                    </ul>
                </li>
                <li>
                    <ul class="item">
                    <li>오픈 뱅킹 신청하고 시원한 혜택 받으세요!</li>
                    </ul>
                </li>
                </ul>
            </div> <!-- event -->
        </div> <!-- box -->
</section>
</body>
</html>
```

PART 4

반응형 웹 편

PART 4 반응형 웹 편

CHAPTER 10

반응형 웹 기초

데스크톱, 테블릿, 스마트 폰 등의 다양한 접속 기기에 반응하여 웹 페이지의 구성과 디자인이 달라지게 하는 기술을 반응형 웹이라고 한다. 10장에서는 반응형 웹의 기초가 되는 뷰포트의 개념, 그리드 뷰, 반응형 웹의 폰트 등에 대해 공부한다. 그리고 그리드 뷰에서 가장 많이 사용하는 12열 그리드 시스템의 동작 원리와 이를 활용하여 실제로 웹 페이지를 만드는 방법을 익힌다.

10.1 반응형 웹이란?

이선 마코트(Ethan Marcotte)가 처음 도입한 반응형 웹 디자인(Responsive Web Design), 즉 반응형 웹은 하나의 웹 페이지로 데스크톱, 태블릿, 스마트 폰 등 다양한 기기의 화면에서 콘텐츠가 제대로 보이게 하는 기술을 말한다. 일반적으로 문서의 너비가 고정된 고정 레이아웃에 맞게 개발된 웹 페이지는 다음 그림에서와 같이 스마트 폰에서 보면 이미지나 글자가 너무 작아지게 되어 이용하기 어렵다.

그림 10-1 고정 레이아웃의 스마트 폰 화면

반응형 웹 디자인 기술을 이용하면 스마트 폰 전용의 모바일 사이트를 별도로 제작할 필요 없이 하나의 웹 사이트로 다양한 기기의 화면에 페이지를 제대로 표시할 수 있게 된다.

다음의 그림 10-2, 그림 10-3, 그림 10-4에서는 반응형 웹 디자인 기술이 적용된 웹 사이트가 데스크톱, 테블릿, 스마트 폰에서 각각 어떻게 보여지는 지를 나타내고 있다.

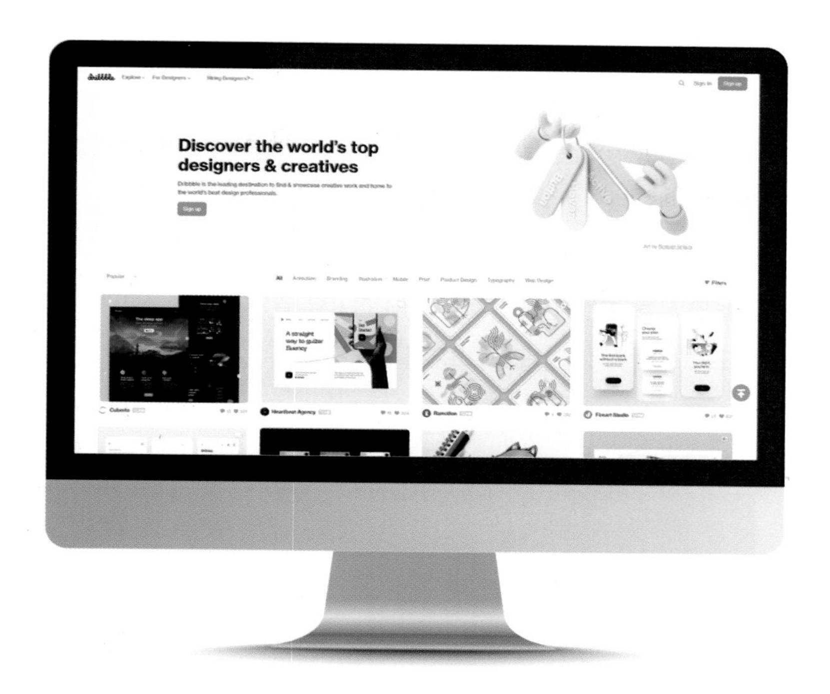

그림 10-2 반응형 웹 사이트(http://dribbble.com)의 데스크톱 화면

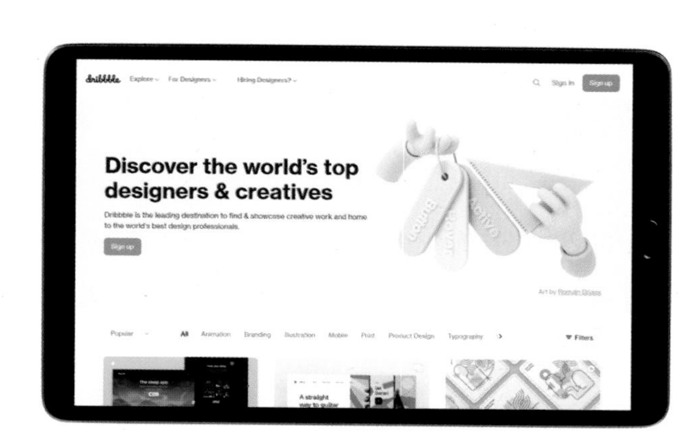

그림 10-3 반응형 웹 사이트(http://dribbble.com)의 테블릿 화면

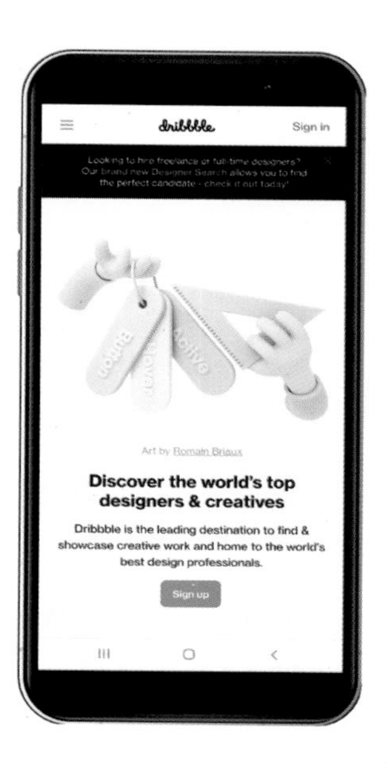

그림 10-4 반응형 웹 사이트 (http://dribbble.com)의 스마트 폰 화면

10.2 뷰포트

뷰포트(Viewport)는 컴퓨터나 스마트 폰의 브라우저 화면 크기를 말하는데, 메뉴바와 탭 영역을 제외한 영역을 의미한다.

다음의 표는 반응형 웹을 제작할 때 참고할 필요가 있는 스마트 폰과 태플릿의 해상도와 뷰포트(브라우저 해상도)의 크기를 나타낸다.

표 10-1 모바일 기기의 해상도와 뷰포트

스마트 폰/태블릿	해상도	뷰포트
iPhone 6, 7, 8	750 x 1334	375 x 667
iPhone 6 Plus, 7 Plus, 8 Plus	1080 x 1920	414 x 736
Galaxy Note 10	1080 x 2280	412 x 869
Galaxy S8, S8+, S9, S9+	1440 x 2960	360 x 740
LG G5	1440 x 2560	480 x 853
iPad Air 1 & 2, iPad 3rd & 4th	1536 x 2048	768 x 1024
Galaxy Tab 10	800 x 1280	800 x 1280

위의 표에 나타난 것과 같이 스마트 폰과 태블릿의 뷰포트 크기가 각양각색이기 때문에 다음 절에서 배우는 미디어 쿼리를 이용하여 뷰포트의 크기에 맞추어 CSS의 정의를 달리할 필요가 있다.

데스크톱과는 달리 스마트 폰은 기기 해상도에 비해 화면의 크기가 작기 때문에 표 10-1에 있는 뷰포트의 크기를 고려하지 않고 웹 페이지를 만들게 되면 글자와 이미지가 굉장히 작아져 사용하는데 불편하다.

이러한 단점을 보완하기 위하여 스마트 폰용 웹 페이지를 제작할 때는 다음과 같이 〈meta〉 태그를 이용하여 모바일 기기의 뷰포트를 설정한다.

```
<meta name="viewport" content="width=device-width, inital-scale=1.0">
```

'width=device-width'는 웹 페이지의 너비를 표 10-1에 나타난 것과 같은 모바일 기기의 뷰포트 너비와 일치시켜서 화면에 표시하라고 웹 브라우저에게 알려주는 것이다.

이 뷰포트 설정이 있고 없음에 따라 스마트 폰에서 웹 페이지가 어떻게 보이는 지 다음 예제를 통해 알아보자.

10.2.1 뷰포트 미설정

다음의 예제는 뷰포트를 설정하지 않은 경우이다. 이 프로그램에 대한 스마트폰 실행 결과를 살펴보자.

예제 10-1. 뷰포트를 설정하지 않은 경우 ex10_1.html

```
1  <!DOCTYPE html>
2  <html>
3  <head>
4  <meta charset="utf-8">
5  <style>
6  img {  width: 300px;  }
7  </style>
8  </head>
9  <body>
10     <img src="./img/tomato.png">
11     <p>토마토는 파란 것보다는 빨간 것이 몸에 더 좋다고 알려져 있다. 빨간
          토마토에는 좋은 성분이 들어 있으나 그냥 먹으면 체내 흡수율이
          떨어지므로 열을 가해 조리해서 먹는 것이 좋다고 한다. 토마토의
          껍질은 끓는 물에 잠깐 담갔다가 건져서 찬물에서 벗기면 손쉽게 벗길
          수 있다.
12     </p>
13  </body>
14  </html>
```

그림 10-5 ex10-1.html의 스마트 폰 브라우저 실행 결과

※ 그림 10-5는 ex10-1.html을 저자가 운영하는 코딩스쿨 서버(http://codingschool.info)에 업로드한 다음 스마트 폰(갤럭시 노트 10)에서 실행한 결과 화면을 캡처한 것이다.

알아두기

원격 서버에서 작업하기

그림 10-5에서와 같이 HTML 문서를 스마트 폰 화면에서 보려면 원격 서버 컴퓨터에 HTML 파일과 이미지 파일을 업로드 한 다음 스마트 폰의 브라우저에서 해당 파일의 URL 주소를 입력하고 실행하여야 한다.

예제 10-1에서는 <meta> 태그에 의한 뷰포트가 설정되지 않았다. 6행에서는 이미지(tomato.jpg)의 너비를 300 픽셀로 설정한다.

앞에서 설명한 것과 같이 뷰포트를 설정하지 않으면 기본 뷰포트는 980 픽셀이기 때문에 그림 10-5에 나타난 것과 같이 300 픽셀 너비의 이미지가 휴대폰 너비의 1/3이 조금 안 되는 아주 작게 표시된다.

10.2.2 뷰포트 설정

이번에는 예제 10-1과는 달리 <meta> 태그를 이용하여 뷰포트를 설정한 다음의 경우를 살펴보자.

예제 10-2. 뷰포트를 설정한 경우 ex10-2.html

```
1  <!DOCTYPE html>
2  <html>
3  <head>
4  <meta charset="utf-8">
5  <meta name="viewport" content="width=device-width,
          inital-scale=1.0">
6  <style>
7  img {  width: 300px;  }
8  </style>
9  </head>
10  <body>
11     <img src="./img/tomato.png">
12     <p>토마토는 파란 것보다는 빨간 것이 몸에 더 좋다고 알려져 있다. 빨간
         토마토에는 좋은 성분이 들어 있으나 그냥 먹으면 체내 흡수율이
         떨어지므로 열을 가해 조리해서 먹는 것이 좋다고 한다. 토마토의
         껍질은 끓는 물에 잠깐 담갔다가 건져서 찬물에서 벗기면 손쉽게 벗길
         수 있다.
13     </p>
14  </body>
15  </html>
```

그림 10-6 ex10-2.html의 스마트 폰 브라우저 실행 결과

※ 그림 10-6은 그림 10-5와 같은 방식으로 스마트 폰(갤럭시 노트 10)에서 실행한 결과 화면이다.

5행 뷰포트 설정

〈meta〉 태그를 이용하열 뷰포트를 설정한다. 'width=device-width'는 웹 페이지의 너비를 모바일 기기의 뷰포트로 설정한다. 갤럭시 노트 10에서 실행하였기 때문에 웹 페이지의 너비는 표 10-1의 갤럭시 노트 10의 뷰포트 너비인 412 픽셀이 된다. 'initial-scale=1.0'은 초기 배율을 기본 값인 1.0으로 설정한다.

뷰포트가 사용된 그림 10-6의 결과를 보면 뷰포트가 사용되지 않은 경우보다 이미지가 글자가 훨씬 더 커져 보기 편하게 되어 있음을 알 수 있다.

<meta> 태그의 content 속성에서 사용되는 뷰포트 속성을 정리하면 다음과 같다.

표 10-1 뷰포트의 속성

속성	설명
width	픽셀 단위로 뷰포트의 너비를 설정, 기본 값은 device-width 임
height	픽셀 단위로 뷰포트의 높이를 설정, 기본 값은 device-height 임
initial-scale	초기 배율을 의미, 1.0 : 기본 값, 0.5 : 두 배 축소, 2.0 : 두 배 확대
user-scalable	yes : 사용자가 화면 확대/축소 가능, no : 화면 확대/축소 불가, ,기본 값은 no 임
minimum-scale	사용자가 축소할 수 있는 최솟값, 기본 값은 0.25 임
maximum-scale	사용자가 확대할 수 있는 최댓값, 기본 값은 5.0 임

예를 들어 뷰포트의 너비를 모바일 기기의 너비와 일치시키고, 초기 배율은 1.0, 화면 확대 축소 가능, 최대 3배까지 확대 가능하게 하려면 다음과 같이 뷰포트를 설정한다.

```
<meta name="viewport" content="width=device-width, initial-
scale=1.0, user-scalable=yes, maximum-scale=3.0">
```

10.3 그리드 뷰

그리드 뷰(Grid-View)란 웹 페이지를 제작할 때 열(Column)을 기반으로 하는 것을 말한다. 대부분의 웹 페이지는 다음 그림에 나타난 것과 같이 열을 기본으로 하여 하나의 열이나 여러 개의 열을 병합하여 블록을 표현한다.

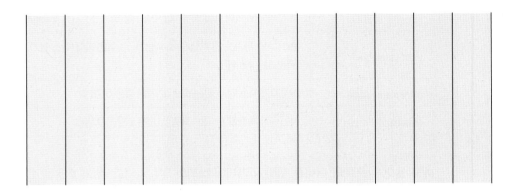

그림 10-7 그리드 뷰의 예

10.3.1 가변 그리드

가변 그리드(Fluid Grid)에서는 열의 너비가 웹 페이지를 접속하는 다양한 기기의 해상도에 맞추어 가변적으로 변하게 된다.

그리드의 열을 가변적으로 만들기 위해서는 너비를 설정할 때 px 단위 대신에 %를 사용하여야 한다.

다음 예제를 통하여 두 열의 너비를 가변적으로 설정하는 방법에 대해 알아보자.

예제 10-3. 가변 그리드의 간단 예

ex10-3.html

```
1  <!DOCTYPE html>
2  <html>
3  <head>
4  <meta charset="utf-8">
5  <style>
6  * {
7      box-sizing: border-box;
8  }
9  header {
10     padding: 30px;
11     border: solid 1px red;
12 }
13 nav {
14     width: 25%;
15     float: left;
16     padding: 15px;
17     border: solid 1px red;
18 }
19 section {
20     width: 75%;
21     float: left;
22     padding: 20px;
23     border: solid 1px red;
24 }
25 </style>
26 </head>
27 <body>
28 <header>
29     <h3>웹 관련 용어</h3>
30 </header>
31 <nav>
32     <ul>
33             <li>웹 페이지</li>
34             <li>웹 브라우저</li>
```

```
35              <li>웹 호스팅</li>
36              <li>데이터 센터</li>
37      </ul>
38  </nav>
39  <section>
40      <h2>웹 페이지</h2>
41      <p>웹 페이지란 웹 서핑을 할 때 보는 각각의 화면을 말한다. 웹 페이지는
          HTML과 CSS로 구성된 HTML 문서와 관련된 이미지, 동영상, 음악
          파일 등의 데이터 파일로 구성된다.</p>
42      <p>웹 브라우저는 웹 서버에서 보내온 웹 페이지에 관련된 파일들을
          해석하여 브라우저 화면에 내용을 보여준다.</p>
43  </section>
44  </body>
45  </html>
```

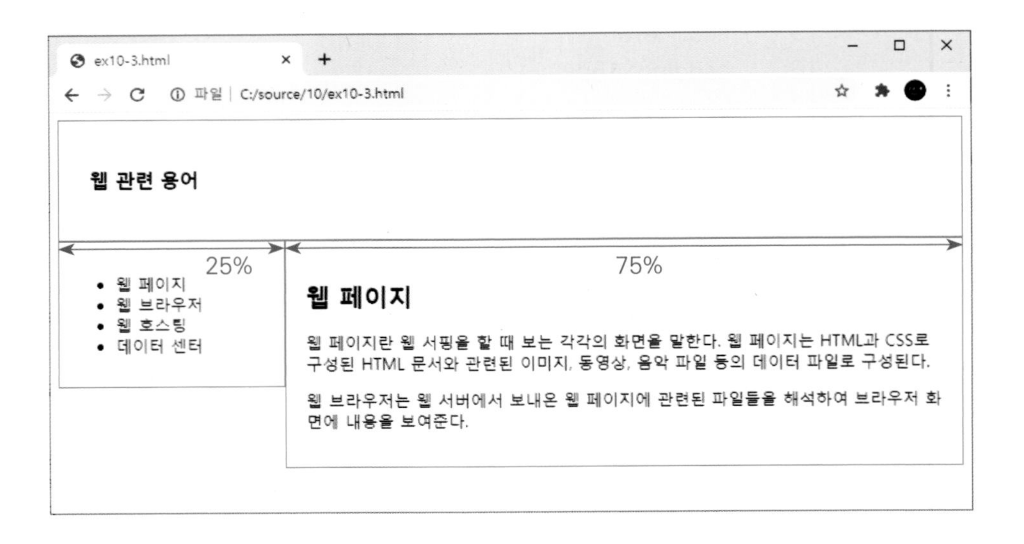

그림 10-8 ex10-3.html의 실행 결과

14행 nav 요소의 너비를 % 설정

31행 nav 요소의 너비를 25%로 설정한다. 이렇게 하면 그림 10-8에 나타난 것과 같이 뷰포트 전체 너비(100%)의 25%가 nav 요소의 너비가 된다.

20행 section 요소의 너비를 % 설정

39행 section 요소의 너비를 75%로 설정한다. section 요소의 너비는 뷰포트 전체 너비의 75%를 차지하게 된다.

알아두기

요소의 너비 % 설정

가변 그리드의 핵심은 요소의 너비를 % 단위로 설정하는 것이다. 이렇게 함으로써 접속 기기의 가로 해상도, 즉 뷰포트 너비의 비율에 맞게 요소가 화면에 표시된다.

10.3.2 px과 % 동시 사용하기

앞의 예제 10-3에서와 같이 nav 요소, 즉 메뉴의 너비가 25%로 설정되었기 때문에 뷰포트의 너비가 넓어지면 늘어나고, 줄어들면 같이 줄어들게 된다.

그러나 경우에 따라서는 메뉴는 고정시키고 그 옆에 있는 요소의 너비는 가변적으로 설정하고 싶을 때가 있다.

이런 경우에 사용하는 것이 calc() 함수인데 다음 예제를 calc() 함수의 사용법을 익혀보자.

예제 10-4. calc() 함수의 사용 예

ex10-4.html

```
1  <!DOCTYPE html>
2  <html>
3  <head>
4  <meta charset="utf-8">
5  <style>
6  * {
7     margin: 0;
8     padding: 0;
9     box-sizing: border-box;
10    text-align: center;
11 }
12 #wrap {
13    width: 90%;
14    height: 250px;
15    margin: 0 auto;
16    border: solid 1px red;
17 }
18 #a {
19    width: 300px;
20    height: 150px;
21    float: left;
22    background-color: yellow;
23 }
24 #b {
25    width: calc(100% - 300px);
26    height: 150px;
27    float: left;
28    background-color: green;
29 }
30 </style>
31 </head>
32 <body>
33    <div id="wrap">
34              <div id="a">요소 A</div>
35              <div id="b">요소 B</div>
36    </div>
37 </body>
38 </html>
```

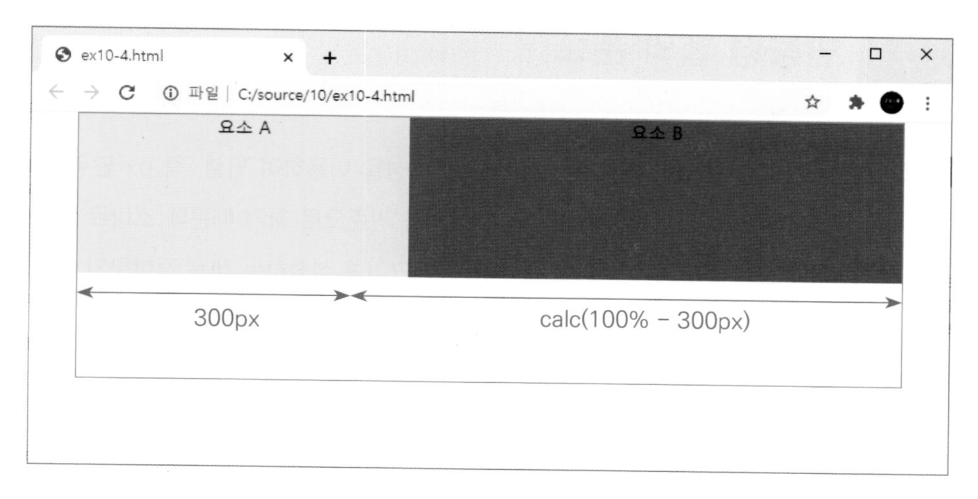

그림 10-9 ex10-4.html의 실행 결과

19행 아이디 a의 너비를 300px로 고정

34행 아이디 a의 요소 너비를 고정 너비인 300 픽셀로 설정한다. 이렇게 하면 뷰포트 크기가 변하더라도 그림 10-9에 나타난 것과 같이 '요소 A'의 너비는 300 픽셀로 고정된다.

25행 calc() 함수을 이용한 너비 설정

35행 아이디 a의 요소 너비를 calc(100% - 300px)로 설정한다. 이렇게 함으로써 '요소 B'의 너비는 뷰포트 전체 너비인 100%에서 300 픽셀을 뺀 결과 값을 가지게 한다.

알아두기

calc() 함수

CSS의 calc() 함수는 괄호 안에 있는 표현식을 계산하여 그 결과가 최종 값이 된다. 표현식에서는 %, px 등의 단위와 사칙 연산자 +, -, *, / 가 사용 가능하다.

10.4 반응형 웹의 폰트

일반적인 웹 페이지에서는 font-size 속성을 이용하여 픽셀, 즉 px 단위로 글자 크기를 설정한다. 이 px 단위는 모니터 해상도를 기준으로 하기 때문에 스마트 폰 등 다양한 기기를 고려해야 하는 반응형 웹에서 글자 크기를 설정하는 데는 적합하기 않다. 실제로 px 단위로 다양한 접속 기기에 맞는 글자 크기를 설정하는 일은 쉽지 않다.

이러한 문제점을 해결하기 위해서 반응형 웹에서에서는 px 단위 대신에 em 또는 rem 단위를 많이 사용한다. 이번 절에서는 em과 rem 단위의 사용법에 대해 알아본다.

10.4.1 em 단위

em 단위에서는 영문자 M의 너비를 1em으로 계산하여 이에 대한 상대적인 크기로 글자 크기를 표현한다. 1em은 픽셀 값으로 변환하면 16px이 된다. 2em은 16px x 2 = 32px이 된다. 또한 0.5 em은 8px의 값을 가진다.

다음 예제를 통하여 em 단위의 사용법을 익혀보자.

예제 10-5. em 단위의 사용 예 ex10-5.html

```
1  <!DOCTYPE html>
2  <html>
3  <head>
4  <meta charset="utf-8">
5  <style>
6  .title1 { font-size: 1.25em; }
7  .title2 { font-size: 1.5em; }
8  .title3 { font-size: 2em; }
9  </style>
10  </head>
```

```
11  <body>
12      <h3 class="title1">안녕하세요.</h3>
13      <h3 class="title2">안녕하세요.</h3>
14      <h3 class="title3">안녕하세요.</h3>
15  </body>
16  </html>
```

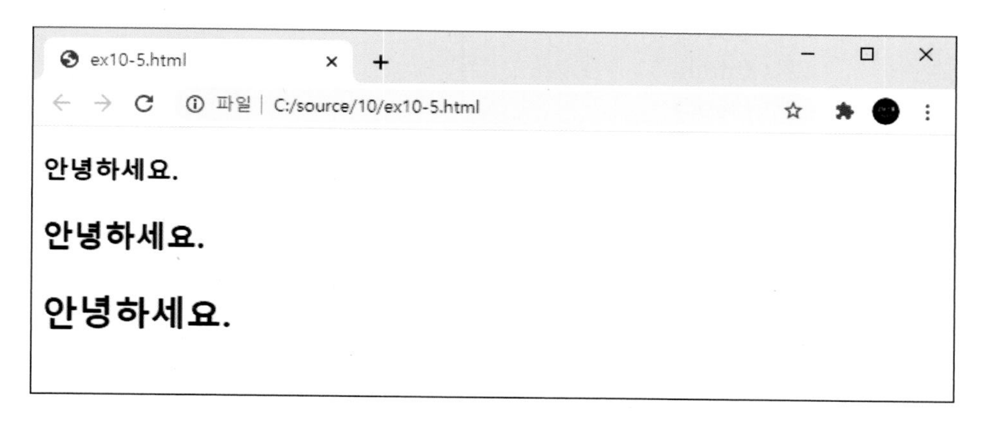

그림 10-10 ex10-5.html의 실행 결과

6행 1.25em

12행 클래스 title1에 대해 설정된 글자 크기 1.25em은 1em + 0.25em, 즉 16px + 4px = 20px의 값을 가진다.

7행 1.5em

13행 클래스 title2의 글자 크기 1.5em은 1em + 0.5em, 즉 16px + 8px = 24px의 값을 가진다.

8행 2em

14행 클래스 title2의 글자 크기인 2em은 16px의 2배인 32px의 값을 가진다.

이와 같이 h3 요소에 대해 em 단위로 글자 크기를 설정하면, <h3> 태그로 다양한 크기의 글 제목을 쉽게 표현할 수 있게 된다.

앞에서 설명한 것과 같이 em은 16px를 기준으로 한 상대적인 글자 크기를 나타내는 데 em이 사용된 요소의 하위 요소에서는 부모 요소의 em을 상속 받아 글자 크기가 정해진다.

부모 요소로 부터 em 단위를 상속 받는 다음의 예를 살펴보자.

예제 10-6. em 단위의 상속 ex10-6.html

```
1  <!DOCTYPE html>
2  <html>
3  <head>
4  <meta charset="utf-8">
5  <style>
6  #a {  font-size: 1em;  }
7  #a span {  font-size: 2em;  }
8  #b {  font-size: 2em;  }
9  #b span {  font-size: 2em;  }
10  </style>
11  </head>
12  <body>
13     <div id="a">
14                 안녕하세요.<span>반갑습니다.</span>
15     </div>
16     <div id="b">
17                 안녕하세요.<span>반갑습니다.</span>
18     </div>
19  </body>
20  </html>
```

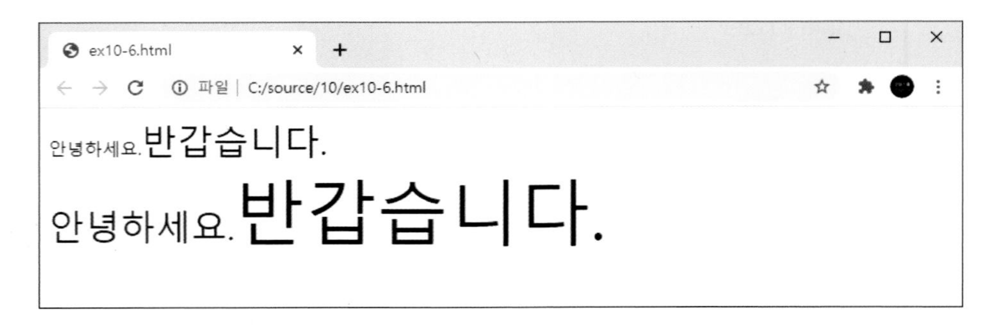

그림 10-11 ex10-6.html의 실행 결과

7행 2em

14행의 span 요소는 부모 요소인 아이디 a에서 설정된 em 단위를 상속 받는다. 따라서 7행에서 사용된 2em은 6행의 글자 크기인 1em, 즉 16px의 2배인 32픽셀이 된다.

9행 2em

16행의 span 요소는 부모 요소인 아이디 b의 em 단위를 상속 받기 때문에 여기서의 2em은 8행의 2em, 즉 32px의 2배인 64픽셀의 크기를 의미한다.

이와 같이 7행과 9행에서 사용된 2em의 글자 크기는 상속 문제로 인하여 글자 크기가 두 배가 차이가 일어난다.

알아두기

em 단위의 상속

예제 10-6에서 설명한 em 단위 상속의 기능은 경우에 따라서는 편리함을 제공할 수 있지만 하나의 웹 페이지에서 다양한 글자 크기를 사용할 경우에 있어서 em으로 글자 크기를 설정하는 데 많은 어려움을 겪을 수도 있다.

이러한 문제를 해결하기 위해 rem 단위이다. rem 단위는 부모 요소에서 설정된 글자 크기를 기준으로 하는 것이 아니라 브라우저의 기본 글자 크기를 기준으로 한 상대적인 크기를 나타낸다.

10.4.2 rem 단위

rem 단위에서는 em 단위에서와 달리 상속의 개념이 존재하지 않는다. 브라우저의 기본 크기인 16px을 1rem으로 한 상대적인 크기를 나타낸다. 2em은 16px의 두 배인 32px, 3em은 16px의 3배인 48 px을 의미한다. 그리고 0.5em은 16px의 1/2인 8px을 나타낸다.

예제 10-6에서 em 단위 대신에 rem 단위를 사용하는 다음의 예를 살펴보자.

예제 10-7. rem 단위의 사용 예 ex10-7.html

```
1  <!DOCTYPE html>
2  <html>
3  <head>
4  <meta charset="utf-8">
5  <style>
6  #a { font-size: 1rem; }
7  #a span { font-size: 2rem; }
8  #b { font-size: 2rem; }
9  #b span { font-size: 2rem; }
10 </style>
11 </head>
12 <body>
13    <div id="a">
14              안녕하세요.<span>반갑습니다.</span>
15    </div>
16    <div id="b">
17              안녕하세요.<span>반갑습니다.</span>
18    </div>
19 </body>
20 </html>
```

그림 10-12 ex10-7.html의 실행 결과

6행에서 사용된 1em은 브라우저의 기본 크기인 16px의 글자 크기이다. 그리고 7~9행에서 사용된 세 군데의 2em은 그림 10-2에 나타난 것과 같이 모두 같은 크기인 16px의 두 배인 32 px의 크기를 갖는다.

알아두기

rem과 em 단위의 차이점

rem 단위에서는 em에서 발생하는 상속의 개념이 존재하지 않기 때문에 브라우저의 기본 글자 크기를 기준으로 한 상대적인 크기가 사용된다. 일반적으로 브라우저의 기본 글자의 크기는 <html> 태그에 기본으로 설정되는 크기인 16px이 된다.

10.5 12 열 그리드 시스템

12 열 그리드 시스템(12 Columns Grid System)은 반응형 웹에서 가장 많이 사용하는 대표적인 그리드 시스템이다. 12 열 그리드 시스템을 이용하면 다양한 너비의 블록 요소를 쉽게 만들 수 있다.

12열 그리드에서 하나의 열의 너비는 100%를 12로 나눈 8.33%가 된다. 12 열 그리드 시스템에서 클래스를 이용하여 12개의 열의 너비를 다음과 같이 정의할 수 있다.

```
.col_1 {width: 8.33%;}
.col_2 {width: 16.66%;}
.col_3 {width: 25%;}
.col_4 {width: 33.33%;}
.col_5 {width: 41.66%;}
.col_6 {width: 50%;}
.col_7 {width: 58.33%;}
.col_8 {width: 66.66%;}
.col_9 {width: 75%;}
.col_10 {width: 83.33%;}
.col_11 {width: 91.66%;}
.col_12 {width: 100%;}
```

위에서 정의된 클래스를 이용하면 하나의 행이 2개의 열로 구성된 레이아웃은 다음과 같이 표현할 수 있다.

```
<div class="row">
        <div class="col_3"> ... </div>
        <div class="col_9"> ... </div>
</div>
```

위에서 두 열의 너비는 각각 25%와 75%가 된다.

하나의 행에 존재하는 열의 개수가 2개, 3개, 4개인 경우의 12 열 그리드 시스템의 간단한 레이아웃 예를 살펴보자.

예제 10-8. 12 열 그리드 시스템의 간단 예

ex10-8.html

```
1  <!DOCTYPE html>
2  <html>
3  <head>
4  <meta charset="utf-8">
5  <style>
6  * {
7     margin:0;
8     padding:0;
9     box-sizing: border-box;
10 }
11 .col_1 { width: 8.33%; }
12 .col_2 { width: 16.66%; }
13 .col_3 { width: 25%; }
14 .col_4 { width: 33.33%; }
15 .col_5 { width: 41.66%; }
16 .col_6 { width: 50%; }
17 .col_7 { width: 58.33%; }
18 .col_8 { width: 66.66%; }
19 .col_9 { width: 75%; }
20 .col_10 { width: 83.33%; }
21 .col_11 { width: 91.66%; }
22 .col_12 { width: 100%; }
23 [class*="col_"] {
24   float: left;
25   padding: 15px;
26 }
27
28 .row {
29    height: 60px;
30 }
31 .row div {
32    background-color: skyblue;
33    border: solid 1px black;
```

```
34      height: 100%;
35  }
36  </style>
37  </head>
38  <body>
39      <div class="row">
40              <div class="col_3"></div>
41              <div class="col_9"></div>
42      </div>
43      <div class="row">
44              <div class="col_6"></div>
45              <div class="col_6"></div>
46      </div>
47      <div class="row">
48              <div class="col_6"></div>
49              <div class="col_3"></div>
50              <div class="col_3"></div>
51      </div>
52      <div class="row">
53              <div class="col_4"></div>
54              <div class="col_4"></div>
55              <div class="col_4"></div>
56      </div>
57      <div class="row">
58              <div class="col_3"></div>
59              <div class="col_3"></div>
60              <div class="col_3"></div>
61              <div class="col_3"></div>
62      </div>
63  </body>
64  </html>
```

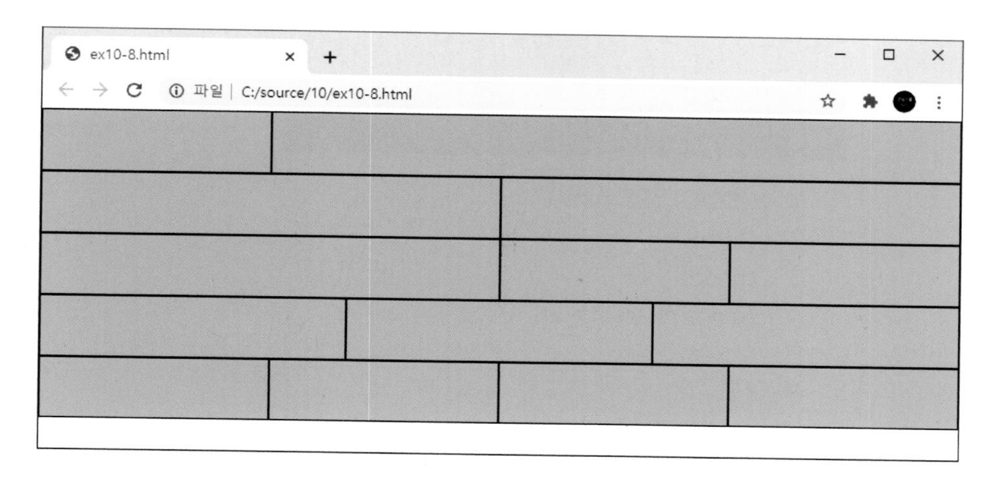

그림 10-13 ex10-8.html의 실행 결과

11~22행 **클래스 col_1 ~ col_12 설정**

12 열 그리드 시스템에서 12개의 클래스, 즉 col_1, col_2, col_3, ..., col_12의 너비를 % 단위로 설정한다.

23~26행 **[class*="col_"]**

23행의 선택자 [class*="col_"]는 클래스 중에서 클래스명에 문자열 "col_"를 포함한 클래스를 선택한다. 즉, 클래스 col_1 ~ col_12를 의미한다. 이 클래스 요소들을 공중에 띄워 좌측에 배치(24행)하고, 패딩 값을 15 픽셀로 설정한다.

알아두기

선택자 – [attribute*=value]

이 CSS 선택자는 속성 값 value를 포함한 요소를 선택한다. 예를 들어 a[href*="academy"]는 <a> 태그의 속성 href의 속성 값에 문자열 "academy"가 포함된 요소를 선택한다.

이번에는 12 열 그리드 시스템을 사용한 레이아웃에 대해 알아보자.

예제 10-9. 12열 그리드 시스템의 레이아웃

ex10-9.html

```
1   <!DOCTYPE html>
2   <html>
3   <head>
4   <meta charset="utf-8">
5   <style>
6   * {
7      margin: 0;
8      padding: 0;
9      box-sizing: border-box;
10     text-align: center;
11  }
12  li { list-style-type: none; }
13  .box {
14     clear: both;
15     width: 80%;
16     height: 50%;
17     background-color: #eeeeee;
18     margin: 0 auto;
19  }
20  .col_1 {  width: 8.33%;  }
21  .col_2 {  width: 16.66%;  }
22  .col_3 {  width: 25%;  }
23  .col_4 {  width: 33.33%;  }
24  .col_5 {  width: 41.66%;  }
25  .col_6 {  width: 50%;  }
26  .col_7 {  width: 58.33%;  }
27  .col_8 {  width: 66.66%;  }
28  .col_9 {  width: 75%;  }
29  .col_10 {  width: 83.33%;  }
30  .col_11 {  width: 91.66%;  }
31  .col_12 {  width: 100%;  }
32  [class*="col-"] {
33    float: left;
34    padding: 15px;
35  }
```

```
36  header{
37      height: 100px;
38      background-color: green;
39  }
40  /* 클래스 main */
41  .main li {
42      float: left;
43      height: 300px;
44  }
45  .main li:nth-child(1){
46      background-color: yellow;
47  }
48  .main li:nth-child(2){
49      background-color: skyblue;
50  }
51  /* 클래스 banner */
52  .banner li {
53      float: left;
54      height: 200px;
55  }
56  .banner li:nth-child(1), .banner li:nth-child(3){
57      background-color: pink;
58  }
59  .banner li:nth-child(2), .banner li:nth-child(4){
60      background-color: purple;
61  }
62  footer {
63      clear: both;
64      height: 100px;
65      background-color: green;
66  }
67  </style>
68  </head>
69  <body>
70      <header>
71                  <div class="box">
72                          헤더
73                  </div> <!-- box -->
74      </header>
```

```
75     <section>
76            <div class="box main">
77                   <ul>
78                          <li class="col_8">요소</li>
79                          <li class="col_4">요소</li>
80                   </ul>
81            </div> <!-- box -->
82            <div class="box banner">
83                   <ul>
84                          <li class="col_3">요소</li>
85                          <li class="col_3">요소</li>
86                          <li class="col_3">요소</li>
87                          <li class="col_3">요소</li>
88                   </ul>
89            </div> <!-- box -->
90     </section>
91     <footer>
92            <div class="box">
93                          푸터
94            </div> <!-- box -->
95     </footer>
96   </body>
97   </html>
```

13~19행 클래스 box 설정

71, 76, 82, 92행에서 사용된 클래스 box의 너비를 80%로 설정하고 요소를 중앙에 배치한다. 이렇게 함으로써 클래스 box는 뷰포트 전체 너비의 80%를 차지하게 된다. 17행에서 배경 색상으로 사용된 색상 코드 #eeeeee는 옅은 회색을 의미한다.

※ 색상 코드에 대해서는 4장의 127쪽에 자세히 설명되어 있다.

20~35행 12 열 그리드 시스템 설정

12 열 그리드 시스템에서 사용되는 클래스 col_1 ~ col_12의 너비와 패딩을 설정한다.

※ 12 열 그리드 시스템에 대한 자세한 설명은 앞의 384쪽을 참고하기 바란다.

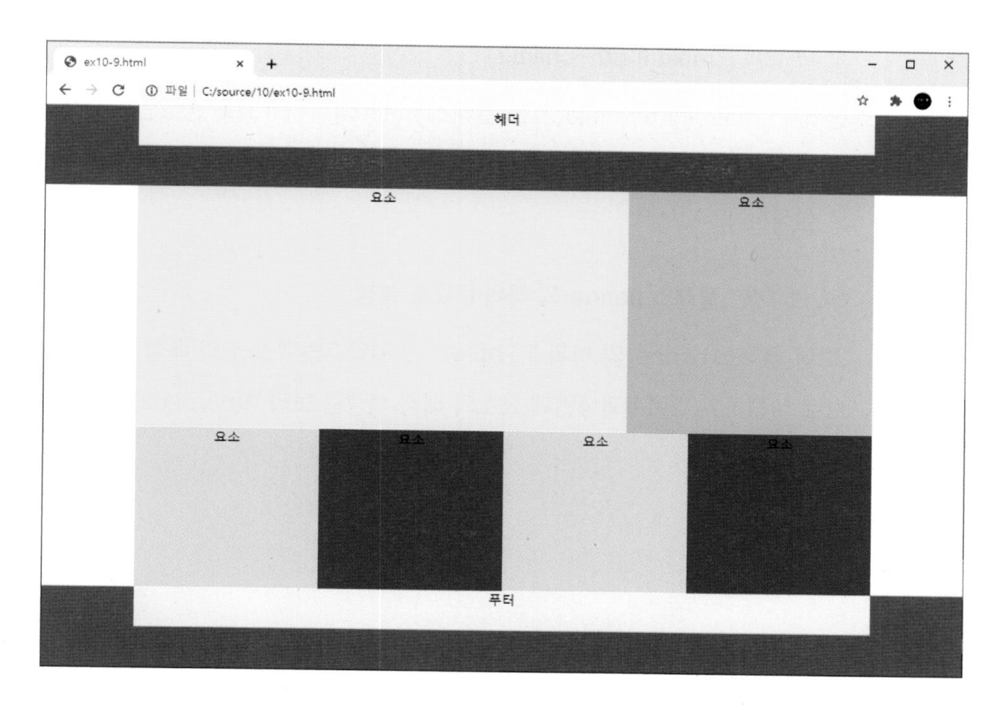

그림 10-14 ex10-9.html의 실행 결과

45~47행 .main li:nth-child(1)

선택자 '.main li:nth-child(1)'은 76행 클래스 main의 하위에 있는 li 요소 중 1번째 요소를 선택한다. 이 요소의 배경 색상을 노란색으로 설정한다. 위 그림 10-14의 중앙 좌측에 있는 노란색 박스가 여기에 해당된다.

알아두기

선택자 - :nth-child(n)

이 CSS 선택자는 같은 부모를 가진 해당 요소 중에서 n 번째 요소를 선택한다. 예를 들어 'p:nth-child(3)'은 같은 부모를 가진 p 요소 중에서 3번째 요소를 선택한다.

48~50행 .main li:nth-child(2)

선택자 '.main li:nth-child(2)'는 클래스 main의 하위 li 요소 중 2번째 요소를 선택한다. 이 요소의 배경 색상을 그림 10-14의 중앙 우측에 나타난 것과 같이 하늘색(skyblue)으로 설정한다.

56~61행 클래스 banner의 하위 li 요소 설정

82행 클래스 banner의 하위 li 요소 중 1번째와 3번째 요소의 배경 색상을 분홍색(pink)으로 설정하고, 2번째와 4번째 요소의 배경 색상은 보라색(purple)으로 변경한다.

연습문제 10장. 반응형 웹 기초

1. 컴퓨터나 스마트 폰의 브라우저 화면에서 메뉴바와 탭 영역을 제외한 나머지 영역을 의미하는 것은?

   가. 미디어 쿼리 나. 뷰포트 다. 그리드 뷰 라. 플렉서블 박스

2. 뷰포트에서 초기 배율을 의미하는 속성은?

   가. initial-scale 나. user-scalable 다. minimum-scale 라. maximum-scale

3. 반응형 웹에서 요소의 너비를 설정하는데 주로 사용되는 단위는?

   가. px 나. % 다. em 라. rem

4. 박스의 너비를 설정할 때 px과 %를 동시에 사용해야 할 경우가 종종 발생한다. 이 때 사용되는 CSS의 함수는?

   가. len() 나.calc() 다. length() 라. count()

5. em 단위의 상속에 관하여 간단하게 설명하시오.

6. rem 단위가 em 단위와 다른 점은 무엇인지 설명하시오.

7. 12 열 그리드 시스템에서 주로 사용하는 선택자의 유형은?

   가. 클래스 선택자 나. 아이디 선택자 다. 태그 선택자 라. 하위 선택자

8. 선택자 nth-child(n)에 대해 설명하시오.

CHAPTER 11

반응형 웹 기술

미디어 쿼리는 웹에 접속하는 기기의 브라우저의 해상도, 즉 뷰포트의 크기에 반응하여 거기에 맞는 CSS를 적용하게 기술이다. 11장에서는 미디어 쿼리의 개념을 설명하고 이를 반응형 웹에 활용하는 방법을 익힌다. 그리고 반응형 웹의 최신 기술인 플렉서블 박스를 소개하고, 플렉서블 박스에서 사용된 CSS 속성을 익힌 다음 이를 이용하여 상품 목록 페이지를 만드는 방법에 대해 배운다.

11.1 미디어 쿼리

CSS의 미디어 쿼리(Media Queries)는 특정 미디어의 성능과 상황에 따라 특정한 CSS를 적용할 때 사용한다. 반응형 웹에서는 접속하는 기기(데스크탑, 테블릿, 스마트 폰 등)를 판단하기 위해 뷰포트의 너비를 체크하게 된다.

다음 예제에서는 기기의 뷰포트의 최대 너비가 600 픽셀인 경우, 즉 600 픽셀 이하인 경우에는 웹 페이지의 배경 색상을 하늘색(skyblue)으로 변경한다.

예제 11-1. 미디어 쿼리로 배경 색상 변경하기 ex11-1.html

```
1  <!DOCTYPE html>
2  <html>
3  <head>
4  <meta charset="utf-8">
5  <meta name="viewport" content="width=device-width,
   inital-scale=1.0">
6  <style>
7  body {      background-color: skyblue; }
8
9  @media only screen and (max-width: 600px) {
10     body {
11             background-color: yellow;
12     }
13 }
14 </style>
15 </head>
16 <body>
17     <p>브라우저의 너비가 600 픽셀 이하에서는 배경 색상이 노란색으로
        변경된다.</p>
18 </body>
19 </html>
```

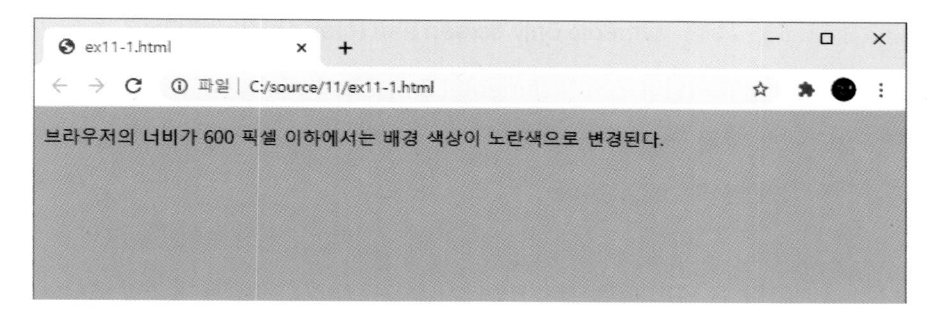

(a) 데스크탑(뷰포트 너비:600px 초과)

(b) 데스크탑(뷰포트 너비:
600px 이하)

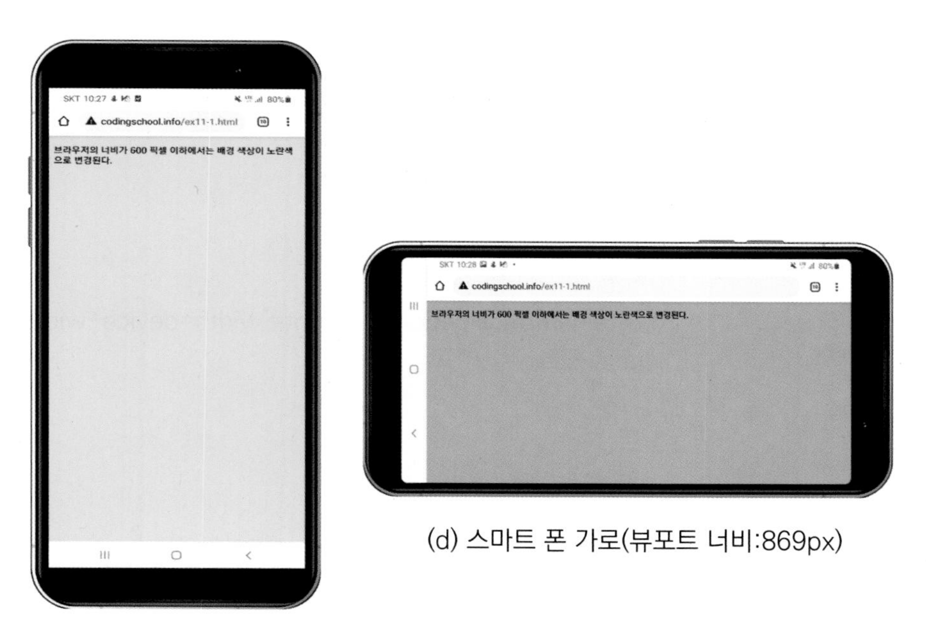

(d) 스마트 폰 가로(뷰포트 너비:869px)

(c) 스마트 폰 세로(뷰포트 너비:412px)

그림 11-1 ex11-1.html의 실행 결과

11~15행 @media only screen and (max-width: 600px)

미디어 타입이 스크린(screen)이고 뷰포트의 최대 너비가 600 픽셀인 경우, 즉 기기의 브라우저 해상도가 600 픽셀 이하인 경우에는 12~14행에 의해 웹 페이지의 배경 색상을 노란색으로 변경한다.

그림 11-1의 (a)는 데스크탑에서 뷰포트가 600 픽셀을 초과할 경우의 결과이며, (b)는 브라우저에서 가로 방향으로 스크롤바를 줄여서 뷰포트가 600 픽셀 이하일 경우의 결과를 나타낸다.

그림 11-1의 (c)와 (d)는 각각 스마트 폰(갤럭시 노트 10)에서의 세로(portrait)와 가로(landscape) 모드에서의 실행 결과를 나타낸다.

이번에는 미디어 쿼리를 이용하여 데스크탑과 스마트 폰에서 동작하는 반응형 웹 페이지를 만드는 다음의 예제를 살펴보자.

예제 11-2. 미디어 쿼리 사용 예 ex11-2.html

```
1  <!DOCTYPE html>
2  <html>
3  <head>
4  <meta charset="utf-8">
5  <meta name="viewport" content="width=device-width,
    inital-scale=1.0">
6  <style>
7  * {
8     margin: 0;
9     padding: 0;
10    box-sizing: border-box;
11  }
12  li { list-style-type: none; }
13  header {
14     height: 80px;
```

```
15    padding: 30px 0 0 30px;
16    background-color: #33b30b;
17    color: #ffffff;
18 }
19 .row {
20    margin-top: 10px;
21 }
22 .row::after {
23    content: "";
24    clear: both;
25    display: block;
26 }
27 .menu li {
28    padding: 10px;
29    margin-bottom: 12px;
30    background-color: #3ea3d9;
31    color: #ffffff;
32    box-shadow: 3px 3px 5px #aaaaaa;
33 }
34 .menu a:link, .menu a:visited, .menu a:hover, .menu a:active {
35    color: #ffffff;
36    text-decoration: none;
37 }
38 .menu li:hover {
39    background-color: orange;
40 }
41 section p {
42    line-height: 150%;
43    padding-top: 10px;
44 }
45 footer {
46    height: 80px;
47    background-color: #eeeeee;
48    color: #000000;
49    text-align: center;
50    font-size: 0.9em;
51    padding-top: 30px;
52    margin-top: 10px;
53 }
```

```
54  /* 데스크 탑 */
55  .col_1 {width: 8.33%;}
56  .col_2 {width: 16.66%;}
57  .col_3 {width: 25%;}
58  .col_4 {width: 33.33%;}
59  .col_5 {width: 41.66%;}
60  .col_6 {width: 50%;}
61  .col_7 {width: 58.33%;}
62  .col_8 {width: 66.66%;}
63  .col_9 {width: 75%;}
64  .col_10 {width: 83.33%;}
65  .col_11 {width: 91.66%;}
66  .col_12 {width: 100%;}
67  [class*="col_"] {
68      float: left;
69      padding: 15px;
70  }
71  /* 미디어 쿼리 */
72  @media only screen and (max-width: 768px) {
73    /* 스마트 폰 */
74      [class*="col_"] {
75              width: 100%;
76      }
77  }
78  </style>
79  </head>
80  <body>
81  <header>
82      <h3>웹 프로그래밍 강좌</h3>
83  </header>
84  <div class="row">
85      <nav class="col_3 menu">
86              <ul>
87              <li><a href="#">웹 페이지란?</a></li>
88              <li><a href="#">HTML/CSS</a></li>
89              <li><a href="#">PHP 프로그래밍</a></li>
90              <li><a href="#">자바스크립트/jQuery</a></li>
91              </ul>
92      </nav>
```

```
93      <section class="col_9">
94              <h2>웹 페이지란?</h2>
95              <p>웹 페이지는 웹 서핑을 할 때 보는 각각의 화면을 말한다.
                  웹 페이지는 HTML과 CSS로 구성된 HTML 문서와 관련된
                  이미지, 동영상, 음악 파일 등의 데이터 파일로 구성된다.</p>
96              <p>웹 브라우저는 웹 서버에서 보내온 웹 페이지에 관련된
                  파일들을 해석하여 브라우저 화면에 내용을 보여준다.</p>
97      </section>
98   </div> <!-- row -->
99   <footer>
100     <p>Copyright 2021. (goldmont) all rights reserved.</p>
101  </footer>
102  </body>
103  </html>
```

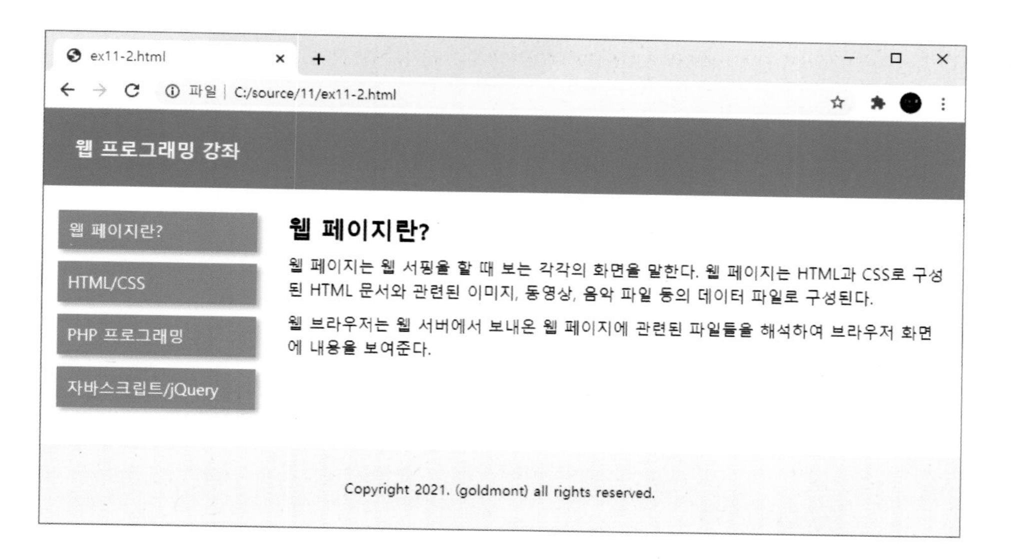

그림 11-2 ex11-2.html의 실행 결과
(뷰포트 너비:768px 초과)

그림 11-3 ex11-2.html의 실행 결과
(뷰포트 너비:768px 미만)

22행 .row::after

선택자 '.row::after'는 84행 클래스 row 다음에 특정 글자를 삽입하고 CSS를 설정한다.

알아두기

선택자 – ::after

이 CSS 선택자는 선택된 요소 다음에 가상 요소(Pseudo-Element)를 생성한다. content 속성이 이 선택자와 같이 사용되는데 content 속성에 의해 콘텐츠(문자열, 속성 등)를 삽입하게 된다. 일반적으로 content 속성은 장식용 텍스트를 추가할 때 사용한다.

예를 들어 다음은 링크 걸린 글자 뒤에 화살표를 추가한다.

```
a::after {
        content: "→";
}
```

이것과 유사한 역할을 수행하는 선택자에는 '::before'가 있다. 이 선택자는 선택된 요소의 앞에 가상 요소를 삽입하게 된다.

23행 content: "";

클래스 row 다음에 content 속성으로 빈 텍스트(""), 즉 NULL을 삽입한다.

24행 clear: both;

선택된 요소에서 사용된 float 속성('float:left' 또는 'float:right')을 해제한다.

25행 display: block;

이 가상 요소의 display 속성을 block으로 설정한다.

※ display 속성에 대한 자세한 설명은 7장 227쪽을 참고하기 바란다.

알아두기

content 속성

일반적으로 선택자 '::before' 또는 '::after'와 같이 사용되어 선택된 요소의 앞 또는 뒤에 문자열이나 속성 값 등을 삽입한다.

예를 들어 다음은 <p> 태그의 내용 앞에 당구장 기호 "※ "를 삽입한다.

```
p::before {
        content: "※ ";
}
```

55~70행 12 열 그리드 시스템의 클래스 col_1 ~ col_12 설정

데스크톱에서 사용되는 12 열 그리드 시스템의 클래스 col_1 ~ col_12의 너비를 % 단위로 설정하고 'float: left' 명령을 적용하고 패딩(15 픽셀)을 설정한다.

여기서 설정된 박스의 너비는 그림 11-2에 나타난 것과 같이 뷰포트가 768 픽셀을 초과하는 데스크톱이나 테블릿 화면에 적용된다.

※ 반응형 웹에서 널리 사용되는 12 열 그리드 시스템에 대한 자세한 설명은 앞 절의 384쪽을 참고하기 바란다.

72~77행 스마트 폰을 위한 미디어 쿼리 설정

최대 너비가 768 픽셀, 뷰포트가 768 픽셀 이하인 기기에 대한 미디어 쿼리를 설정한다. 따라서 이 쿼리는 스마트 폰에 적용된다. 74~76행에 의해 12 열 그리드 시스템의 모든 클래스에 대해 너비를 100%로 설정한다.

이렇게 함으로써 그림 11-3에 나타난 것과 같이 85~92행의 nav 요소와 하위의 li 요소가 행을 꽉 채우게 된다. 또한 93~97행에 있는 section 요소와 하위 요소인 h3와 p 요소들도 모두 전체 행을 채운 상태가 된다.

11.2 가변 이미지

반응형 웹에서는 뷰포트의 크기에 따라 이미지의 크기도 가변적이어야 한다. 이미지를 가변적으로 만들기 위해서는 고정 크기의 px 단위 대신에 % 단위를 사용한다. 이미지의 크기를 100%로 설정하면 이미지가 부모 요소의 전체를 꽉 채우게 된다.

11.2.1 이미지의 너비

이미지의 너비를 100%로 설정하는 방법에는 'width:100%'와 'max-width:100%'의 두 가지가 있다.

먼저 이미지에 대해 width 속성 값을 100%로 설정하는 다음의 예를 살펴보자.

예제 11-3. 이미지 'width : 100%' 설정 ex11-3.html

```
1  <!DOCTYPE html>
2  <html>
3  <head>
4  <meta charset="utf-8">
5  <style>
6  div {
7      border: solid 1px red;
8  }
9  img {
10     width: 100%;
11 }
12 </style>
13 </head>
14 <body>
15    <div>
16              <img src="./img/image1.jpg">
17    </div>
18 </body>
19 </html>
```

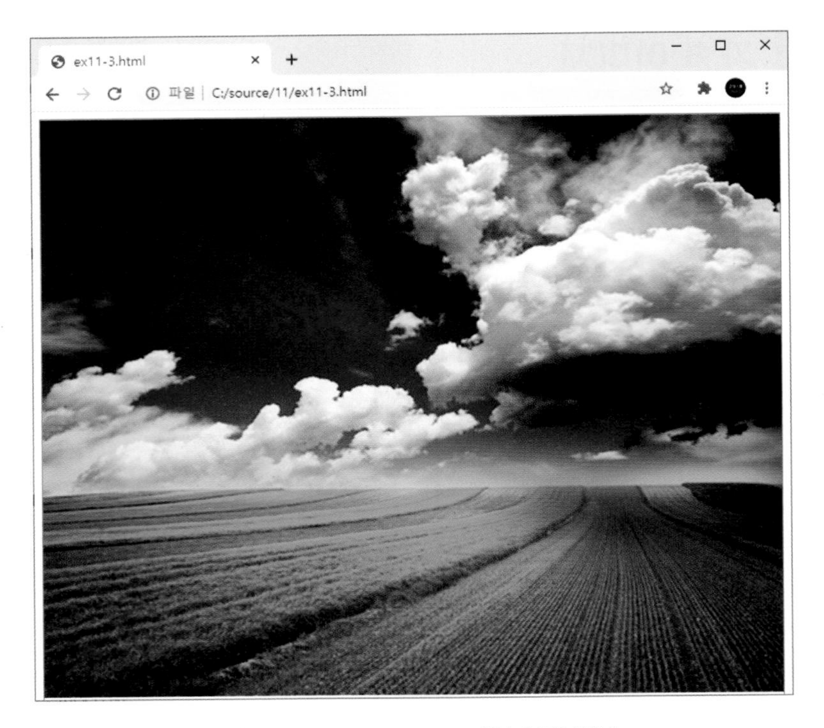

그림 11-4 ex11-3.html의 실행 결과

10행 width : 100%

'width:100%'로 이미지의 너비를 100%로 설정하면 그림 11-4에서와 같이 브라우저의 스크롤바를 조절하여 뷰포트의 너비를 늘이거나 줄여도 뷰포트의 크기에 상관없이 이미지는 부모의 요소의 박스에 꽉 채워진다.

그러나 이렇게 하면 원본 이미지 사이즈 보다 부모 요소의 박스가 더 큰 경우에는 이미지의 화질이 저하되어 보일 수 있다는 단점이 있다.

이런 단점을 보완하기 위해 반응형 웹에서는 width 대신 다음에 설명하는 max-width를 사용한다.

예제 11-4. 이미지 'max-width : 100%' 설정

ex11-4.html

```
<!-- 생략 -->
 9  img {
10      max-width: 100%;
11  }
<!-- 생략 -->
```

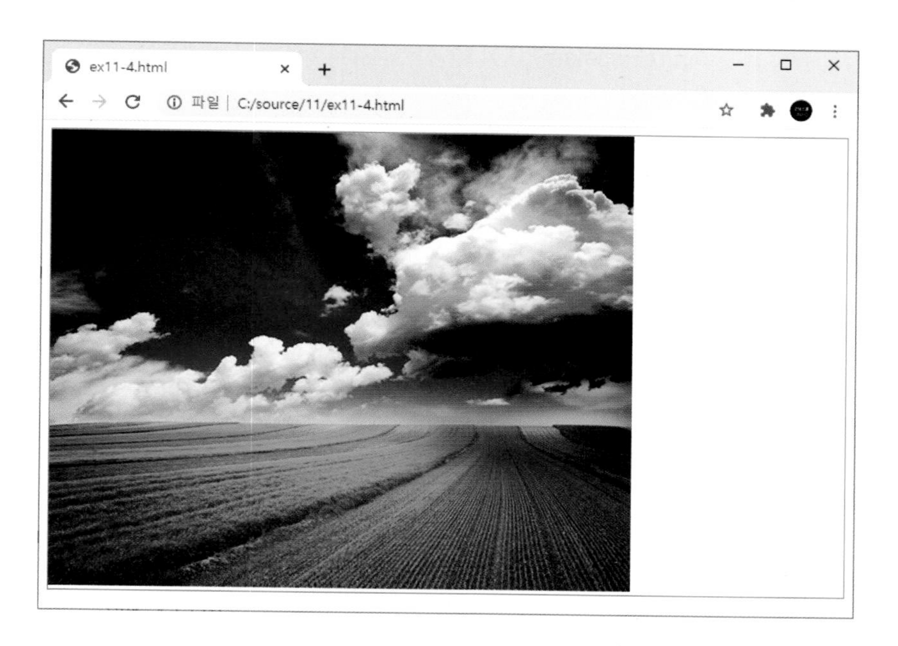

그림 11-5 ex11-4.html의 실행 결과

예제 11-4(ex11-4.html)은 예제 11-3(ex11-3.html)의 10행에 있는 width 속성을 max-width 속성으로 변경한 것이다. 나머지 프로그램 코드는 동일하다.

10행 max-width : 100%

'max-width:100%'는 최대 확대할 수 있는 너비가 원본 이미지 너비이기 때문에, 브라우저의 너비, 즉 뷰포트의 너비가 원본 이미지 사이즈 보다 클 경우에도 그림 11-5에 나타난 것과 같이 원본 너비 이상으로 확대되지 않는다.

11.2.2 반응형 이미지 만들기

이번에는 미디어 쿼리를 이용하여 반응형 이미지를 만드는 방법에 대해 알아보자.

예제 11-5. 반응형 이미지 만들기

ex11-5.html

```
1  <!DOCTYPE html>
2  <html>
3  <head>
4  <meta charset="utf-8">
5  <meta name="viewport" content="width=device-width,
     inital-scale=1.0">
6  <style>
7  * {
8      box-sizing: border-box;
9  }
10  header {
11      padding: 20px;
12      border-bottom: solid 1px black;
13  }
14  img {
15      max-width: 100%;
16  }
17  nav {
18      width: 20%;
19      float: left;
20      padding: 15px;
21  }
22  nav li {
23      padding-top: 10px;
24  }
25  section {
26      width: 80%;
27      float: left;
28      padding: 20px;
29  }
```

```
30  @media only screen and (max-width: 768px) {
31    /* 스마트 폰 */
32     nav {  width: 100%;  }
33     section {  width: 100%;  }
34  }
35  </style>
36  </head>
37  <body>
38     <header>
39              <h2>포토 갤러리</h2>
40     </header>
41     <nav>
42              <ul>
43              <li>작품 사진 1</li>
44              <li>작품 사진 2</li>
45              <li>작품 사진 3</li>
46              <li>작품 사진 4</li>
47              </ul>
48     </nav>
49     <section>
50              <h3>작품 사진 1</h3>
51              <div>
52                       <img src="./img/image2.jpg">
53              </div>
54     </section>
55  </body>
56  </html>
```

15행 **max-width : 100%**

웹 페이지에서 사용되는 이미지의 최대 너비를 100%로 설정한다.

17~21행 **nav 요소 설정**

41~47행의 nav 요소, 즉 그림 10-19의 좌측에 있는 메뉴 박스의 너비를 20%로 설정하여 공중에 띄워 좌측에 배치한다.

그림 11-6 ex11-5.html의 실행 결과(데스크톱)

그림 11-7 ex11-5.html의 실행 결과(스마트 폰)

25~29행 section 요소 설정

49~54행의 section 요소, 즉 그림 11-6의 우측에 있는 글 제목과 이미지를 포함한 박스의 너비를 80%로 설정하여 공중에 띄워 좌측에 배치한다.

30~34행 스마트 폰에 대한 미디어 쿼리 설정

뷰포트의 초대 너비가 768 픽셀 이상, 즉 스마트 폰인 경우에는 nav 요소와 section 요소의 너비를 100%로 설정한다.

이렇게 함으로써 그림 11-7에 나타난 것과 같이 nav 요소와 section 요소가 각각 전체 행을 차지하게 된다.

11.3 플렉서블 박스

11.3.1 플렉서블 박스란?

플렉서블 박스(Flexible Box) 또는 간단하게 플렉스박스(Flexbox)는 가변적인 박스를 쉽게 만들 수 있게 하는 동시에 반응형 웹을 위한 몇 가지 좋은 기능을 제공하는 최신의 기술이다.

가변 그리드, 인라인/블록, float 속성을 이용한 레이아웃 방식들과 비교되는 플렉스박스만이 가지고 있는 장점은 다음과 같다.

(1) 콘텐츠를 수직방향으로 쉽게 중앙 정렬할 수 있다.
(2) 뷰포트의 너비에 따라 요소의 배치 순서를 달리할 수 있다.
(3) 박스 내 요소의 여백과 배치를 자동으로 조절할 수 있다.

먼저 다음의 간단한 예제를 통하여 플렉서블 박스의 기본 개념을 익혀보자.

예제 11-6. 플렉스박스의 사용 예 ex11-6.html

```
1  <!DOCTYPE html>
2  <html>
3  <head>
4  <meta charset="utf-8">
5  <meta name="viewport" content="width=device-width,
    inital-scale=1.0">
6  <style>
7  .container {
8      display: flex;
9      height: 200px;
10     border: solid 1px red;
11  }
```

```
12  .items {
13      width: 100%;
14      height: 150px;
15  }
16  .items:first-child {
17      background-color: purple;
18  }
19  .items:nth-child(2) {
20      background-color: pink;
21  }
22  .items:last-child {
23      background-color: orange;
24  }
25  </style>
26  </head>
27  <body>
28  <div class="container">
29      <div class="items"></div>
30      <div class="items"></div>
31      <div class="items"></div>
32  </div>
33  </body>
34  </html>
```

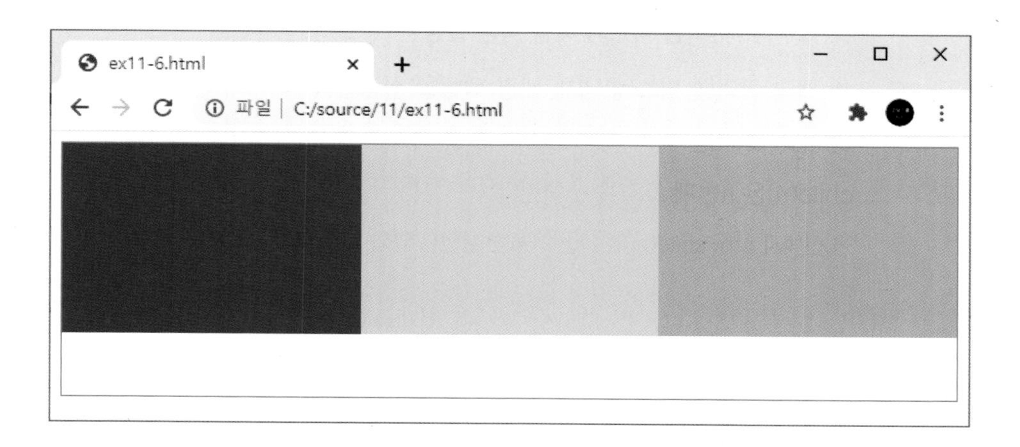

그림 11-8 ex11-6.html의 실행 결과

플렉스박스에는 콘테이너(Container)와 아이템(Item)이라는 두 개의 개념이 존재한다. 28행에서와 같이 플렉스의 콘테이너 박스는 내부에 29~31행의 아이템 박스들을 포함한다.

플렉스박스에서는 콘테이너와 아이템 요소가 필수적으로 필요하며, 콘테이너와 아이템 요소에 적용되는 속성이 명확히 구분되어 있다. 콘테이너에는 display, flex-flow, justify-content 등의 속성을 사용할 수 있고, 아이템에는 order, flex, align-self 등의 속성이 사용 가능하다.

8행 **display: flex;**

'display:flex'는 28행 클래스 container를 플렉스박스로 만든다. 따라서 클래스 container는 플렉스박스의 콘테이너가 되어 내부의 있는 아이템 요소들인 29~31행의 클래스 items를 그림 11-8에서와 같이 수평 방향으로 쉽게 배치할 수 있다.

만약 플렉스박스를 이용하지 않고 수평 방향으로 요소를 배치하려면 display 속성 값 inline(또는 inline-block)을 이용하거나 float 속성을 해야 한다.

※ display 속성 값에 대한 설명은 7장 227쪽, float 속성에 대해서는 8장 269쪽에 자세히 나와있다.

16~24행 **아이템 박스의 배경 색상 설정**

세 개의 아이템 박스에 대해 배경 색상을 설정한다. 여기서 사용된 선택자 first-child와 last-child는 각각 해당 요소의 첫 번째 요소와 마지막 요소를 선택하고, 선택자 nth-child(n)은 n번째 요소를 선택한다.

※ 선택자 nth-child(n)에 대한 자세한 설명은 앞의 391쪽에 나와있다.

알아두기

:first-child

이 CSS 선택자는 같은 부모를 가진 해당 요소 중에서 첫 번째 요소를 선택한다. 예를 들어 'p:first-child'는 같은 부모를 가진 p 요소 중에서 첫 번째 요소를 선택한다.

알아두기

:last-child

이 CSS 선택자는 같은 부모를 가진 해당 요소 중에서 마지막 요소를 선택한다. 예를 들어 'p:last-child'는 같은 부모를 가진 p 요소 중에서 제일 뒤에 있는 마지막 요소를 선택한다.

11.3.2 플렉스박스 방향 설정하기

플렉스 박스는 기본적으로 아이템을 좌측에서 우측으로, 즉 수평 방향으로 배치한다. 만약 아이템을 우측에서 좌측으로 배치하거나 수직 방향으로 배치하려면 flex-direction 속성을 사용하면 된다.

다음 예제에서는 flex-direction 속성을 이용하여 아이템들을 수직 방향으로 배치한다.

예제 11-7. 플렉스박스 방향 설정 ex11-7.html

```
1  <!DOCTYPE html>
2  <html>
3  <head>
4  <meta charset="utf-8">
5  <meta name="viewport" content="width=device-width,
    inital-scale=1.0">
6  <style>
7  .container {
8     display: flex;
9     flex-direction: column;
10    height: 300px;
11    border: solid 1px red;
12 }
13 .container div {
14    width: 50%;
15    height: 80px;
16 }
17 .container div:first-child {
18    background-color: lightgreen;
19 }
20 .container div:nth-child(2) {
21    background-color: yellow;
22 }
23 .container div:nth-child(3) {
24    background-color: lightblue;
25 }
```

```
26  </style>
27  </head>
28  <body>
29  <div class="container">
30      <div></div>
31      <div></div>
32      <div></div>
33  </div>
34  </body>
35  </html>
```

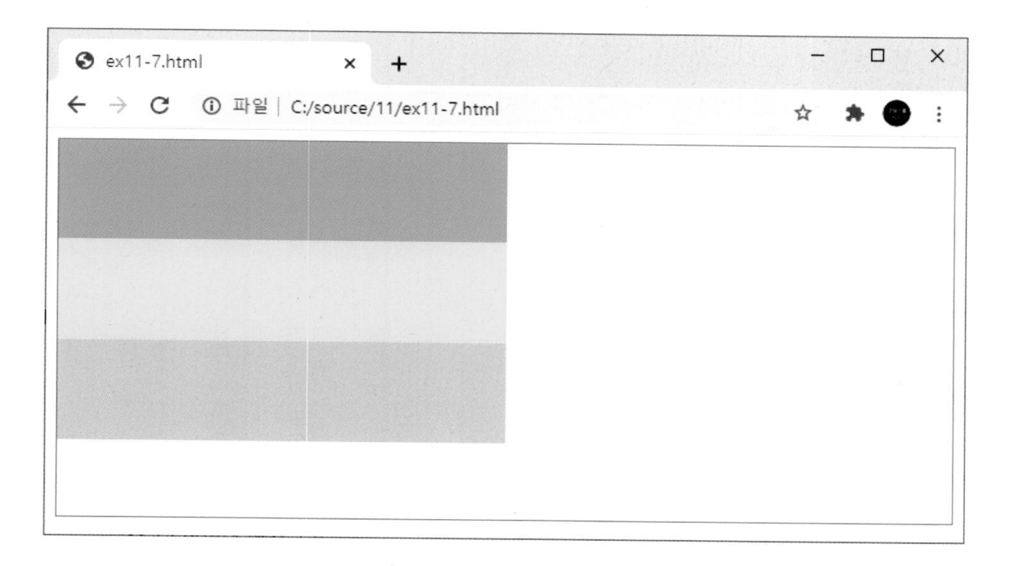

그림 11-9 ex11-7.html의 실행 결과

8행 **display: flex;**

29행 클래스 container를 플렉스박스로 만든다.

9행 **flex-direction: column;**

flex-direction 속성의 속성 값 column은 플렉스박스의 아이템들을 그림 11-9에서와 같이 수직 방향으로 배치한다.

많이 사용되는 flex-direction 속성 값을 표로 정리하면 다음과 같다.

표 11-1 flex-direction 속성 값

속성 값	설명
row	기본 값임, 플렉스박스의 아이템을 수평 방향으로 배치한다.
row-reverse	속성 값 row와 동일하나 배치 순서를 반대로 한다.
column	플렉스박스의 아이템을 수직 방향으로 배치한다.
column-reverse	속성 값 column과 동일하나 배치 순서를 반대로 한다.

11.3.3 아이템 배치하기

CSS의 justify-content 속성은 플렉스박스에서 아이템을 배치하는 방법을 설정하는데 사용된다.

다음 예제를 통하여 justify-content의 다양한 속성 값을 사용하는 방법을 익혀보자.

예제 11-8. 아이템의 배치 방법 ex11-8.html

```
1  <!DOCTYPE html>
2  <html>
3  <head>
4  <meta charset="utf-8">
5  <meta name="viewport" content="width=device-width,
    inital-scale=1.0">
6  <style>
7  .flexbox {
8     display: flex;
9     height: 80px;
10    border: solid 1px red;
11 }
12 #container1 { justify-content: flex-start; }
13 #container2 { justify-content: flex-end; }
14 #container3 { justify-content: center; }
15 #container4 { justify-content: space-between; }
16 #container5 { justify-content: space-around; }
17 .item1:first-child {
18    width: 20%;
19    height: 60px;
20    background-color: red;
21 }
22 .item2:nth-child(2) {
23    width: 20%;
24    height: 60px;
25    background-color: green;
26 }
```

```
27  .item3:nth-child(3) {
28    width: 20%;
29    height: 60px;
30    background-color: blue;
31  }
32  </style>
33  </head>
34  <body>
35    <div class="flexbox" id="container1">
36            <div class="item1"></div>
37            <div class="item2"></div>
38            <div class="item3"></div>
39    </div>
40    <div class="flexbox" id="container2">
41            <div class="item1"></div>
42            <div class="item2"></div>
43            <div class="item3"></div>
44    </div>
45    <div class="flexbox" id="container3">
46            <div class="item1"></div>
47            <div class="item2"></div>
48            <div class="item3"></div>
49    </div>
50    <div class="flexbox" id="container4">
51            <div class="item1"></div>
52            <div class="item2"></div>
53            <div class="item3"></div>
54    </div>
55    <div class="flexbox" id="container5">
56            <div class="item1"></div>
57            <div class="item2"></div>
58            <div class="item3"></div>
59    </div>
60  </body>
61  </html>
```

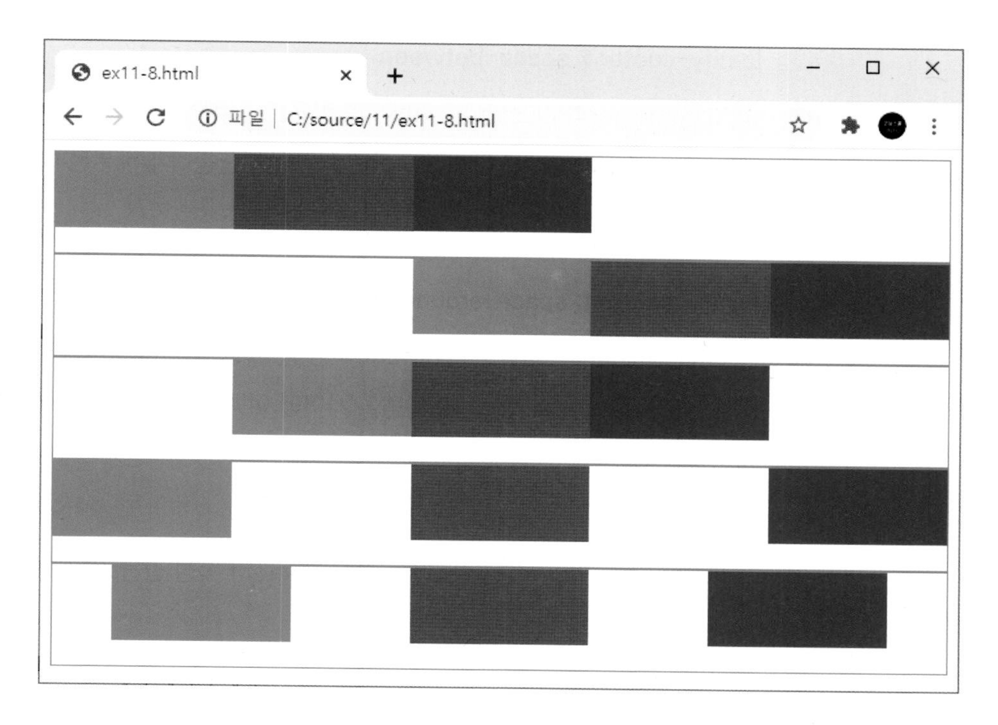

그림 11-10 ex11-8.html의 실행 결과

8행 display: flex;

35, 40, 45, 50, 55행의 클래스 flexbox를 플렉스박스로 만든다.

12행 justify-content: flex-start;

35행 플렉스박스의 콘테이터인 아이디 container1의 justify-content 속성 값을 'flex-start'로 설정한다. 이렇게 하면 그림 11-10의 첫 번째 행에서와 같이 플렉스박스의 아이템이 좌측부터 차례로 배치된다.

13행 justify-content: flex-end;

40행 아이디 container2의 justify-content 속성 값을 'flex-end'로 설정하면 그림 11-10의 두 번째 행에서와 같이 플렉스박스의 아이템들이 우측에 배치된다.

14행 justify-content: center;

45행 아이디 container3의 justify-content 속성 값을 'flex-center'로 설정하면 그림 11-10의 세 번째 행에서와 같이 플렉스박스의 아이템들이 중앙에 배치된다.

15행 justify-content: space-between;

50행 아이디 container4의 justify-content 속성 값 'space-between'은 그림 11-10의 네 번째 행에서와 같이 플렉스박스의 아이템들 사이에 균등하게 배분된 여백을 삽입한다.

16행 justify-content: space-around;

55행 아이디 container5의 justify-content 속성 값 'space-around'는 그림 11-10의 마지막 행에서와 같이 플렉스박스의 아이템들 사이에 여백을 삽입하고 첫 아이템의 앞과 마지막 아이템의 뒤에도 여백을 삽입한다.

위에서 플렉스박스 콘테이너에 적용되는 justify-content 속성 값을 표로 정리하면 다음과 같다.

표 11-2 justify-content 속성 값

속성 값	설명
flex-start	플렉스박스의 아이템을 좌측 시작점부터 차례로 배치한다.
flex-end	플렉스박스의 아이템을 우측 끝점에 배치한다.
center	플렉스박스의 아이템을 중앙에 배치한다.
space-between	아이템 중간에 균등한 여백을 삽입한다.
space-around	첫 번째 아이템의 앞과 마지막 아이템의 뒤에도 여백을 삽입하여 배치한다.

11.3.4 플렉스박스로 상품 목록 만들기

다음은 플렉스박스를 이용하여 간단하게 만들어본 반응형 상품 목록 페이지이다. 이를 통하여 플렉스박스의 사용법을 익혀보자.

예제 11-9. 플렉스박스로 상품 목록 만들기 ex11-9.html

```
1  <!DOCTYPE html>
2  <html>
3  <head>
4  <meta charset="utf-8">
5  <meta name="viewport" content="width=device-width,
    inital-scale=1.0">
6  <style>
7  * {
8     margin: 0;
9     padding: 0;
10 }
11 li { list-style-type: none; }
12 header {
13    text-align: center;
14    padding: 25px 0;
15    color: white;
16    background-color: #424242;
17    margin-bottom: 30px;
18 }
19 header span { color: yellow; }
20 .row {
21    width: 98%;
22    margin: 0 auto;
23    display: flex;
24 /* border: solid 1px red; */
25 }
26 .row img { max-width: 100%; }
27 .row ul {
28    width: 100%;
29    padding-left: 20px;
```

```
30      padding-bottom: 20px;
31    }
32    .row ul:last-child { padding-right: 20px; }
33    .row li {   margin-bottom: 5px; }
34    .row li:nth-child(2) { font-weight: bold; }
35    .row li:nth-child(3) { color: red; }
36    .row li:last-child {
37      text-align: right;
38      margin-right: 10px;
39      font-size: 0.9em;
40    }
41    @media only screen and (max-width: 768px) {
42     /* 스마트 폰 */
43      .row {  flex-wrap: wrap; }
44      .row ul {  margin-right: 20px; }
45    }
46    </style>
47    </head>
48    <body>
49      <header>
50              <h3><span>조명</span> 쇼핑몰</h3>
51      </header>
52      <div class="row">
53              <ul>
54                      <li><img src="./img/light.jpg"></li>
55                      <li>110V/220V 공용 거실 조명 </li>
56                      <li>18,000원</li>
57                      <li>60개 구매중</li>
58              </ul>
59              <ul>
60                      <li><img src="./img/light.jpg"></li>
61                      <li>110V/220V 공용 거실 조명 </li>
62                      <li>18,000원</li>
63                      <li>60개 구매중</li>
64              </ul>
65              <ul>
66                      <li><img src="./img/light.jpg"></li>
67                      <li>110V/220V 공용 거실 조명 </li>
```

```
68                      <li>18,000원</li>
69                      <li>60개 구매중</li>
70              </ul>
71              <ul>
72                      <li><img src="./img/light.jpg"></li>
73                      <li>110V/220V 공용 거실 조명 </li>
74                      <li>18,000원</li>
75                      <li>60개 구매중</li>
76              </ul>
77      </div>
78      <div class="row">
79              <ul>
80                      <li><img src="./img/light.jpg"></li>
81                      <li>110V/220V 공용 거실 조명 </li>
82                      <li>18,000원</li>
83                      <li>60개 구매중</li>
84              </ul>
85              <ul>
86                      <li><img src="./img/light.jpg"></li>
87                      <li>110V/220V 공용 거실 조명 </li>
88                      <li>18,000원</li>
89                      <li>60개 구매중</li>
90              </ul>
91              <ul>
92                      <li><img src="./img/light.jpg"></li>
93                      <li>110V/220V 공용 거실 조명 </li>
94                      <li>18,000원</li>
95                      <li>60개 구매중</li>
96              </ul>
97              <ul>
98                      <li><img src="./img/light.jpg"></li>
99                      <li>110V/220V 공용 거실 조명 </li>
100                     <li>18,000원</li>
101                     <li>60개 구매중</li>
102             </ul>
103     </div>
104 </body>
105 </html>
```

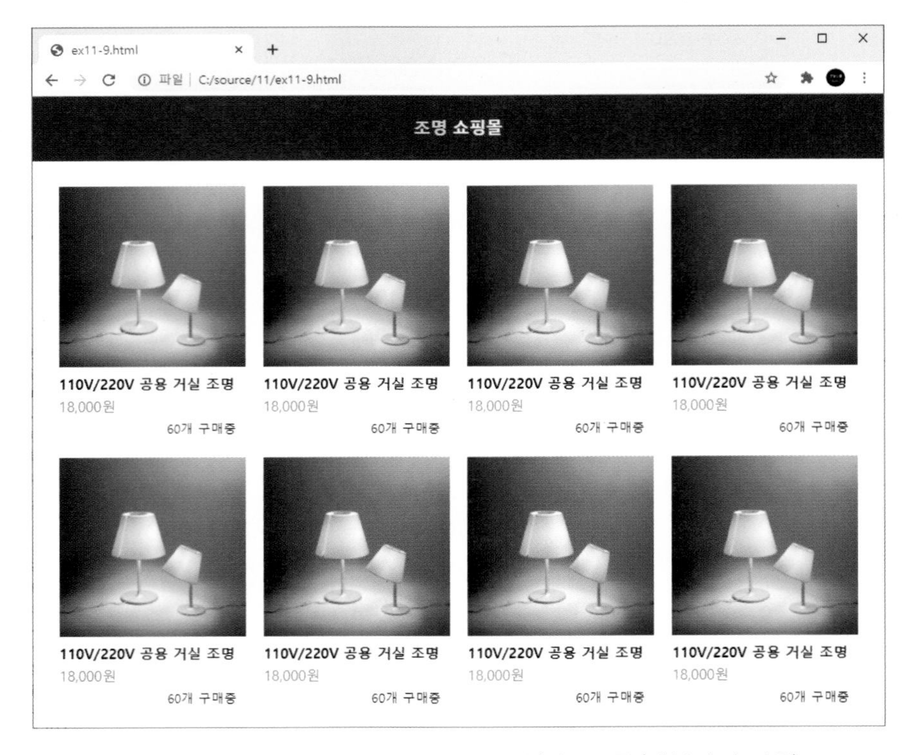

그림 11-11 ex11-9.html의 실행 결과(데스크톱/테블릿의 경우)

그림 11-12 ex11-9.html의 실행 결과
(스마트 폰의 경우)

23행 display: flex;

52행과 78행의 클래스 row를 플렉스박스로 만든다. 따라서 클래스 row의 내부에 있는 아이템들은 그림 11-11에서와 같이 수평 방향으로 차례로 배치된다.

26행 max-width: 100%;

플렉스박스에서 사용되는 이미지의 최대 너비를 100%로 설정한다. 이렇게 함으로써 뷰포트의 크기가 확대되거나 축소되더라도 이미지는 부모 요소의 박스 안을 꽉 채우게 된다.

41행 @media only screen and (max-width: 768px)

뷰포트의 최대 너비가 768 픽셀, 즉 너비가 768 픽셀 이하인 경우에 대한 미디어 쿼리를 설정한다.

44행 flex-wrap: wrap;

'flex-wrap:wrap'은 플렉스박스의 아이템을 다음 줄로 넘겨 새로운 줄에서 배치한다. 41행의 미디어 쿼리 문장에 의해 스마트 폰일 경우에는 그림 11-12에 나타난 것과 같이 각각의 상품 아이템이 행에 꽉 채워진다.

CSS의 flex-wrap 속성 값을 표로 정리하면 다음과 같다.

표 11-3 flex-wrap 속성 값

속성 값	설명
no-wrap	기본 설정으로, 플렉스 아이템을 한 줄에 모두 배치한다.
wrap	플렉스 아이템을 다음 줄로 넘겨서 새로운 줄에서 배치한다.
wrap-reverse	플렉스 아이템을 다음 줄로 넘겨서 새로운 줄에서 배치한다. 단, 아래 쪽이 아닌 위쪽으로 배치한다.

연습문제 11장. 반응형 웹 기술

1. CSS 선택자 ::after가 사용되는 다음의 CSS를 설명하시오.

```
p::after {
        content: "";
        clear: both;
        display: block;
}
```

2. 가변 이미지를 설정하는 CSS 명령 'max-width:100%'에 대해 설명하시오.

3. 다음의 미디어 쿼리 문장에 대해 설명하시오.

```
@media only screen and (max-width: 768px) {
        nav {  width: 100%;  }
        section {  width: 100%;  }
}
```

4. 다음은 플렉서블 박스의 장점에 대해 설명한 것이다. 잘못된 것은 무엇인가?

   가. 콘텐츠를 수직방향으로 쉽게 중앙 정렬할 수 있다.

   나. 뷰포트의 너비에 따라 요소의 배치 순서를 달리할 수 있다.

   다. 박스 내의 요소의 여백과 배치를 자동으로 조절할 수 있다.

   라. 그리드를 이용하여 박스의 크기를 쉽게 조절할 수 있다.

5. CSS 선택자 ':first-child'에 대해 설명하시오.

6. CSS 선택자 ':last-child'에 대해 설명하시오.

7. CSS의 flex-direction 속성의 역할과 속성 값 column의 의미에 대해 설명하시오.

8. 다음은 플렉스박스의 CSS 속성 justify-content가 사용된 프로그램이다. 브라우저의 실행 결과가 다음과 같을 때 밑줄 친 곳을 채워보시오.

```
<!-- 생략 -->
<style>
.flexbox {
        display: flex;
        height: 60px;
}
#container1 { justify-content: ________________; }
#container2 { justify-content: ________________; }
#container3 { justify-content: ________________; }
/* 생략 */
</style>
<body>
        <div class="flexbox" id="container1">
                <div class="item1"></div>
                <div class="item2"></div>
                <div class="item3"></div>
        </div>
<!-- 생략 -->
```

CHAPTER 12

반응형 웹 사이트 제작

이 책의 마지막인 12장에서는 앞의 10장과 11장에서 배운 반응형 웹 기술을 이용하여 실전에 사용할 수 있는 반응형 웹 사이트를 만드는 방법을 익힌다. 데스크톱, 테블릿, 스마트 폰 등의 기기에서 사용할 수 있는 포토 스튜디오 사이트의 메인 페이지, 스튜디오 소개 페이지, 그리고 스튜디오 예약 페이지 만들기 실습을 통해 반응형 웹 사이트 제작할 수 있는 능력을 배양한다.

12.1 반응형 포토 스튜디오 사이트

반응형 웹 사이트 제작 실습에 사용되는 포토 스튜디오 사이트는 스마트 폰, 테블릿, 데스크톱의 브라우저 화면에 각각 다음의 그림 12-1, 그림 12-2, 그림 12-3에서와 같이 나타난다.

그림 12-1 스마트 폰 화면

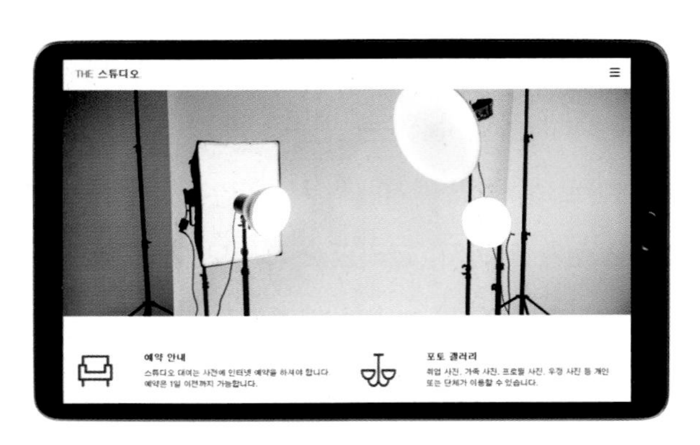

그림 12-2 테블릿 화면

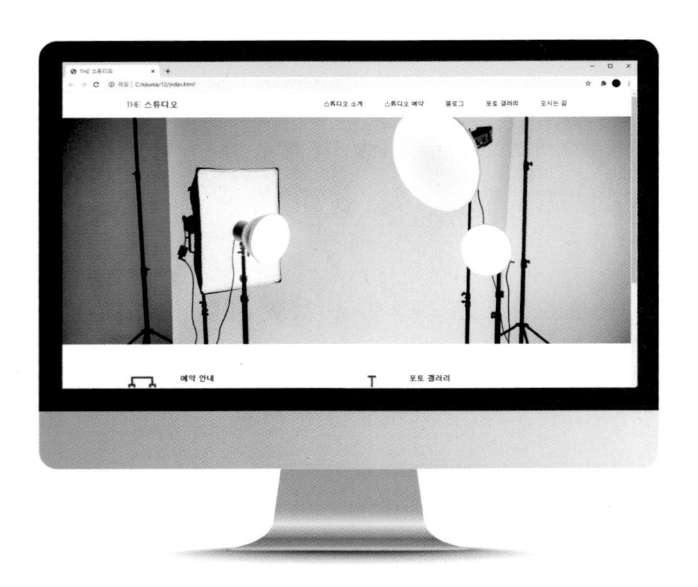

그림 12-3 데스크톱 화면

앞의 그림에서와 같이 다양한 기기의 브라우저 화면에 맞는 완벽한 반응형 웹을 제작하기 위해서는 각 기기들의 뷰포트 너비에 맞게 CSS를 설계하여야 한다.

그러나 요즘 스마트 폰과 테블릿의 크기와 뷰포트(브라우저 해상도)가 워낙 제 각각이기 때문에 유통되는 모든 기기에 완벽에게 부합하는 반응형 웹을 제작하는 것은 힘든 일이다. 특히 웹 사이트가 복잡해질수록 모든 웹 페이지를 완벽하게 반응형 웹으로 만드는 것은 거의 불가능에 가깝게 된다.

그래서 기기의 뷰포트 너비를 몇 가지 유형으로 분류한 다음 거기에 맞게 반응형 웹을 설계하게 된다. 이와 같이 반응형의 뷰포트 너비의 범위로 나누어 지는 지점을 반응형 분기점 또는 CSS 브레이크 포인트(Breakpoints)라고 한다.

일반적으로 미디어 쿼리를 이용하여 브레이크 포인트를 정할 때 CSS를 적용하는 순서는 제일 먼저 스마트 폰(세로와 가로 모드), 그 다음으로 테블릿(세로와 가로 모드), 마지막으로 일반 데스크톱 순으로 한다.

다음은 5개의 브레이크 포인트를 사용할 경우의 미디어 쿼리를 사용 예를 나타낸다.

```
/* 기본 CSS : 스마트 폰 세로 모드(640px 미만)  */

@media (min-width: 640px) { ... }

@media (min-width: 768px) { ... }

@media (min-width: 1024px)  { ... }

@media (min-width: 1280px)  { ... }
```

이번 장에서 제작하는 반응형 웹 사이트(포토 스튜디오)의 브레이크 포인트는 3개를 사용한다. 브레이크 포인트가 많아질수록 반응형 웹 페이지의 프로그램 소스가 복잡해지고 난이도가 증가하게 된다. 그리고 중소 규모의 웹 사이트는 3개의 브레이크 포인트로만도 충분히 멋지게 사이트를 제작할 수 있다.

실습에서는 3개의 브레이크 포인트를 사용하는데 이에 대한 기본 CSS와 미디어 쿼리는 다음과 같다.

```
/* 기본 CSS : 스마트 폰(768px 미만)  */

@media (min-width: 768px) { ... }

@media (min-width: 1200px)  { ... }
```

다음 절부터 이 3개의 브레이크 포인트로 제작한 반응형 포토 스튜디오 사이트의 메인 페이지, 스튜디오 소개 페이지, 스튜디오 예약 페이지를 만드는 과정을 설명한다.

12.2 메인 페이지 만들기

반응형 포토 스튜디오 사이트의 메인 페이지에 대한 스마트 폰(뷰포트 너비 : 768 픽셀 미만), 테블릿(뷰포트 너비 :768~1200), 일반 데스크톱(뷰포트 : 1200 픽셀 이상)의 브라우저 실행 결과는 각각 다음의 그림과 같다.

그림 12-4 메인 페이지(index.html) 실행 결과 : 786 픽셀 미만
※ 데스톱에서 브라우저의 스크롤 바를 줄여서 가로 해상도를 768 픽셀 미만으로 맞춤(스마트 폰일 경우를 가정)

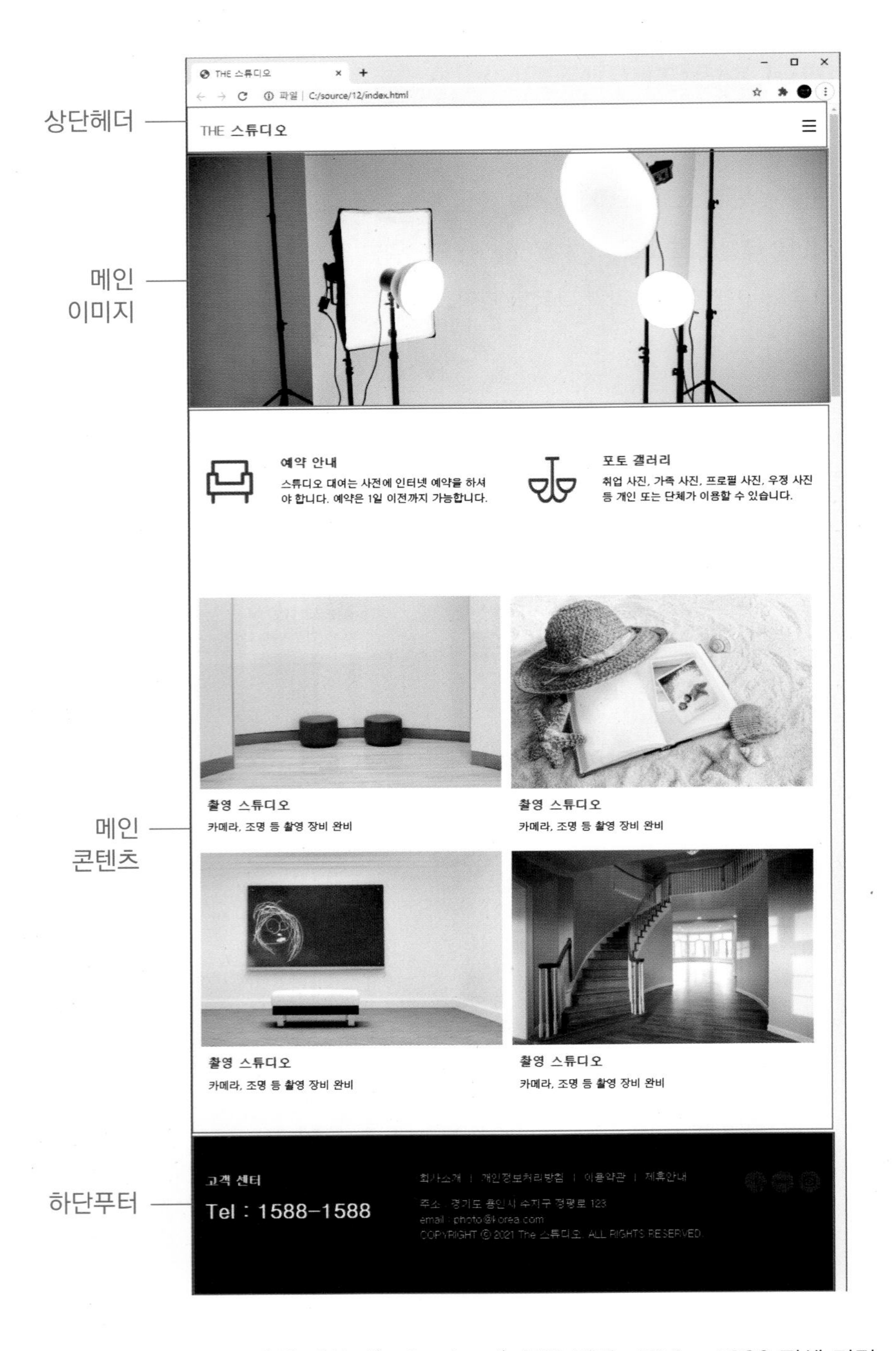

그림 12-5 메인 페이지(index.html) 실행 결과 : 786 ~ 1200 픽셀 미만
※ 데스톱에서 브라우저의 스크롤 바를 줄여서 가로 해상도를
768~1200 픽셀 사이로 맞춤(테블릿일 경우를 가정)

그림 12-6 메인 페이지(index.html) 실행 결과 : 1200 픽셀 이상
※ 가로 해상도가 1200 이상인 일반 데스크톱일 경우

앞의 그림 12-4, 12-5, 12-6의 결과를 가져오는 반응형 웹 포토 스튜디오의 메인 페이지의 전체 프로그램 소스는 다음과 같다.

예제 12-1. 포토 스튜디오 메인 페이지 index.html

```
1  <!DOCTYPE HTML>
2  <html>
3  <head>
4  <meta charset="utf-8">
5  <meta name="viewport" content="width=device-width,
     initial-scale=1">
6  <title>THE 스튜디오</title>
7  <style>
8  * { margin: 0; padding: 0;
9     box-sizing: border-box;
10  }
11  body { font-family: "돋움"}
12  a:link, a:visited, a:hover, a:active {
13      text-decoration: none;
14      color: #000000;
15  }
16  li { list-style-type: none; }
17  /* 기본 설정, 스마트 폰 CSS */
18  header {
19      position: relative;
20      height: 70px;
21  }
22  header .logo {
23      position: absolute;
24      top: 23px;
25      left: 20px;
26      font-size: 1.3em;
27  }
28  header .logo span {
29      color: #1f5abb;
30      font-weight: bold;
31  }
```

```
32  header .menu {
33      display:none;
34      position: absolute;
35      top: 20px;
36      right: 20px;
37  }
38  header .menu_btn {
39      width:20px;
40      position: absolute;
41      top: 20px;
42      right: 20px;
43  }
44  header .menu_btn li {
45      border-bottom: solid 2px #000000;
46      padding: 3px 0;
47  }
48  .main_image img { max-width: 100%; }
49  .banner { padding: 15px; }
50  .banner li { float: left; padding: 10px; }
51  .banner img { max-width: 100%; }
52  .banner p { margin-top: 10px; line-height: 150%; }
53  .banners::after {
54      content: "";
55      clear: both;
56      display: block;
57  }
58  .items {
59      padding: 15px;
60      padding-bottom: 40px;
61      background-color: #f9f9f9;
63  .items img {
64      max-width: 100%;
65      display: block;
66  }
67  .items ul {
68      background-color: white;
69      margin-bottom: 20px;
70  }
```

```
71  .items li:nth-child(2) { padding: 15px 10px; }
72  .items li:last-child { padding: 0px 10px 10px 10px; }
73  .items::after {
74      content: "";
75      clear: both;
76      display: block;
77  }
78  footer {
79      color: #ffffff;
80      background-color: #292c32;
81      padding-bottom: 80px;
82  }
83  footer .box div { padding: 60px 0 0 20px; }
84  footer .box div:first-child h1 { margin-top: 20px; }
85  footer .box div:nth-child(2) li {
86      display: inline-block;
87      margin-right: 5px;
88  }
89  footer .box div:nth-child(2) p {
90      margin-top: 20px;
91      line-height: 150%;
92  }
93  footer .box div:last-child {
94      text-align: right;
95      padding-right: 20px;
96  }
97  footer::after {
98      content: "";
99      clear: both;
100      display: block;
101  }
102  [class*="col_"] {  float: left; }
103  .col_s_1 { width: 8.33%; }  .col_s_2 {  width: 16.66%;  }
104  .col_s_3 { width: 25%; }     .col_s_4 {  width: 33.33%;  }
105  .col_s_5 { width: 41.66%; } .col_s_6 {  width: 50%;  }
106  .col_s_7 { width: 58.33%; } .col_s_8 {  width: 66.66%;  }
107  .col_s_9 { width: 75%; }     .col_s_10 {  width: 83.33%;  }
108  .col_s_11 { width: 91.66%; } .col_s_12 { width: 100%; }
109  @media only screen and (min-width: 768px) {
110      /* 테블릿 CSS */
```

```
111        .col_m_1 { width: 8.33%; }  .col_m_2 { width: 16.66%; }
112        .col_m_3 { width: 25%; }    .col_m_4 { width: 33.33%;  }
113        .col_m_5 { width: 41.66%; } .col_m_6 { width: 50%; }
114        .col_m_7 { width: 58.33%; } .col_m_8 { width: 66.66%; }
115        .col_m_9 { width: 75%; }    .col_m_10 { width: 83.33%; }
116        .col_m_11 { width: 91.66%; } .col_m_12 { width: 100%; }
117        .box {
118            max-width: 1170px;
119            margin: 0 auto;
120            position: relative;
121        }
122        .banners { margin: 50px 0; }
123        .items { padding-top: 60px; }
124        .item { padding-right: 15px; }
125    }
126    @media only screen and (min-width: 1200px) {
127        /* 데스크톱 CSS */
128        .col_1 { width: 8.33%; }  .col_2 { width: 16.66%; }
129        .col_3 { width: 25%; }    .col_4 { width: 33.33%; }
130        .col_5 { width: 41.66%; } .col_6 { width: 50%; }
131        .col_7 { width: 58.33%; } .col_8 { width: 66.66%; }
132        .col_9 { width: 75%; }    .col_10 { width: 83.33%; }
133        .col_11 { width: 91.66%; } .col_12 { width: 100%; }
134        header .menu_btn { display: none; }
135        header .menu { display: block; }
136        header .menu li {
137            display: inline-block;
138            margin: 5px 0 0 50px;
139        }
140        .box {
141            max-width: 1170px;
142            margin: 0 auto;
143            position: relative;
144        }
145        .banner { padding-right: 30px; }
146        .items { padding-top: 60px; }
147        .item { padding-right: 15px; }
148    }
149    </style>
```

```
150 </head>
151 <body>
152 <header>
153     <div class="box">
154         <h1 class="logo"><a href="index.html"><span>THE</span>
                스튜디오</a></h1>
155         <nav>
156             <ul class="menu">
157             <li><a href="intro.html">스튜디오 소개</a></li>
158             <li><a href="reservation.html">스튜디오 예약</a></li>
159             <li><a href="">블로그</a></li>
160             <li><a href="">포토 갤러리</a></li>
161             <li><a href="">오시는 길</a></li>
162             </ul>
163         </nav>
164         <ul class="menu_btn">
165             <li></li> <li></li> <li></li>
166         </ul>
167     </div> <!-- box for desktop -->
168 </header>
169 <section class="main_image">
170     <img src="./img/main.jpg">
171 </section>
172 <section class="banners">
173     <div class="box">
174         <div class="banner col_m_6 col_6">
175             <ul>
176             <li class="col_s_3"><img src="./img/icon1.png"></li>
177             <li class="col_s_9">
178                 <h3>예약 안내</h3>
179                 <p>스튜디오 대여는 사전에 인터넷 예약을 하셔야 합니다. 예약
                        은 1일 이전까지 가능합니다.</p>
180             </li>
181             </ul>
182         </div>
183         <div class="banner col_m_6 col_6">
184             <ul>
185             <li class="col_s_3"><img src="./img/icon2.png"></li>
```

```
186             <li class="col_s_9">
187                 <h3>포토 갤러리</h3>
188                 <p>취업 사진, 가족 사진, 프로필 사진, 우정 사진 등 개인 또는
                        단체가 이용할 수 있습니다. </p>
189             </li>
190             </ul>
191         </div>
192     </div> <!-- box -->
193 </section>
194 <section class="items">
195     <div class="box">
196         <div class="item col_m_6 col_3">
197             <ul>
198             <li><img src="./img/image1.jpg"></li>
199             <li><h3>촬영 스튜디오</h3></li>
200             <li>카메라, 조명 등 촬영 장비 완비</li>
201             </ul>
202         </div>
203         <div class="item col_m_6 col_3">
204             <ul>
205             <li><img src="./img/image2.jpg"></li>
206             <li><h3>촬영 스튜디오</h3></li>
207             <li>카메라, 조명 등 촬영 장비 완비</li>
208             </ul>
209         </div>
210         <div class="item col_m_6 col_3">
211             <ul>
212             <li><img src="./img/image3.jpg"></li>
213             <li><h3>촬영 스튜디오</h3></li>
214             <li>카메라, 조명 등 촬영 장비 완비</li>
215             </ul>
216         </div>
217         <div class="item col_m_6 col_3">
218             <ul>
219             <li><img src="./img/image4.jpg"></li>
220             <li><h3>촬영 스튜디오</h3></li>
221             <li>카메라, 조명 등 촬영 장비 완비</li>
222             </ul>
223         </div>
```

```
224      </div> <!-- box -->
225   </section> <!-- items -->
226   <footer>
227      <div class="box">
228         <div class="col_m_4 col_4">
229            <h3>고객 센터</h3>
230            <h1>Tel : 1588-1588</h1>
231         </div>
232         <div class="col_m_6 col_6">
233            <ul>
234               <li>회사소개</li>
235               <li>|</li>
236               <li>개인정보처리방침</li>
237               <li>|</li>
238               <li>이용약관</li>
239               <li>|</li>
240               <li>제휴안내</li>
241            </ul>
242            <p>주소 : 경기도 용인시 수지구 정평로 123<br>
243               email : photo@korea.com<br>
244           COPYRIGHT © 2021 The 스튜디오. ALL RIGHTS RESERVED.
245            </p>
246         </div>
247         <div class="col_m_2 col_2">
248            <a href="#"><img src="./img/facebook.png"></a>
249            <a href="#"><img src="./img/blog.png"></a>
250            <a href="#"><img src="./img/instagram.png"></a>
251         </div>
252      </div> <!-- box -->
253   </footer>
254   </body>
255   </html>
```

다음 절부터 위의 예제 12-1의 포토 스튜디오의 메인 페이지(index.html)의 각 모듈, 즉 상단 헤더, 메인 이미지, 메인 콘텐츠, 하단 푸터를 만드는 방법을 설명한다.

12.2.1 상단 헤더와 메인 이미지

먼저 그림12-4, 그림 12-5, 그림 12-6에 제일 위에 있는 상단 헤더와 메인 이미지를 만드는 방법에 대해 알아보자.

CSS의 기본 설정인 스마트 폰(뷰포트 : 768px 미만), 테블릿(뷰포트 : 768px~1200px 미만), 일반 데스크톱(뷰포트 : 1200px 이상)에 대해 상단 헤더와 메인 이미지에 해당되는 코드를 중심으로 제작 방법을 설명한다.

1 스마트 폰과 테블릿의 경우

스마트 폰과 테블릿에 대한 포토 스튜디오 사이트의 상단 헤더와 메인 이미지는 다음 그림과 같다.

그림 12-7 스마트 폰/테블릿에 대한 상단 헤더와 메인 이미지

22~27행 로고 배치

먼저 19행에서 header 요소의 position 속성 값을 relative로 한 다음 23~25행에 의해 클래스 logo의 position 속성 값을 absolute로 하고 top과 left 속성으로 로고의 위치를 잡는다.

33행 **데스크톱(뷰포트 : 1200px 이상)의 메뉴 감추기**

스마트 폰과 테블릿에 나타나는 그림12-7 우측의 메뉴 버튼을 표시하기 전에 33행의 'display:none'을 이용하여 데스크톱에서의 일반 메뉴를 화면에서 보이지 않게 한다.

22~31행 **메뉴 버튼 배치**

그림 12-7 우측의 메뉴 버튼인 클래스 menu_btn의 position 속성 값을 absolute로 한 다음 41행과 42행의 top과 right 속성으로 이 요소를 배치한다.

48행 **메인 이미지 설정**

클래스 main_image 안에 있는 메인 이미지의 max-width 속성을 100%로 설정한다.

2 데스크톱의 경우

일반 데스크톱에서의 대한 상단 헤더와 메인 이미지는 다음 그림과 같다. 상단 헤더는 스마트 폰(테블릿)의 경우와는 달리 화면 우측에 다섯 개의 메뉴가 화면에 표시된다.

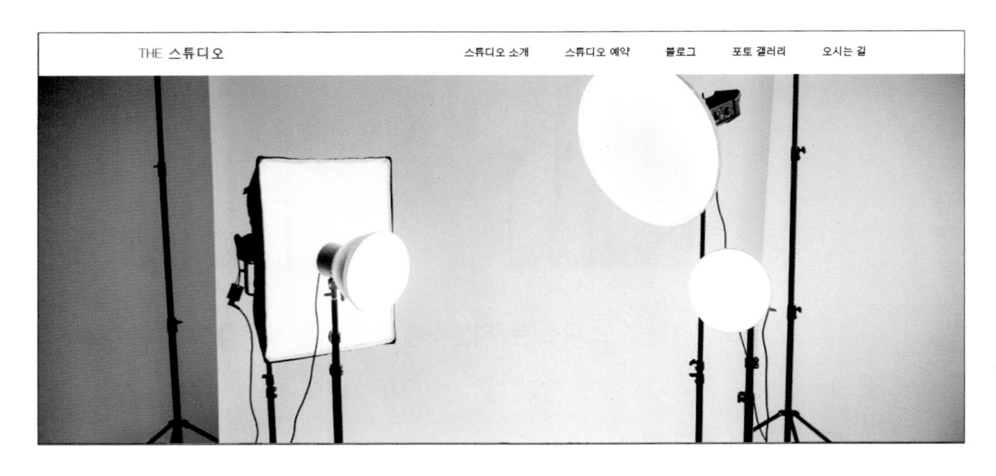

그림 12-8 스마트 폰의 상단 헤더

126행 @media only screen and (min-width: 1200px)

일반 데스크톱에 대한 CSS 설정을 위해 미디어 쿼리의 조건문에 'min-width:1200px'를 사용한다. 이것은 뷰포트의 최소 너비가 1200 픽셀, 즉 1200 픽셀 이상인 경우를 의미한다.

128~133행 12 열 그리드 시스템 설정

일반 데스크톱에서 사용되는 12 열 그리드 시스템의 클래스 col_1 ~ col_12를 설정한다.

※ 12열 그리드 시스템에 대해서는 10장의 384쪽에 자세히 설명되어 있다.

134행 기본 설정(스마트 폰)에서 사용되는 메뉴 감추기

기본 설정(스마트 폰)에서 사용되는 클래스 menu_btn을 'display:none'으로 화면에서 보이지 않게 한다.

135행 데스크톱 메뉴 보여주기

데스크톱의 메뉴인 클래스 menu에 대해 'display:block'를 적용하여 메뉴를 화면에 보이게 한다.

12.2.2 메인 콘텐츠

이번에는 그림12-4, 그림 12-5, 그림 12-6에서 메인 이미지 아래에 있는 메인 콘텐츠를 만드는 방법에 대해 알아보자.

1 스마트 폰의 경우

그림 12-4 스마트 폰인 경우의 메인 콘텐츠는 우측의 그림에서 ❶과 ❷로 표시된 두 개의 영역으로 나눌 수 있다.

❶의 영역은 172행에 있는 클래스 banners로 정의되고, 그 내부에 있는 '예약 안내'와 '포토 갤러리' 항목은 클래스 banner로 정의된다.

❷의 영역은 194행의 정의에 의해 클래스 items를 의미하고, 그 내부에 있는 목록들은 각각 196, 203, 210, 217행에서 선언된 클래스 item이 된다.

그림 12-9 스마트 폰의 메인 콘텐츠

51행 클래스 banner의 이미지 설정

클래스 banner에서 사용되는 이미지에 대해 max-width를 100%로 설정하여 이미지가 가변적이 되게한다.

52행 클래스 banner의 단락 설정

클래스 banner의 단락(179행과 188행)에 대해 패딩과 줄 간격을 설정한다.

53~57행 클래스 banners의 가상 요소(::after) 설정

선택자 ::after를 이용하여 클래스 banners 다음에 오는 요소가 새로운 줄에서 시작하게 된다.

※ 선택자 ::after에 대한 자세한 설명은 402쪽을 참고한다.

64행 클래스 items의 이미지 설정

클래스 items의 이미지에 대해 max-width를 100%로 설정하여 이미지를 가변적으로 만든다.

65행 클래스 items의 이미지에 대한 'display:block' 설정

〈img〉 태그는 기본적으로 〈span〉 태그와 같이 display 속성의 기본 값이 인라인(inline)이기 때문에 해당 이미지의 상단과 하단에 미세한 틈이 생기게 된다. 이 틈을 없애기 위해 이미지의 display 속성을 block으로 설정한 것이다.

알아두기

img 요소에 대한 'display:block'

〈img〉 태그에 대해 'display:block'를 적용하여 이미지 하단에 생기는 미세한 틈을 없애는 다음의 예제를 살펴보자.

image-block.html

```
<!-- 생략 -->
<style>
div { border: solid 1px red;}
div img { width: 200px; }
```

```
.image2 img { display: block; }
</style>
</head>
<body>
    <div class="image1">
        <img src="./img/image1.jpg">
    </div>
    <div class="image2">
        <img src="./img/image2.jpg">
    </div>
</body>
</html>
```

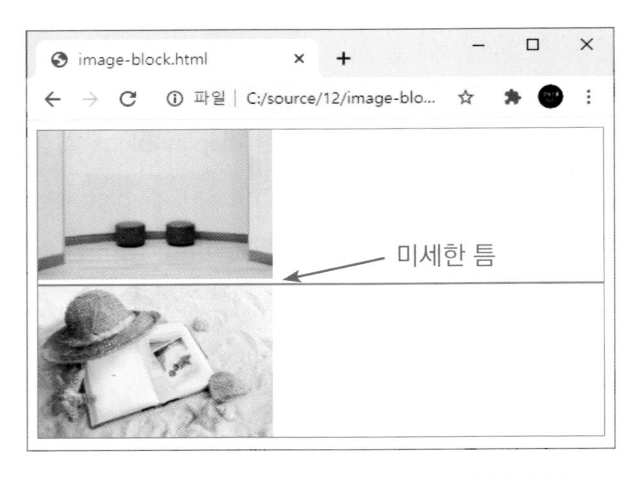

그림 12-10 image-block.html의 실행 결과

그림 12-10에서와 같이 img 요소에 미세한 틈이 생기는 것은 <img> 태그의 display 속성의 기본 값이 인라인(inline)이기 때문이다. 단순하게 생각해서 img 요소를 그대로 사용하면 하단에 미세한 틈이 발생한다는 것을 기억하기 바란다.

그리고 이 틈을 삭제할 필요가 있을 때만 해당 img 요소에 display 속성 값을 block으로 설정하면 된다.

67~70행 클래스 items의 가상 요소(::after) 설정

53행에서와 같이 클래스 items 다음에 오는 요소가 새로운 줄에서 시작하게 한다.

2 테블릿의 경우

테블릿에 대한 메인 콘텐츠는 다음 그림에 나타난 것과 같이 그림 12-9의 ❶의 두 개의 클래스 banner가 한 줄에 나타난다. 그리고 ❷의 클래스 item은 한 줄에 두 개씩 화면에 표시된다.

그림 12-11 테블릿의 메인 콘텐츠

126행 **@media only screen and (min-width: 768px)**

테블릿에 대한 CSS 설정을 위해 미디어 쿼리에는 'min-width:768px'이 사용한다. 이것은 뷰포트의 너비가 최소 768 픽셀인 경우, 즉 테블릿의 경우를 의미한다.

111~116행 **테블릿에 대한 12 열 그리드 시스템 설정**

테블릿에서 사용되는 2 열 그리드 시스템의 클래스 col_m_1 ~ col_m_12를 설정한다.

174, 183행 **클래스 banner의 너비 설정**

클래스 banner에 선언된 클래스 col_m_6에 의해 이 두 요소의 너비는 각각 50%로 설정된다.

196, 203, 210, 217행 **클래스 item의 너비 설정**

클래스 item에 정의된 클래스 col_m_6에 의해 이 네 요소의 너비가 각각 50%로 설정된다.

3 데스크톱의 경우

데스크톱인 경우의 메인 콘텐츠에서는 다음 그림에 나타난 것과 같이 클래스 item 네 개가 모두 한 줄에 표시된다.

그림 12-12 데스크톱의 메인 콘텐츠

196, 203, 210, 217행 클래스 item의 너비 설정

클래스 item에 정의된 클래스 col_3에 의해 이 네 요소의 너비가 각각 25%로 설정된다. 이렇게 함으로써 위의 그림 12-12에 나타난 것과 같이 클래스 item이 모두 한 줄에 표시된다.

12.2.3 하단 푸터

이번 절에서는 그림 12-4, 그림 12-5, 그림 12-6의 화면 제일 아래에 있는 하단 푸터를 만드는 방법을 익혀보자.

1 스마트 폰의 경우

스마트 폰에 대한 메인 페이지의 하단 푸터는 다음 그림에서와 같이 요소들이 한 줄에 하나씩 배치된다.

그림 12-13 스마트 폰의 하단 푸터

78~82행 **footer 요소의 글자 색상과 배경 색상 설정**

footer 요소의 배경 색상을 짙은 회색(#292c32), 글자 색상을 흰색(#ffffff)으로 설정한다.

228, 232, 247행 **div 요소의 패딩 설정**

div 요소의 상하단과 좌우측 패딩 값을 설정한다.

85~88행 **하단 메뉴의 수평 방향 배치**

86행에서는 하단 메뉴의 display 속성 값을 inline-block으로 설정하여 메뉴의 각 항목을 수평 방향으로 배치한다.

2 데스크톱(테블릿)의 경우

데스크톱과 테블릿에 대한 하단 푸터는 다음 그림에서와 같이 요소들이 한 줄에 모두 수평 방향으로 배치된다.

고객 센터
Tel : 1588-1588
회사소개 | 개인정보처리방침 | 이용약관 | 제휴안내
주소 : 경기도 용인시 수지구 정평로 123
email : photo@korea.com
COPYRIGHT © 2021 The 스튜디오. ALL RIGHTS RESERVED.

그림 12-14 데스크톱(테블릿)의 하단 푸터

228, 232, 247행 **div 요소의 너비 설정**

데스크톱에서는 이 div 요소들의 너비는 각각 col_4, col_6, col_2에 의해 33.33%, 50%, 16.66%로 설정된다.

테블릿에서도 이 세 개의 div 요소 너비가 각각 col_m_4, col_m_6, col_m_2에 의해 데스크톱에서와 동일한 너비로 설정된다.

12.3 스튜디오 소개 페이지 만들기

포토 스튜디오 사이트의 스튜디오 소개 페이지(intro.html)에 대한 스마트 폰(뷰포트 너비 : 768 픽셀 미만)의 실행 결과가 우측 그림 12-15에 나타나 있다.

그림에서 상단 헤더와 하단 푸터는 메인 페이지의 결과(그림 12-4, 그림 12-5, 그림 12-6)와 동일하다.

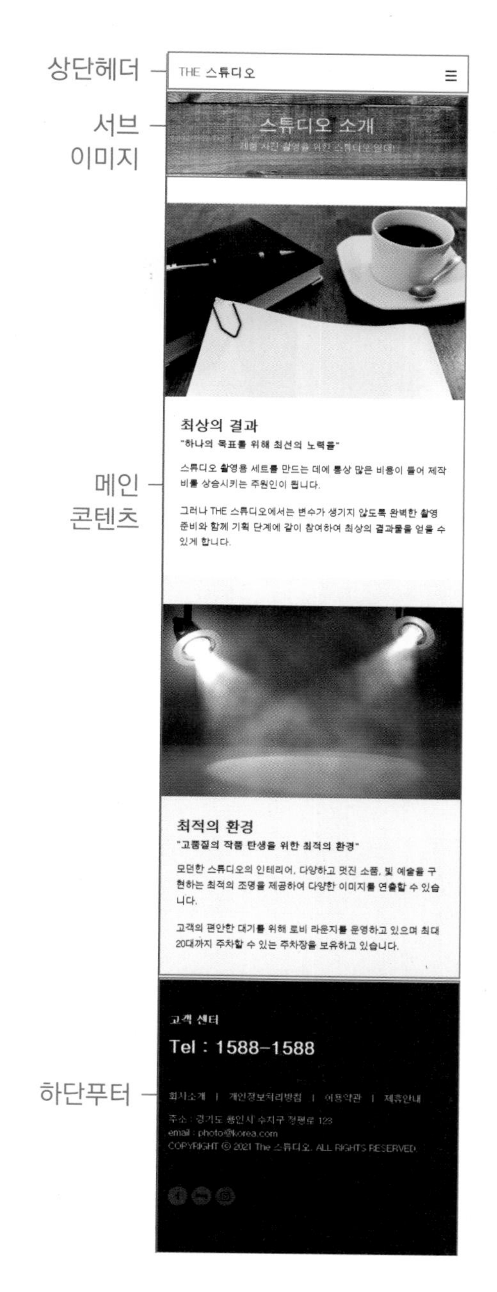

그림 12-15 스튜디오 예약 안내 페이지(intro.html)의 스마트 폰 실행 결과

그림 12-16 스튜디오 소개 페이지(intro.html)의 데스크톱(테블릿) 실행 결과
※ 이 페이지의 상단 헤더와 하단 푸터는 메인 페이지와 동일함

위의 그림 12-16에서는 포토 스튜디오의 스튜디오 소개 페이지에 대한 데스크톱과 테블릿의 실행 결과를 나타난다. 스튜디오 소개 페이지의 상단 헤더와 하단 푸터는 메인 페이지의 것과 동일하다.

그림 12-16에 나타난 메인 콘텐츠는 그림 12-15의 스마트 폰의 결과와는 달리 한 줄에 이미지와 텍스트의 한 쌍씩 화면에 표시된다.

앞의 그림 12-15와 그림 12-16의 실행 결과를 가져오는 포토 스튜디오의 스튜디오 소개 페이지의 전체 프로그램 소스는 다음과 같다.

예제 12-2. 포토 스튜디오의 스튜디오 소개 페이지 intro.html

```
<!-- 생략 -->
 7  <style>
/* 생략 */
48  .sub_image {
49     background: url("./img/sub_intro.jpg");
50     background-position: top center;
51     background-repeat: no-repeat;
52     height: 150px;
53     text-align: center;
54     color: #f9f5db;
55  }
56  .sub_image h1 {
57     padding-top: 40px;
58     font-size: 2.0em;
59     font-weight: normal;
60  }
61  .sub_image span {
62     display: block;
63     margin-top: 10px;
64  }
65  .intro .item:first-child { padding: 50px 0; }
66  .intro .item:last-child {
67     padding: 50px 0;
68     background-color: #eeeeee;
69  }
70  .intro .item::after {
71     content: "";
72     clear: both;
73     display: block;
74  }
75  .intro img {
76     display: block;
77     max-width: 100%;
78  }
```

```
79   .intro .text { padding: 30px 30px 0 30px; }
80   .intro .text h4 { margin-top: 10px; }
81   .intro .text p {
82      margin-top: 20px;
83      line-height: 180%;
84   }
85   .intro::after {
86      content: "";
87      clear: both;
88      display: block;
89   }
/* 생략 */
114  [class*="col_"] {  float: left; }
115  .col_s_1 { width: 8.33%; }  .col_s_2 {  width: 16.66%;  }
116  .col_s_3 { width: 25%; }    .col_s_4 {  width: 33.33%;  }
117  .col_s_5 { width: 41.66%; } .col_s_6 {  width: 50%;  }
118  .col_s_7 { width: 58.33%; } .col_s_8 {  width: 66.66%;  }
119  .col_s_9 { width: 75%; }    .col_s_10 {  width: 83.33%;  }
120  .col_s_11 { width: 91.66%; } .col_s_12 { width: 100%; }
121  @media only screen and (min-width: 768px) {
122     /* 테블릿 */
123     .col_m_1 { width: 8.33%; }  .col_m_2 { width: 16.66%; }
124     .col_m_3 { width: 25%; }    .col_m_4 { width: 33.33%;  }
125     .col_m_5 { width: 41.66%; } .col_m_6 { width: 50%; }
126     .col_m_7 { width: 58.33%; } .col_m_8 { width: 66.66%; }
127     .col_m_9 { width: 75%; }    .col_m_10 { width: 83.33%; }
128     .col_m_11 { width: 91.66%; } .col_m_12 { width: 100%; }
/* 생략 */
134     .sub_image { height: 220px; }
135     .sub_image h1 { padding-top: 75px; }
136     .intro .item:last-child .image {
137        float: right;
138     }
139     .intro .item:first-child { padding: 80px 0; }
140     .intro .item:last-child { padding: 80px 0; }
141  }
142  @media only screen and (min-width: 1200px) {
143     /* 데스크톱 */
144     .col_1 { width: 8.33%; }  .col_2 { width: 16.66%; }
145     .col_3 { width: 25%; }    .col_4 { width: 33.33%; }
```

```
146     .col_5 { width: 41.66%; }  .col_6 { width: 50%; }
147     .col_7 { width: 58.33%; }  .col_8 { width: 66.66%; }
148     .col_9 { width: 75%; }     .col_10 { width: 83.33%; }
149     .col_11 { width: 91.66%; } .col_12 { width: 100%; }
/* 생략 */
161     .sub_image { height: 350px; }
162     .sub_image h1 { padding-top: 130px; }
163     .intro .item:last-child .image { float: right; }
164     .intro .item:first-child { padding: 100px 0; }
165     .intro .item:last-child { padding: 100px 0; }
166  }
167  </style>
168  </head>
169  <body>
<!-- 생략 -->
187  <section class="sub_image">
188     <h1>스튜디오 소개</h1>
189     <span>제품 사진 촬영을 위한 스튜디오 임대!</span>
190  </section>
191  <section class="intro">
192     <div class="item">
193        <div class=" box">
194           <div class="image col_s_12 col_m_6 col_6">
195              <img src="./img/intro1.jpg">
196           </div> <!-- image -->
197           <div class="text col_s_12 col_m_6 col_6">
198              <h1>최상의 결과</h1>
199              <h4>"하나의 목표를 위해 최선의 노력을"</h4>
200              <p>스튜디오 촬영용 세트를 만드는 데에 통상 많은 비용이
                    들어 제작비를 상승시키는 주원인이 됩니다.</p>
201              <p>그러나 THE 스튜디오에서는 변수가 생기지 않도록 완벽한
                   촬영 준비와 함께 기획 단계에 같이 참여하여 최상의 결과물을
                   얻을 수 있게 합니다.</p>
202           </div> <!-- text -->
203        </div> <!-- box -->
204     </div> <!-- item -->
205     <div class="item">
206        <div class=" box">
207           <div class="image col_s_12 col_m_6 col_6">
208              <img src="./img/intro2.jpg">
209           </div> <!-- image -->
```

```
210            <div class="text col_s_12 col_m_6 col_6">
211                <h1>최적의 환경 </h1>
212                <h4>"고품질의 작품 탄생을 위한 최적의 환경"</h4>
213                <p>모던한 스튜디오의 인테리어, 다양하고 멋진 소품, 빛 예술을
                     구현하는 최적의 조명을 제공하여 다양한 이미지를 연출할 수
                     있습니다.</p>
214                <p>고객의 편안한 대기를 위해 로비 라운지를 운영하고 있으며
                    최대 20대까지 주차할 수 있는 주차장을 보유하고 있습니다.
                </p>
215            </div> <!-- text -->
216          </div> <!-- box -->
217      </div> <!-- item -->
218  </section>
<!-- 생략 -->
247  </body>
248  </html>
```

48~55행 클래스 sub_image 설정

클래스 sub_image에는 그림 12-15와 12-16의 상단에 나타난 서브 이미지를 만들기 위해 다음의 배경 이미지(sub_intro.jpg)를 삽입하고, 배경 이미지를 상단 중앙에 위치시킨다.

그림 12-17 배경 이미지 파일(sub_intro.jpg, 1920 x 450 px)

70~74행 클래스 item의 가상 요소(::after) 설정

선택자 ::after를 이용하여 클래스 intro 내에 있는 클래스 item의 가상 요소를 설정한다. 이렇게 함으로써 이 요소 다음에 오는 요소가 새로운 줄에서 시작하게 된다.

75~78행 클래스 intro의 img 요소 설정

클래스 intro에서 사용된 195행과 208행의 두 개의 img 요소(intro1.jpg와 intro2.jpg)에 대해 이미지의 최대 너비를 100%로 하여 가변적으로 만든다.

79~83행 클래스 intro의 가상 요소(::after) 설정

클래스 intro에 대해 클래스 item의 가상 요소(::ater)를 설정함으로써 이 요소 다음에 오는 footer 요소가 새로운 줄에서 시작한다.

12.4 스튜디오 예약 페이지 만들기

포토 스튜디오 사이트의 스튜디오 예약 페이지(intro.html)에 대한 스마트 폰의 실행 결과가 우측 그림 12-18에 나타나 있다.

예약 페이지의 상단 헤더와 하단 푸터는 메인 페이지의 것과 동일하다.

그림 12-18 스튜디오 예약 안내 페이지(reservation.html)의 스마트 폰 실행 결과

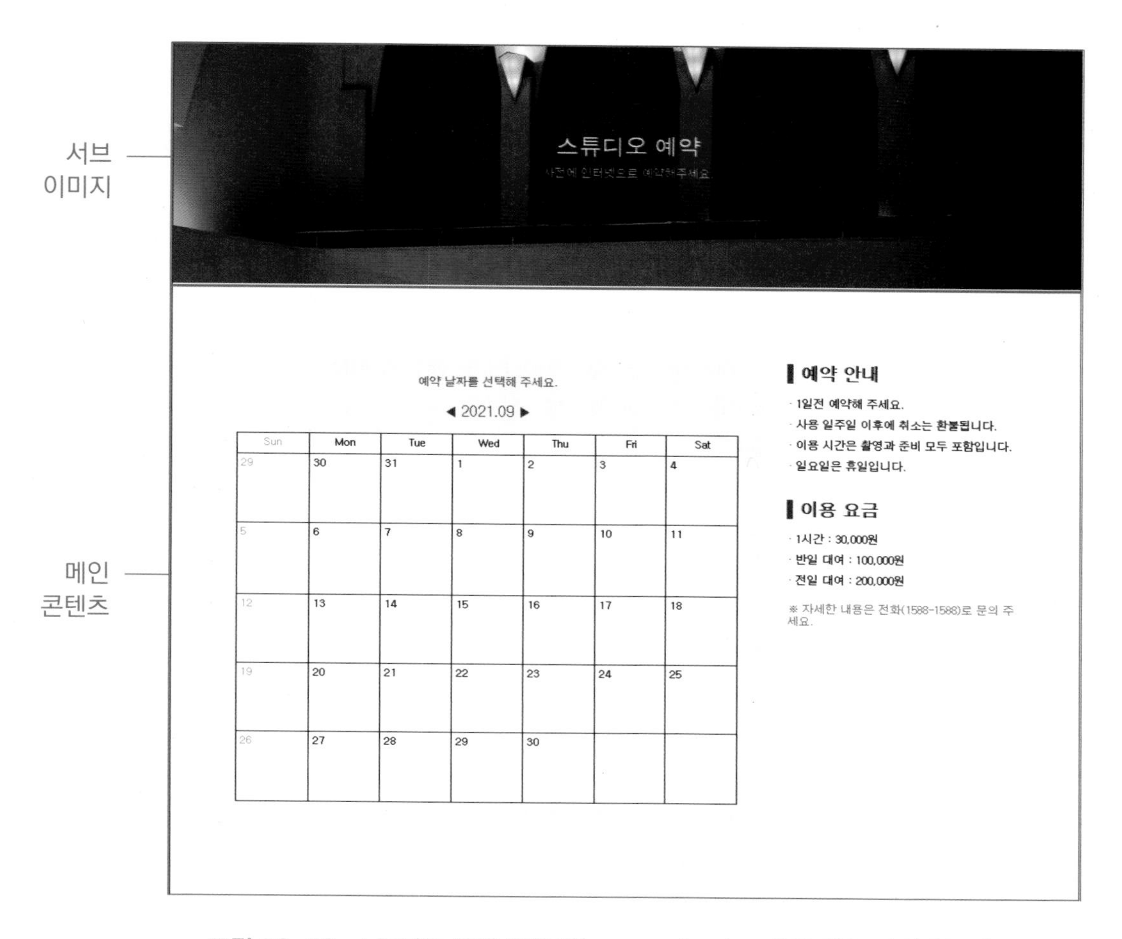

그림 12-19 스튜디오 예약 페이지(reservation.html)의 데스크톱(테블릿) 실행 결과
※ 이 페이지의 상단 헤더와 하단 푸터는 메인 페이지와 동일함

위의 그림 12-19는 스튜디오 예약 페이지에 대한 데스크톱과 테블릿의 실행 결과를 나타낸다. 예약 페이지의 상단 헤더와 하단 푸터는 메인 페이지의 것과 동일하다.

스튜디오 예약 페이지의 전체 프로그램 소스는 다음과 같다.

예제 12-3. 포토 스튜디오의 스튜디오 예약 페이지 reservation.html

```
<!-- 생략 -->
 7  <style>
/* 생략 */
48  .sub_image {
49     background: url("./img/sub_reservation.jpg");
50     background-position: top center;
51     background-repeat: no-repeat;
52     height: 150px;
53     text-align: center;
54     color: #f9f5db;
55  }
56  .sub_image h1 { padding-top: 40px; font-size: 2.0em;
                      font-weight: normal; }
57  .sub_image span {
58     display: block;
59     margin-top: 10px;
60  }
61  .reservation .calendar {
62     margin-top: 40px;
63     padding-top: 50px;
64     background-color: #fcf9ea;
65     text-align: center;
66     color: #444444;
67  }
68  .reservation .calendar h4 { font-weight: normal; }
69  .reservation .calendar .month {
70     margin-top: 20px;
71     font-size: 1.2em;
72  }
73  .reservation .calendar .month span { font-size: 1.2em; }
74  .reservation table, .reservation td {
75     border: 1px solid black;
76     border-collapse: collapse;
77  }
78  .reservation table {
```

```
79      width: 90%;
80      margin: 20px auto;
81      margin-bottom: 50px;
82      font-size: 0.9em;
83      background-color: #ffffff;
84      color: #000000;
85      text-align: left;
86  }
87  .reservation tr { height: 100px; }
88  .reservation tr:first-child {
89      height: 30px;
90      text-align: center;
91  }
92  .reservation td {
93      vertical-align: top;
94      padding: 5px;
95  }
96  .reservation tr td:first-child {
97      color: #ff0000;
98      width: 14.2857%;
99  }
100 .reservation tr td:nth-child(2) { width: 14.2857%; }
101 .reservation tr td:nth-child(3) { width: 14.2857%; }
102 .reservation tr td:nth-child(4) { width: 14.2857%; }
103 .reservation tr td:nth-child(5) { width: 14.2857%; }
104 .reservation tr td:nth-child(6) { width: 14.2857%; }
105 .reservation tr td:last-child { width: 14.2857%; }
106 .reservation .info { padding: 30px; }
107 .reservation .info h2 {
108     margin: 20px 0 20px 0;
109     border-left: solid 8px #444444;
110     padding-left: 10px;
111 }
112 .reservation .info ul { margin-bottom: 40px; }
113 .reservation .info li { margin-top: 12px; }
114 .reservation .info li span {
115     display: block;
116     margin-top: 20px;
```

```
117     color: green;
118  }
119  .reservation::after {
120     content: "";
121     clear: both;
122     display: block;
123  }
/* 생략 */
148  [class*="col_"] {  float: left; }
149  .col_s_1 { width: 8.33%; }   .col_s_2 {  width: 16.66%;  }
150  .col_s_3 { width: 25%; }     .col_s_4 {  width: 33.33%;  }
151  .col_s_5 { width: 41.66%; }  .col_s_6 {  width: 50%;  }
152  .col_s_7 { width: 58.33%; }  .col_s_8 {  width: 66.66%;  }
153  .col_s_9 { width: 75%; }     .col_s_10 {  width: 83.33%;  }
154  .col_s_11 { width: 91.66%; } .col_s_12 { width: 100%; }
155  @media only screen and (min-width: 768px) {
156     /* 테블릿 */
157     .col_m_1 { width: 8.33%; }   .col_m_2 { width: 16.66%; }
158     .col_m_3 { width: 25%; }     .col_m_4 { width: 33.33%;  }
159     .col_m_5 { width: 41.66%; }  .col_m_6 { width: 50%; }
160     .col_m_7 { width: 58.33%; }  .col_m_8 { width: 66.66%; }
161     .col_m_9 { width: 75%; }     .col_m_10 { width: 83.33%; }
162     .col_m_11 { width: 91.66%; } .col_m_12 { width: 100%; }
163     .box {
164        max-width: 1170px;
165        margin: 0 auto;
166        position: relative;
167     }
168     .sub_image { height: 220px; }
169     .sub_image h1 { padding-top: 75px; }
170     .reservation { margin: 40px 0 90px 0; }
171     .reservation .info { margin-top: 20px; }
172  }
173  @media only screen and (min-width: 1200px) {
174     /* 데스크톱 */
175     .col_1 { width: 8.33%; }   .col_2 { width: 16.66%; }
176     .col_3 { width: 25%; }     .col_4 { width: 33.33%; }
177     .col_5 { width: 41.66%; }  .col_6 { width: 50%; }
178     .col_7 { width: 58.33%; }  .col_8 { width: 66.66%; }
179     .col_9 { width: 75%; }     .col_10 { width: 83.33%; }
```

```
180        .col_11 { width: 91.66%; } .col_12 { width: 100%; }
181        header .menu_btn { display: none; }
182        header .menu { display: block; }
183        header .menu li {
184            display: inline-block;
185            margin: 5px 0 0 50px;
186        }
187        .box {
188            max-width: 1170px;
189            margin: 0 auto;
190            position: relative;
191        }
192        .sub_image { height: 350px; }
193        .sub_image h1 { padding-top: 130px; }
194        .reservation { margin: 40px 0 90px 0; }
195        .reservation .info { margin-top: 20px; }
196    }
197    </style>
198    </head>
199    <body>
<!-- 생략 -->
217    <section class="sub_image">
218        <h1>스튜디오 예약</h1>
219        <span>사전에 인터넷으로 예약해주세요.</span>
220    </section>
221    <section class="reservation">
222        <div class="box">
223            <div class="calendar col_s_12 col_m_8 col_8">
224                <h4>예약 날짜를 선택해 주세요.</h4>
225                <div class="month">
226                    ◀ <span>2021.09</span> ▶
227                </div>
228                <table>
229                    <tr>
230                        <td>Sun</td><td>Mon</td>
231                        <td>Tue</td><td>Wed</td>
232                        <td>Thu</td><td>Fri</td>
233                        <td>Sat</td>
```

```
234             </tr>
235             <tr>
236                 <td>29</td><td>30</td>
237                 <td>31</td><td>1</td>
238                 <td>2</td><td>3</td>
239                 <td>4</td>
240             </tr>
241             <tr>
242                 <td>5</td><td>6</td>
243                 <td>7</td><td>8</td>
244                 <td>9</td><td>10</td>
245                 <td>11</td>
246             </tr>
247             <tr>
248                 <td>12</td><td>13</td>
249                 <td>14</td><td>15</td>
250                 <td>16</td><td>17</td>
251                 <td>18</td>
252             </tr>
253             <tr>
254                 <td>19</td><td>20</td>
255                 <td>21</td><td>22</td>
256                 <td>23</td><td>24</td>
257                 <td>25</td>
258             </tr>
259             <tr>
260                 <td>26</td><td>27</td>
261                 <td>28</td><td>29</td>
262                 <td>30</td><td> </td>
263                 <td> </td>
264             </tr>
265         </table>
266     </div> <!-- calendar -->
267     <div class="info col_s_12 col_m_4 col_4">
268         <h2>예약 안내</h2>
269         <ul>
270             <li>· 1일전 예약해 주세요.</li>
271             <li>· 사용 일주일 이후에 취소는 환불됩니다.</li>
```

```
272                 <li>· 이용 시간은 촬영과 준비 모두 포함입니다.</li>
273                 <li>· 일요일은 휴일입니다.</li>
274             </ul>
275             <h2>이용 요금</h2>
276             <ul>
277                 <li>· 1시간 : 30,000원</li>
278                 <li>· 반일 대여 : 100,000원</li>
279                 <li>· 전일 대여 : 200,000원
280                 <span>※ 자세한 내용은 전화(1588-1588)로 문의 주세요.
                    </span></li>
281             </ul>
282         </div> <!-- info -->
283     </div> <!-- box -->
284 </section>
<!-- 생략 -->
313 </body>
314 </html>
```

48~55행 **서브 이미지, 클래스 sub_image 설정**

예약 페이지의 서브 이미지인 클래스 sub_image 박스에는 그림 12-17의 소개 페이지의 배경 이미지 대신에 다음의 배경 이미지(sub_intro.jpg)를 삽입하고 같은 방식으로 배경 이미지를 설정한다.

그림 12-20 배경 이미지 파일(sub_reservation.jpg, 1920 x 450 px)

61~67행 클래스 calendar 설정

그림 12-18과 그림 12-19에 나타난 클래스 calendar의 배경 색상을 옅은 노란색 (#fcf9ea), 글자를 중앙에 정렬한다.

74~77행 달력의 경계선 설정

달력의 경계선을 1 픽셀 두께, 검정색으로 그린다. 'border-collapse:collapse'는 테이블의 단일 경계선을 그리는데 사용된다.

78~86행 table 요소 설정

달력에 사용되는 테이블인 22행의 table 요소의 전체 너비를 90%(79행)로 설정하여 중앙에 배치(80행)한다. 테이블의 배경 색상을 흰색(83행)으로 하고, 테이블 내의 글자를 좌측 정렬(85행)한다.

96~105행 테이블의 열 너비 설정

테이블의 7개 열에 대해 각 열의 너비를 100/7 = 14.2857%로 설정한다.

106~118행 클래스 info 설정

267~282행에 있는 예약 안내와 이용 요금을 의미하는 클래스 info에 대한 CSS를 설정한다.

119~123행 클래스 reservation의 가상 요소(::after) 설정

클래스 reservation의 가상 요소(::ater)를 설정함으로써 이 요소 다음에 오는 footer 요소를 새로운 줄에서 시작하게 한다.

연습문제 12. 반응형 웹 사이트 제작

1. 반응형 분기점(브레이크 포인트)을 설정할 때 사용되는 반응형 웹 기술은?

가. 미디어 쿼리　　나. 그리드 시스템　　다. 뷰포트　　라. 플렉스박스

2. 어떤 요소 다음에 가상 요소를 설정하는 데 사용되는 선택자는?

가. ::after　　나. ::before　　다. :last-child　　라. :first-child

3. 요소를 브라우저 화면에서 감추기 위해 사용되는 CSS 명령은?

4. img 요소의 하단에 미세한 틈이 생기는 이유와 이 틈을 없애는 데 사용되는 CSS 명령은?

5. img 요소의 너비를 가변적으로 만들고 이미지가 확대될 때 원본 이미지의 크기를 초과하지 않게 하는 데 사용되는 CSS 속성은?

6. 뷰포트의 너비가 1200px 이상인 경우에 사용하는 미디어 쿼리의 조건은?

가. max-width:1200px　　나. min-width:1200px

다. width:1200px　　라. min-width:120%

7. 다음 중 div 요소 중 부모의 첫 번째 자식을 선택할 때 사용되는 선택자는?

가. div:nth-child(0)　　나. div:first-child

다. div:first-child(0)　　라. div:first-child(1)

8. 다음 중 p 요소의 부모의 두 번째 자식을 선택할 때 사용되는 선택자는?

가. p:nth-child(1)　　나. p:first-child(1)

다. p:nth-child(2)　　라. p:last-child(2)

9. table 요소의 단일 경계선을 그리는 데 사용되는 CSS 속성은?

가. border-collapse:solid 1px　　나. border:collapse

다. border-collapse:1px　　라. border-collapse:collapse

A B

C D E

F G H

FGHI

JKLMNOP

JKLMNOP

QRSTUVWXYZ

QRSTUVWXYZ

ㄱ ㄴ ㄷ

ㄹ ㅁ ㅂ ㅅ

ㅇ ㅈ ㅊ ㅋ ㅌ ㅍ ㅎ

기호